U0150292

科学与未来
院/士/科/普/丛/书

国家科学思想库
科学文化系列

颠　覆

迎接第二次量子革命

郭光灿◎著

科学出版社

北　京

内 容 简 介

众所周知，人类即将跨入量子技术新时代。量子信息是如何发展起来的？能为我们的生活带来哪些新技术？年轻一代如何迎接第二次量子革命？诸多疑问，都能在本书中找到答案。

全书沿着量子理论发展的脉络，从"量子论"的诞生讲到两场世纪大争论，阐释了第二次量子革命的内涵和前景，介绍了量子计算等新技术的发展，通俗讲述了量子力学的基本知识，生动展示了量子信息技术的魅力，是难得一见的走进量子世界的导引书。本书融科学性、知识性和趣味性于一体，有助于社会大众了解量子世界从基础到前沿的全貌，更是大学生学习入门的重要读物。

图书在版编目（CIP）数据

颠覆：迎接第二次量子革命/郭光灿著. —北京：科学出版社，2022.4
（科学与未来：院士科普丛书）
ISBN 978-7-03-071357-5

Ⅰ.①颠…　Ⅱ.①郭…　Ⅲ.①量子论—普及读物　Ⅳ.① O413-49

中国版本图书馆 CIP 数据核字（2022）第 020401 号

丛书策划：侯俊琳
责任编辑：朱萍萍　姚培培 / 责任校对：刘　芳
责任印制：师艳茹 / 插图绘制：姚雯艳
封面设计：有道文化

科学出版社 出版
北京东黄城根北街16号
邮政编码：100717
http://www.sciencep.com

天津市新科印刷有限公司 印刷
科学出版社发行　各地新华书店经销
*
2022 年 4 月第 一 版　开本：720×1000　1/16
2023 年 4 月第四次印刷　印张：21 1/2
字数：286 000
定价：58.00 元
（如有印装质量问题，我社负责调换）

总　序

近代科学自诞生之日起，不仅持续地催生了令人炫目的技术，而且极大地改变了我们的生活方式。科学无疑是技术的源头，但却不能仅仅是为了发展技术而去从事科学研究。因为科学是人类智慧的结晶，是现代文明的代表，科学不仅提供了令人赏心悦目的审美价值，而且已经成为改造文化的巨大力量。作为理性精神的集中代表，近代科学的内在精神瓦解了众多在传统上由宗教、皇权、习惯与风俗所统治的诸多领域，不断地改变着人们的思维方式，并且取代它们成为思想和行动的指南。人们往往忽视了科学的这个更为重要的功能，即文化再造的功能。

我们不得不痛苦地承认，在我们的传统文化中，最缺乏的是理性精神和演绎逻辑学的方法，直到五四运动，先贤们力图请进"赛先生"和"德先生"。但是，按照杨振宁先生的说法，直到 1949 年中华人民共和国成立，近代科学才真正开始在中国这块土地上扎根。所幸的是，历史表明，作为现代文明的科学文化可以通过外部植入任何一种现存文化中，但这是需要长期的，在某些领域甚至是需要几十年乃至上百年的不懈努力方可实现。但是，若是没有改造文化的努力，就难以提升全民的科学素养。当然，在科学之内和之外的任何领域，只要研究者想达到精确、严密和系统的理论化的境界,那么科学精神和严密的逻辑思维就是不可或缺的。同时,大众的科学素养极其重要。因为,很难想象在大众科学素养很低的情况下,科学可以得到健康的发展。因此,科学教育和科学普及不仅仅是为了培养未来的科学家,更应该是作为一种文化来开展,要让科学文化植入中华文化,让科学知识作为强化科学精神和确立逻辑思维方法的载体。这项任务任重而道远。其中,科学普及则是连接科学与公众的桥梁,是训练科学思维、传播科学精神、普及科学方法的重要载体,从而促使大众树立求真、求实的作风和严密的逻辑求证思维方式;更能够激发读者的探索欲和好奇心,引发读者的思考;当然,它也将唤起年轻人对科学的兴趣,吸引他们投身科研实践。这是科学普及工作的要义。

当前,人类正经历百年未有之大变局,诸多技术的运用几近极致。就基础科学而言,诸多学科领域也正孕育着突破,因此催生的新一轮技术革命和产业变革蓄势待发。在此形势下,我国的科学与技术事业适逢巨大的发展机遇,也面临着严峻的挑战。与此同时,我国科普事业发展兼程并进,越来越多的公众体会到了科学的乐趣,触摸到了科学普及的温度。在科学发展日新月异、重大技术突破层出不穷之际,面对新时代的新需求,如何更有效地普及科学和前沿问题,传播科学精神、科学思想和科学方法,值得广大科技工作者关注和思考。

优秀的科普作品根植于科学研究的沃土之中,科普离不开科技工作者的主动作为和深度参与,科技工作者不仅要成为科学传播的开路者,更要成为全社会科学文化的坚守者。历史上享誉国际、影响一代又一代人的科普著作,比如达尔文的《物种起源》、法拉第的《蜡烛的故事》、爱因斯坦的《物理学的进化》、竺可桢的《向沙漠进军》、华罗庚的《统筹方法》等,都是科学大家结合自身科研实践所创作的与自身研究领域高度相关的作品。近年来,在国家科学技术进步奖、全国优秀科普作品奖等评选中脱颖而出的优秀科普作品，大多也是广大科学家从"科研"向"科普"的践行。

"科学与未来：院士科普丛书"正是在这样的时代背景下诞生的，它是由中国科学院学部科学普及与教育工作委员会策划，并号召组织各领域院士专家创作的。该丛书强调前沿引领、科学严谨和通俗易读，注重规范原创、思想价值和创新体验。总体有如下特点。

一是强调从"科研"向"科普"的转变，打通学术资源科普化"最后一公里"。而且，作者们将所述领域置于整个科学史的宏大背景之下予以考察，并特别注重与历史、哲学、思想、艺术和社会的结合。大多采用讲人物和故事的形式，增添阅读兴趣，进而逐步引导读者形成自己的思考。

二是强调科学精神的弘扬与引领，不再停留在简单的知识普及层面，而是以特定的科学知识为载体，激发公众的科学热情，弘扬科学精神，倡导培养逻辑思维，树立基于科学的价值观，从而形成有别于互联网内容的具有独特价值的图书内容。

三是强调科普主阵地由实用技能科普向科学素养科普的转变，也就是从实用技术普及向对科学本身理解的转变，激发读者自己去探索科学知识的兴趣，引导读者建立自己的科学价值观。

2018 年 5 月，习近平总书记在两院院士大会上强调："当科学家是无数中国孩子的梦想，我们要让科技工作成为富有吸引力的工作、成为孩子们尊崇向往的职业，给孩子们的梦想插上科技的翅膀，让未来祖国的科技天地群英荟萃，让未来科学的浩瀚星空群星闪耀！"[①]

"科学与未来：院士科普丛书"的创作和出版是一次顺应时代发展潮流的实践探索，不仅希望更好地传播传统科学知识，更希望将科学知识、

---

① 参见习近平总书记 2018 年 5 月 28 日在中国科学院第十九次院士大会、中国工程院第十四次院士大会上的讲话。

科学精神、科学思想和科学方法内化为公众的信念、思维、行为与习惯，希望将"永远好奇、敢于质疑、探求真理、勇于创新"的科学精神在中华民族心灵深处落地生根，希望不断吸引一代代年轻人走进科学、奋勇向前，为建设世界科技强国、实现中华民族伟大复兴而努力！

中国科学院学部科学普及与教育工作委员会主任

中国科学院院士

序 言

近年来，随着量子信息领域的不断发展，"量子纠缠""量子通信""量子计算机"等高科技词汇频繁地出现在大众媒体中。与此同时，各种量子产品和概念更是层出不穷，"量子"一词变得神秘莫测而又神通广大，俨然万物皆可量子。那么，量子信息是如何发展起来的？它究竟能为人类的生活带来哪些新技术？又能为人类的科学带来哪些革命？亟须量子信息领域的专业人士为我们拨开层层迷雾，回答这些问题。

郭光灿院士20世纪80年代初期即致力于推动我国量子光学的发展，90年代率先在我国开展量子信息的研究。当时，量子信息学尚处于萌芽状态，还没有被我国学术界广泛了解。郭院士历经重重质疑，数十年如一日率领研究团队攻坚克难，在量子信息领域取得一系列进展，建成世界首个量子政务网络，研制成功保真度极高的固态量子存储器等，并利用所发展的量子信息技术研究量子物理基本问题，验证了新形式的海森堡不确定性原理，制备了光子的波动态和粒子态的任意叠加态，挑战玻尔互补原理所设定的界线等。郭院士创建了我国第一个量子信息实验室，作为首席科学家承担量子信息领域的第一个973项目，荣获量子信息领域第一个国家自然科学奖。显然，量子信息领域德高望重的郭院士是撰写量子信息方面的科普书来为我们解惑的不二人选。

该书凝聚了郭院士长年钻研探索的心血，从著名的EPR佯谬和薛定谔猫佯谬开始生动地演示了从量子力学到量子信息学的发展进化，深入浅出地介绍了量子信息领域的各个研究方向，包括量子计算、量子密码、量子模拟和量子优盘等，还高瞻远瞩地展望了量子信息引发的第二次量子革命将对物理学带来的深刻影响。

　　郭院士的这本科普书不仅解答了当前社会上关于量子信息的种种疑惑，还展现了量子信息的精妙之处及其广阔应用前景，一定会吸引新一代年轻学子投身我国量子信息学和量子物理学的研究，相信这也是毕生教书育人、桃李满天下的郭院士撰写此书的心愿。

杨国桢

中国科学院院士

中国科学院物理研究所研究员

前　言

　　本人 20 世纪 80 年代初期开始致力于量子光学研究，90 年代初又扩展到刚刚萌芽的量子信息领域。当时，国内学术界对量子信息领域的研究呈现相当冰冷的态度，民众更是将量子力学视为高悬在学术殿堂之上的圣物，敬而远之。

　　近几年来，随着量子信息学的飞速发展，加上媒体的大力宣传，"量子"已成为人们津津乐道的话题，人们甚至将"量子现象"描绘得神秘无比，仿佛世界上所有难以解决的事情都可以归结到"量子纠缠"上。个别学者不实的夸大宣传，部分媒体的不断炒作，造成当前关于"量子世界"形形色色的奇谈怪论，引发各界激烈的争论。

　　究竟量子力学能为人类提供什么真实有用的技术？当前宣传的量子现象，哪些是科学的预言，哪些是人们杜撰出来的虚无之物？在学术界朋友的催促下，本人将媒体上的种种议论汇聚为十个问题，谈谈个人的看法。2016 年，我撰写了《量子十问》网络科普文章。中国物理学会和中国科学院物理研究所主办的《物理》刊物自 2018 年第 10 期起，每期刊登一问，陆续刊登了《量子十问》。

　　量子信息的诞生标志着人类社会将从经典技术迈向量子技术新时代，俗称第二次量子革命。在第一次量子革命中，人类基于量子力学原理，研制出计算机、互联网等，促成人类社会半个世纪的繁荣昌盛。现代的信息技术就是源于量子力学的经典技术。第二次量子革命将为人类开拓基于量子力学的量子技术。它的性能突破了经典技术的物理极限，将信息技术推进到新的发展阶段，必将促使人类社会发生翻天覆地的变化。量子信息技术是人类社会未来的新技术。因此，为迎接人类社会新时代的到来，有必要为年轻一代普及量子力学和量子信息学的基本知识，本书就是为此而撰写的。这本书的主要目标读者群是大学生。年轻人是国家的未来，即使将来不从事量子技术的研发，作为新时代的公民，也必须具有量子力学的基本知识。当然，若有志于从事量子信息技术的研究，还必须进一步修习量子力学和量子信息学的有关课程。本书是走进量子世界的导引书，目的是增强当代大学生的量子科学素质。

本书将从"量子理论"的诞生讲起，详述量子物理发展进程中两次重大历史性的争论——EPR 佯谬和薛定谔猫佯谬，揭开这些世纪争论如何促进量子力学的深刻发展，并最终导致量子信息的诞生。最后介绍量子信息技术将如何促进人类社会生产力的飞跃发展。

全书分为两大部分：前五章讲述量子世界的种种匪夷所思的现象和理念，读者将从中学习到量子力学的基本物理知识；后四章将介绍当前正在研发的主要量子信息技术，读者可以领略到量子信息技术的魅力。本书着重物理概念的论述，少有深奥的数学公式，理工科大学生都可以读懂，读后对量子世界从基础到前沿的全貌会有清晰的了解和印象。

本书是中国科学院量子信息重点实验室的集体成果，特别要感谢为本书做出贡献的老师：叶向军、韩永建、曹刚、李海欧、银振强、许金时、周宗权和段开敏。没有他们的共同努力，本书不可能在较短的时间内完成。

最后，谨以此书纪念含辛菇苦哺育我的母亲。

郭光灿

2020 年 7 月

目　录

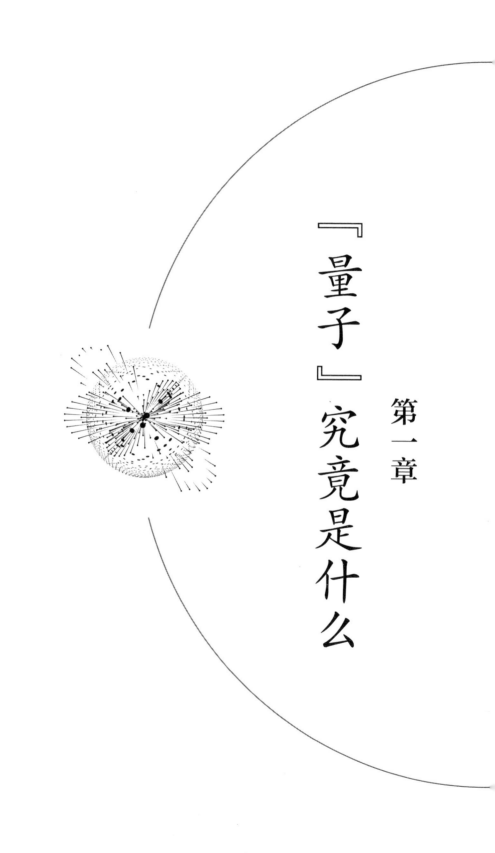

第一章

『量子』究竟是什么

简而言之，我所做的事情可以说不过是孤注一掷的一招。

——马克斯·普朗克

一、"量子理论"的诞生

（一）经典物理的巅峰时刻

人类在长期探索大自然奥秘的历程中，逐渐将变幻莫测的自然现象在物理层面上归纳为三个不同的门类——力学、热力学和电磁学，并致力于寻找它们各自的运动规律。

1687 年，艾萨克·牛顿（Isaac Newton）在《自然哲学的数学原理》一书中提出了力学的牛顿三定律和万有引力定律，并建立了统一的力学体系。随后的 100 多年，经过莱昂哈德·欧拉（Leonhard Euler）、让·勒朗·达朗贝尔（Jean le Rond d'Alembert）、约瑟夫·拉格朗日（Joseph-Louis Lagrange）和皮埃尔－西蒙·拉普拉斯（Pierre-Simon Laplace）等人的进一步努力，利用数学中的变分方法和最小作用量原理，他们建立了与牛顿力学等价的欧拉－拉格朗日方程。最终由威廉·卢云·哈密顿（William Rowan Hamilton）于 1834 年提出了哈密顿原理以及正则方程，完成了分析力学的全部理论，实现了牛顿力学理论的最后一次飞跃。到 19 世纪末，理论力学已经是一个非常完善的学科，在很多领域都实现了精确的计算。特别值得提到的是，1843 年英国的约翰·柯西·亚当斯（John Couch Adams）利用力学理论，通过对天王星轨道偏离的计算，精确地预言了海王星的轨迹，并最终于 1846 年 9 月 23 日被天文观测所证实。这个成就标志着力学理论达到了前所未有的高度：上至宇宙中的各种天体，下至地面上的小小颗粒，都可以通过牛顿力学来了解它的运动。

在 19 世纪末，人们已经基本认识到热力学的三大定律。约西亚·威拉德·吉布斯（Josiah Willard Gibbs）在詹姆斯·克拉克·麦克斯韦（James Clerk Maxwell）和路德维希·玻尔兹曼（Ludwig Edward Boltzmann）思想的基础上，明确地形成了系综这个热力学基本概念，并创立了系综的统计方法。系综统计方法的建立，将热学的唯象理论与分子运动论两个基本的研究方向整合到一个有机的研究体系中。

自 1785 年查理 – 奥古斯丁·德库仑（Charles-Augustin de Coulomb）发现库仑定律、开创定量研究电学现象以来，经过汉斯·克里斯蒂安·奥斯特（Hans Christian Øersted）、让·巴蒂斯特·毕奥（Jean-Baptiste Biot）、菲利克斯·萨伐尔（Félix Savart）、安德烈·玛丽·安培（André-Marie Ampère）、约翰·卡尔·弗里德里希·高斯（Johann Carl Friedrich Gauss）、迈克尔·法拉第（Michael Faraday）等人的努力，最终由麦克斯韦在 1873 年的《电磁通论》（*A Treatise on Electricity and Magnetism*）中建立了优美的麦克斯韦方程。即使以现在的观点来看，麦克斯韦方程依然是科学的美的光辉典范；它的优美、简洁、对称、深刻，折服和激励了一代又一代的物理学家。玻尔兹曼在看到麦克斯韦方程后也不由得惊呼：难道这是上帝写的吗？人们甚至认为，麦克斯韦方程是人类有史以来最优美的公式。麦克斯韦方程不仅成功地预言了电磁波的存在，而且进一步指出光是一种电磁波，从而实现了电磁学与光学的统一。电磁波的预言，被海因里希·鲁道夫·赫兹（Heinrich Rudolf Hertz）1887 年的实验所证实（我们后面会提到，赫兹的实验还发现了光电效应），开启了人类的无线通信时代。

至 19 世纪末，经典物理的三大支柱——经典力学、经典电动力学以及经典热力学和统计力学都已经完整地建立起来了。这三个理论自身已经经受住各种实验检验，并广泛地应用于各自领域。更为重要的是，这三大支柱之间也是自洽的、相互融合的，一起形成了一个包括力、热、光、电、声的宏伟而完整的物理学体系。这个体系本身严谨而优美，蕴含了丰富、深刻、明晰的物理学概念。19 世纪末是经典物理的"黄金时代"，科学从来没有像那时那么强大过：人们利用已知的理论，几乎可以解释已知的一切物理现象。连最伟大的物理学家都认为已经看到了上帝的底牌，找到了所有的基本物理原理，物理学已经到了尽善尽美的尽头。在这样的情况下，我们能做的就是对这座理论大厦的修修补补，而且只能在一些细节上做些补充（如更加精确地测量一些物理参数）。物理学家们甚至发出了"物理学的未来只有在小数点第六位以后寻找了"的感慨。然而事实真的如此吗？

（二）物理学的两朵"乌云"

1900 年 4 月 27 日，顽固而保守的开尔文勋爵（Lord Kelvin），在伦敦的英国皇家研究所做了题为"在热和光动力理论上空的 19 世纪的乌云"的报告[①]。他在这个报告中开宗明义地指出："动力学理论断言热和光都是运动的方式，现在，这种理论的优美性和明晰性被两朵'乌云'遮蔽得黯然失色了。第一朵'乌云'是随着光的波动理论而出现的。奥古斯丁 - 让·菲涅耳（Augustin-Jean Fresnel）和托马斯·杨（Thomas Young）都研究过光的波动理论，这个理论包含有这样一个未解的问题：地球如何能够在本质上是光以太的弹性固体中运动？而第二朵'乌云'是麦克斯韦和玻尔兹曼关于能量均分的学说。"在 20 世纪之初，忧心忡忡的开尔文勋爵和一片欢呼的整个物理学界形成鲜明的对比。

开尔文勋爵说的第一朵"乌云"与失败的迈克尔孙 - 莫雷实验相关。

---

① 这个报告经补充后发表在 1901 年 7 月的《哲学》杂志和《科学》杂志的合刊上，即 The London, Edinburgh, and Dublin Philosophical Magazine and Journal of Science, Series 6, volume 2, pages 1-40。

在经典物理和经典时空观中，时间和空间都是绝对的。在这个绝对时空观中，需要引入一个绝对静止的参考系，人们称之为以太。任何物体相对于以太的运动，都是绝对运动。迈克尔孙－莫雷实验的初衷是测量以太相对于地球的运动速度。麦克斯韦的电磁波理论提供了一个高精度的测量以太相对地球的运动速度的方法。按麦克斯韦 1879 年提出的测量方法，光线分别在平行和垂直于地球运动方向上做等距的往返传播，如果以太理论正确的话，平行于地球方向所花的时间将会略大于垂直方向的时间。

阿尔伯特·亚伯拉罕·迈克尔孙（Albert Abraham Michelson）出生于欧洲，四岁时随父母移民美国。1880～1881 年，迈克尔孙就在亥姆霍兹的实验室中设计并组装了麦克斯韦建议的检验地球和以太的相对运动的干涉仪。1885 年，迈克尔孙又和爱德华·威廉·莫雷（Edward Williams Morley）合作，以更高的精度重复了 1881 年的实验。迈克尔孙的实验结果清晰地表明：两束光根本就没有表现出任何的时间差。这是当时整个物理学界最精密的实验。迈克尔孙也由于其在精密光学仪器、光谱学、计量理论研究方面所取得的成果，获得了 1907 年的诺贝尔物理学奖，也是第一位获此殊荣的美国公民。

虽然迈克尔孙的实验表明了以太理论的失败，但人们当时还没有意识到问题的严重性，普遍认为可以通过修订现有的以太理论来解决这个问题。即使是开尔文勋爵本人，当时也是这么认为的。当然，后来随着对这个问题的深入研究，人们逐渐认识到以太理论的不可救药，放弃了以太理论和绝对运动的概念，并最终由阿尔伯特·爱因斯坦（Albert Einstein）在1905 年创造了相对论。

（三）黑体辐射：背景、问题、经典曲线

开尔文勋爵提到的第二朵"乌云"是能量均分问题，更确切地说是黑体辐射问题。"黑体辐射"的概念是德国海德堡大学的物理学家古斯塔

夫·罗伯特·基尔霍夫（Gustav Robert Kirchhoff）[1]在1859年为了简化分析提出来的。他所说的黑体是指对光能进行完美吸收的物体，按照他的想法，一个完美吸收的物体是没有任何辐射的，因而看起来就应该是黑的。那么，黑体应该长什么样呢？基尔霍夫把在一个面上开了一个细微的小孔的空盒子近似成一个黑体：无论是何种波段的光，也不管它从哪个方向通过小孔进入这个盒子，都会在盒子的各个面之间来回地反射，直到被完全吸收为止。基尔霍夫的研究表明，黑体辐射的分布与黑体的材料、黑体的几何尺寸等都没有关系，它只与两个参数有关——黑体的温度以及辐射的波长。尽管基尔霍夫的研究结果很明确，但在他所处的时代，人们还没有能力做出真正的黑体来验证它。

到了19世纪90年代，德国公司为了开发出比美国和英国的竞争对手更高效的照明灯泡和灯具，大力支持辐射方面的科学研究，黑体的实验研究也得以迅速发展。为了赢得这场竞争，德国于1887年在柏林郊区建立了著名的帝国理工学院，它拥有当时全世界最先进的研究黑体辐射的设备。1893年2月，29岁的威廉·维恩（Wilhelm Carl Werner Otto Fritz Franz Wien）基于热力学第二定律发现了黑体辐射分布随着黑体温度变化的一个简单数学关系：随着黑体温度的升高，黑体辐射强度最大处的波长会变短。这个发现，现在被称为维恩位移定律。维恩位移定律的发现，极大地激发了人们研究辐射的热情。1896年，维恩本人又从经典热力学出发并假设辐射满足麦克斯韦分布的分子发射，得到了完整的黑体辐射能量随波长的分布公式。很快，德国汉诺威大学的弗里德里希·帕邢（Friedrich Paschen）通过实验确认：表达式所描述的结果与他在黑体辐射短波中测量到的能量分布一致。1899年，奥托·卢默尔（Otto Lummer）和恩斯特·普林瑟姆（Ernst Pringsheim）也报告了他们的实验结果。他们

---

[1] 电路中学习过的基尔霍夫定律就是他在21岁时提出的。

虽然确认了维恩位移定律，但对整个黑体的辐射分布只能大致相同，而与红外区域的辐射分布却存在不一致。进一步，卢默尔和普林瑟姆扩大了测量辐射的波长范围，并消除了可能的实验误差，于 1899 年的 11 月再次提交了报告。这一次，他们发现实验和理论之间存在系统性不一致：在短波的情况下，维恩分布完全吻合；但是在长波的情况下，理论的估计总是偏高（可以排除是实验误差导致的）。1900 年夏天，海因里希·鲁本斯（Heinrich Rubens）和费迪南德·库尔班（Ferdinand Kurlbaum），在黑体的温度为 200～1500℃时对 0.03～0.06 毫米的波长进行了详细的测试。他们的实验数据再次表明：在这些长波上，观测数据与理论数据之间的差距非常大，维恩位移定律完全失效；并且他们还得出结论，能量密度在长波范围内应该和绝对温度成正比。维恩位移定律的这个问题激励人们去寻找新的代替公式。

1900 年 6 月，英国物理学家瑞利爵士（Lord Rayleigh）为了解决长波情况下的维恩公式与实验现象的不一致，抛弃了维恩所使用的玻尔兹曼分子运动假说。他直接从经典的麦克斯韦理论出发，得到了我们现在称为瑞利-金斯公式[①]的表达式。这个公式从理论上给出了长波情况下辐射能量密度与绝对温度成正比的理论基础，与实验结果在长波情况下非常吻合。显然，这个公式在短波情况下的结果非常糟糕，会出现能量发散的问题。这个现象被保罗·埃伦费斯特（Paul Ehrenfest）称为"紫外灾难"。

现在出现了一个两难的困境。如果从经典热力学的分子运动出发，则我们会得到只适用于短波情况的维恩公式；如果从电磁波的角度出发，则我们会得到只适用于长波的瑞利-金斯公式。那么，我们如何才能在一个统一的假设前提下得到在整个波段都正确的黑体辐射公式呢？这朵"乌云"令学术界一筹莫展，多亏学术上一向偏于保守的普朗克萌发出"量子"的概念，人们才松了一口气（图 1-1）。

---

① 金斯在 1905 年修订了原始瑞利公式中一个系数（8）的错误。

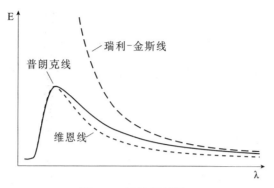

图 1-1 黑体辐射谱

（四）普朗克的"量子"概念

为了解决黑体辐射问题，我们需要找到一个公式将如下的三个实验事实连接起来：①在短波情况下，维恩公式是正确的；②在长波的近似情况下，维恩公式失效，在此区间，辐射能量密度与温度成正比；③维恩位移定律对整个区间都是正确的。那怎么把这些事实拼起来呢？内插方法是马克斯·普朗克（Max Planck）想到的数学方法，他最终于 1900 年 10 月 7 日在这三个事实的基础上凑出了我们现在称为普朗克公式的数学表达式。值得注意的是，普朗克研究黑体问题并不是为了解决所谓的"紫外灾难"，事实上，他当时还不知道瑞利公式（拼凑的事实中并不包含瑞利公式）。1900 年的 10 月 19 日，普朗克在柏林召开的德国物理学会会议上将他得到的公式公之于众。很快，普朗克的好朋友鲁本斯告诉他，这个公式与实验数据在所有区间都符合得非常好，完全超出他本人的预期。既然这个普朗克猜出来的数学公式与实验如此地契合，那么它的背后必然隐藏着某些物理本质。为了找到它背后的物理本质，在接下来的两个月内，普朗克对这个公式进行了更深入的研究，尝试了各种可能的物理解释。然而，普朗克很快意识到，仅仅利用我们已知的、经典的物理法则，绝对不可能推导出这个公式。而后，受玻尔兹曼统计力学和热力学思想及技巧的启发，普朗克发现如果假设辐射能量的吸收和释放是一份一份的（称之为"量子"），这时就能推出他自己用内插法得到的黑体辐射分布公式（为了表示对借用玻尔兹曼思想的敬意，普朗克将黑体辐射分布公式中出现的常数 k 称为玻尔兹曼常数）。

（五）物理学界如何讨厌"量子"

人们（包括普朗克本人）普遍认为，普朗克引入的这个"量子"的概念仅仅是一种权宜的数学技巧，而不是一种真实的物理实在。普朗克本人也坚信他可以摆脱"量子"这个不受欢迎的概念。为此，他本人花了几乎 10 年的时间试图用已有的物理学框架来替代"量子"这个概念。然而，普朗克的不成功的"挣扎"再次表明，一切努力都是徒劳的，我们只能接受这个不那么受欢迎的概念本身，而且还不得不承认"量子"的概念在物理学中起着基本的作用。

（六）爱因斯坦的慧眼

当普朗克引入"量子"这个概念的时候，他只假设了电磁场的吸收和发射是一份一份的（他坚信只有在光吸收和发射的时候"量子"这个概念才是必需的），而没有涉及更本质的问题，即电磁场本身是否量子化的问题。这个问题的深刻物理含义是在 1905 年由爱因斯坦引入"光量子"的概念之后才变得清晰的。爱因斯坦的这个发现可以直接用于解释光电效应，是爱因斯坦在"奇迹年"发表的五篇重要文献中的第一篇，也是这五篇文章中他本人认为唯一有革命性意义的。这个贡献也为他赢得了 1921年的诺贝尔物理学奖。

光电效应最早是赫兹在 1887 年利用高频振荡回路产生电磁波的过程中无意发现的。他发现，如果在两个球之间加入一束紫色的光，电火花会非常容易出现。虽然赫兹花了一段时间来研究这个问题，并对这个现象进行了较详细的描述，但他并没有意识到这个问题的重要性，也没有找到合理的解释。赫兹曾经的助手菲利普·莱纳德（Philipp Lenard）在 1902 年又回过头来仔细地研究了光电效应，揭示了更多光电效应的特征。特别是，他发现金属释放出的电子不受光束强度的影响，而只受光束频率的制约。这个特征用经典的电磁学理论是无法解释的。

"光量子"这个概念最早出现在爱因斯坦对普朗克工作的评述中。[①]通过对普朗克工作的研究，爱因斯坦发现，如果我们仍然把光场当作波的话，是没有办法推导出普朗克公式的。要自洽地获得普朗克公式，我们必须假定光场本身是由一份一份的"光量子"组成的。如果有了这样的假定，那么光电效应也可以迎刃而解，它可以看作是光场量子化的必然结果。在"光量子"假定下，原来看起来不合理的现象，现在都变得非常合理了。

然而，光的量子化在某种意义上又回到光的粒子学说，自然会受到很多人的反对。光作为一种波动，是在克里斯蒂安·惠更斯（Christiaan Huygens）、托马斯·杨和菲涅耳等坚实的理论与实验的基础上建立起来的，是在打败以牛顿为首的粒子学说的基础上确立起来的，并最终成为一种被普遍接受的观念。人们对光是一种粒子集合的质疑，在美国物理学家罗伯特·安德鲁·密立根（Robert Andrews Millikan）身上表现得淋漓尽致。起初，他根本不相信"光量子"的学说，打算通过光电效应实验来证明它是错误的。然而，出乎意料的是，他自己的实验结果恰恰就证明了光是一种粒子。即使面对自己的实验数据，他仍然认为以"光量子"为基础的量子假说是站不住脚的。而他本人因为在基本电荷和光电效应实验方面的成果获得了 1923 年的诺贝尔物理学奖。

---

① "光子"的概念是 1926 年由美国物理学家吉尔伯特·牛顿·刘易斯（Gilbert Newton Lewis）首先提出的。

事实上，直到 1921 年爱因斯坦获得诺贝尔物理学奖之后，想要抛弃光量子假说已经变得越来越不可能，光量子才逐渐被物理学界接受。特别是，密立根本人坚持不懈的试图证伪的实验（实际上证实）以及阿瑟·霍利·康普顿（Arthur Holly Compton）1923 年的康普顿散射实验（这个以他名字命名的效应，为他赢得了 1927 年的诺贝尔物理学奖），使得光的粒子性实验基础像光的波动性实验基础一样坚实。这时候，光的粒子性和波动性同时被人们接受了。那么，这种既有粒子性又有波动性的特征是光所特有的吗？第一个回答这个问题的是法国的年轻公爵路易·维克多·德布罗意（Louis Victor de Broglie）。

（七）法国公爵

德布罗意家族是法国一个著名的贵族家族。这个家族中出了无数的元帅、部长和其他政府官员。德布罗意是这个家族四个孩子中最小的一个，在哥哥莫里斯的影响下，他开始对物理学产生浓厚的兴趣。

在德布罗意对物理学产生兴趣的时候，厄尔斯·亨利克·戴维·玻尔（Niels Henrik David Bohr）已经将量子化的概念应用到原子中，用以解决卢瑟福原子模型的稳定性问题。在这个解决方案中，玻尔假设当电子处于某些特定状态时，电子不对外辐射能量，因而它是稳定的。这个假设本身并不能从任何合理的物理解释中获得。年轻的德布罗意是爱因斯坦的忠实拥趸，在密立根和康普顿的实验结果还没有出来的时候，他就已经接受了

延伸阅读

路易·维克多·德布罗意

路易·维克多·德布罗意（1892—1987），第七代德布罗意公爵，法国物理学家。1928～1962 年在索邦大学任理论物理学教授，1929 年因发现电子的波动性及在量子理论方面的研究成果而获得诺贝尔物理学奖。

爱因斯坦的光量子学说。1923 年，他意识到光的这种波动性和粒子性同时存在的特征应该适用于更广泛的物质：波可以表现得像粒子，粒子为什么就不能表现得像波呢？他进一步发现：如果给每个电子一个虚拟的波长（也就是把电子看成波），那么根据驻波条件就可以给出玻尔引进的原子量子化中各个电子轨道的位置。如果这个假设是对的，那么电子的波长又应该怎么确定呢？德布罗意同样接受爱因斯坦狭义相对论中的质能方程。利用质能方程就可以建立电子的质量与波长之间的关系。德布罗意提出的这种物质波现在被称为德布罗意波。

　　1923 年，德布罗意把自己的这些想法整理成三篇小短文发表在法国《简报》上。1924 年，德布罗意进一步将自己关于物质波的想法整理成自己的博士论文。虽然他最终通过了博士论文答辩，但当时并没有能够说服评委们。评委们不相信有物质波的存在，认为那仅仅是一个数学技巧。然而，当爱因斯坦看到保罗·朗之万（Paul Langevin）送给他的德布罗意的论文后，他给予了高度评价，认为德布罗意"揭开了大幕的一角"。爱因斯坦的高度评价是他博士论文得以通过的主要原因，同时也使得人们开始关注德布罗意的思想。公允地说，德布罗意的博士论文是历史上含金量最高的学位论文之一。凭借这篇论文，他获得了 1929 年的诺贝尔物理学奖，也是历史上第一个凭借学位论文获奖的人。

　　正如参加德布罗意博士答辩的评委们所关心的那样，如果电子是一种波，那么我们如何才能观测到这种波呢？德布罗意大胆地预言，如果让电子穿过一个小孔，小孔足够小就会产生可观测的衍射现象。事实上，这种衍射在两年以后就被西部电子公司（Western Electric Company，后来大名鼎鼎的贝尔实验室的前身）的科学家克林顿·约瑟夫·戴维逊（Clinton Joseph Davisson）在晶体中观测到了。但是，他当时并不知道如何解释这个现象。后来，他去英国参加会议，他才知道有德布罗意波这回事。在马克斯·玻恩（Max Born）①的进一步启发下，他才意识到自己观察到的现象很可能就是德布罗意波。戴维逊回到美国后，恶补了德布罗意波的相关理论（费了不少劲才找到德布罗意的论文）。1927 年，他终于证实自己观察到的现象就是德布罗意波的效果。为此，他获得了 1937 年的诺贝尔物理学奖，与他分享这个荣誉的是 G. P. 汤姆逊（George Paget Thomson）。汤姆逊在剑桥也得到了电子的衍射图案，与光波的衍射毫无区别。他们的实验结果都确凿无疑地证明了德布罗意波的存在。有意思的是，汤姆逊的父亲 J. J. 汤姆逊因为发现电子而获得 1906 年的诺贝尔物理学奖，汤姆逊一家和电子结下了不解之缘。

（八）海森堡矩阵力学的创立

到现在为止，微观世界所表现出来的各种行为，使人们对微观世界的认识一团模糊。如何才能建立一个根本性的微观世界的理论呢？这个责任历史性地落在了维尔纳·海森堡（Werner Heisenberg）和埃尔温·薛定谔（Erwin Schrödinger）的身上。

延伸阅读

维尔纳·海森堡

维尔纳·海森堡（1901—1976），德国物理学家，量子力学创始人之一，"哥本哈根学派"的代表性人物。1932 年，海森堡因"创立量子力学以及由此导致的氢的同素异形体的发现"而获诺贝尔物理学奖。他对物理学的主要贡献是给出了量子力学的矩阵形式（矩阵力学），提出"不确定性原理"等。他的《量子论的物理学原理》是量子力学领域的一部经典著作。

①玻恩是哥廷根量子研究的领袖。

海森堡 1901 年出生于巴伐利亚州的维尔茨堡。在他出生的时候，普朗克已经提出了量子的概念。他和普朗克还是同一所中学的校友。在中学的时候，他就已经表现出数学和物理学方面的天赋。海森堡被称为"物理神童"，他在当时量子研究的"黄金三角"（慕尼黑、哥廷根和哥本哈根）都学习过。在 18 岁的时候，他就得到父亲的朋友阿诺德·索末菲（Arnold Sommerfeld）[1]同意，参加了他的科研讨论班。正如海森堡后来所说的，他在索末菲慕尼黑的组里学会了乐观的精神，并认识了他一生的科研好友沃尔夫冈·E.泡利（Wolfgang Emst Pauli）[2]。在泡利的影响下，海森堡选择了量子领域作为自己的研究方向。1922 年海森堡博士毕业之后，去到哥廷根，成为玻恩的助手。正如海森堡所说，他在哥廷根学会了数学。1924 年，海森堡获得资助，前往哥本哈根的玻尔研究所访问。这次访问对海森堡的成长至关重要。按海森堡的说法，他在玻尔研究所学到了物理，并与玻尔本人建立了父子般的深厚情谊。

1925 年，海森堡回到哥廷根。由于在研究氢原子的谱线问题上仍然

延伸阅读

埃尔温·薛定谔

埃尔温·薛定谔（1887—1961），生于奥地利维也纳，是奥地利一位理论物理学家，量子力学的奠基人之一。1926 年，他提出薛定谔方程，为量子力学奠定了坚实的基础。他想出薛定谔猫思想实验，试图证明量子力学在宏观条件下的不完备性。1933 年，他因"发现了在原子理论里很有用的新形式"，和英国物理学家保罗·狄拉克（Paul Dirac）共同获得了诺贝尔物理学奖。

---

[1] 著名物理学家索末菲是慕尼黑量子研究的核心人物。
[2] 泡利以其深刻的洞察和尖刻的言语而被称为"量子力学的良心"和"上帝的鞭子"，泡利对海森堡工作的评价在很大程度上促进了量子力学的发展。

毫无进展，海森堡打算换一种研究的方式——试着先建立基本的运动模型。他开始试着用一些表格（满足一定的运算规则）而不是简单的数来表示物理量。沿着这个想法，1925 年的夏天在北海的小岛赫尔戈兰岛上度假期间，24 岁的海森堡取得了突破性进展。他发现，只要把表格（表示物理量）运算规则直接运用到经典动力学公式里去，不需要任何额外的假设，就可以把玻尔和索末菲的量子条件建立起来。那么，海森堡的这些看起来很有效的表格究竟是什么呢？玻恩首先发现了这些表格与矩阵之间的联系，与帕斯夸尔·约当（Pascual Jordan）一起建立了它们的数学基础，并发表了著名的论文《论量子力学》。在此基础上，海森堡、玻恩和约当一起建立了全新的量子力学体系。利用这个体系，他们不仅能够解释氢原子体系的物理现象（此前玻尔利用量子化假设也能解释），还能预言新的氦原子体系中的物理现象（玻尔的量子化假设在此系统中不适用）。至此，量子力学的宏伟大厦初现端倪。这个成就为海森堡赢得了 1932 年的诺贝尔物理学奖。

然而，对物理学家而言，海森堡力学中使用的矩阵太过高深，大家都不熟悉。他们更需要一个熟悉的理论。半年之后，薛定谔发现的波动方程以物理学家们喜闻乐见的方式出现了。

（九）薛定谔波动力学的创立

薛定谔直到 1924 年才开始对量子力学和统计力学感兴趣，并把研究方向转到这方面来。对于被称为"大男孩玩具"的新兴的量子力学而言，36 岁的薛定谔已经是"老年人"了。面对一片混乱的微观世界，薛定谔没有直接研究当时最热门的问题——原子的谱线问题，而是对德布罗意的理论特别感兴趣。按德布罗意的理论，物质都应该有一个伴随的物质波，物质波强调了物质的连续性。1925 年圣诞节期间，薛定谔在阿尔卑斯山度假，其间他产生了灵感：他从经典力学的哈密顿－雅可比方程出发，利用变分法和德布罗意公式，得到一个非相对论的波动方程。这个方程就是大名鼎鼎的薛定谔方程。从薛定谔方程出发，人们可以自然地导出量子化条件。正因如此，薛定谔的论文题目就叫作"量子化是本征值问题"。紧接着，在1926年的一系列论文中，他论证了自己提出的波动方程可以成功地解决一大批原子物理学的问题。

薛定谔的波动方程一出，除了以海森堡为代表的矩阵派，几乎全世界的物理学家们都一片欢呼。爱因斯坦称赞这个想法"只能来自一个真正的天才"，普朗克认为这是"划时代的工作"，最后连玻恩都"倒戈"认为波动力学是"量子定理的最深刻形式"。对于这类波动方程，物理学家们太熟悉了，他们终于可以舒一口气，再也不用和古怪的矩阵运算打交道了。那么，这两种不同的表述之间是什么关系呢？在海森堡的理论中，粒子的间断性处于主导地位，其矩阵运算就如神来之笔；而在薛定谔的理论中，粒子的连续性占主导地位，与已知的经典力学能很好地衔接，理解起来也相对容易。薛定谔方程出来不久，薛定谔、泡利和约当各自证明了薛定谔方程和海森堡理论在数学上是完全等价的[①]。这种数学上的统一并没有抹平海森堡方程和薛定谔方程之间的巨大分歧——海森堡方程是从物质的粒子性出发的，而薛定谔方程是从物质的波动性出发的。这就使得波还是粒子才是物质的第一属性的争论尖锐起来。双方都认为自己所抓住的属性才是物质的根本属性。

（十）关于波函数"ψ"争论

虽然，相对于海森堡方程，薛定谔方程更容易被人们接受。但是，薛定谔方程中的核心量——波函数——到底是什么的问题，使得薛定谔方

[①] 严格的证明是后来由约翰·冯·诺依曼（John von Neumann）在《量子力学的数学基础》中给出的。

程的物理解释备受争议。按照薛定谔自己的设想，波函数应该就是电子的真实波动（对应德布罗意理论的物质波）。在他的设想中，原子内部不存在不同能级之间的不连续量子跃迁，存在的只是从一个驻波到另一个驻波之间的平稳而连续的转变，而辐射只是一些谐振现象的产物。同时他还认为，电子也不需要单独存在，它只是多个谐振波的波包。薛定谔的这个设想是连续性的、因果论和决定论的，与经典物理所描述的图景完全一致。然而，薛定谔的这些美好的物理设想与薛定谔方程本身所描述的波函数之间并不相容。首先，薛定谔方程的解是一个复函数，不是一个直接可观测的物理量，当然更不能直接就是电子的波动。其次，关于电子的波包解释没有办法克服波包扩散所带来的困难。最后，波函数直接对应物理波还会导致一系列别的问题，如不能解释康普顿散射实验、不能解释电子为什么会有电荷等。

对于波函数的物理解释，玻恩有自己的独特看法。玻恩是量子研究"黄金三角"中哥廷根的掌门人，一直对量子力学的建立和发展起着巨大的推动作用。前面已经说过，玻恩和海森堡、约当建立了矩阵力学，矩阵力学强调的是微观粒子的粒子性（不连续性）。同时，玻恩也接受薛定谔方程的形式（波动力学更强调微观粒子的连续性），但他并不接受薛定谔对波函数的物理解释，无法容忍薛定谔将量子跃迁和粒子这些基本概念

延伸阅读

马克斯·玻恩

马克斯·玻恩（1882—1970），德国物理学家与数学家，对量子力学的发展非常重要，同时在固体物理学及光学方面也有所建树。此外，他在20世纪20~30年代培养了大量的知名物理学家。1954年，玻恩因"量子力学方面的基础性研究，特别是给出波函数的统计解释"而获得诺贝尔物理学奖。

直接摒弃的做法。他需要调和海森堡方程所描述的粒子性及薛定谔方程描述的波动性。简单地说，他需要从薛定谔的波函数中抢救出粒子连续性的概念。他竟然完成了这个几乎不可能完成的任务。玻恩于 1926 年 12 月在《物理期刊》上发表了题目同为"论碰撞过程中的量子力学"的两篇划时代的重要文献（这为他"赢"得了 1954 年的诺贝尔物理学奖）。在这两篇文献中，他利用"概率"的概念将微观世界的波动性和粒子性完美地结合起来。按玻恩的解释，薛定谔波函数本身并不直接包含物理的现实性，只有波函数的模平方表明了微观粒子一种抽象的可能性。

二、"波动 - 粒子"二象性——光子的双缝干涉

玻恩的解释是如何把微观粒子的波动性和粒子性结合起来的呢？我们以典型的单光子杨氏双缝实验为例（图 1-2）。

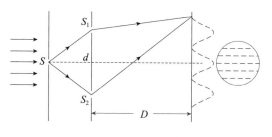

图 1-2　杨氏双缝实验

在杨氏双缝实验中，在第一个屏上有两个相距为 d（d 是个小量）的平行狭缝。在经典实验中，如果一束光照射到有双缝的屏上，那么在与有双缝的屏相距为 D 的第二个感光屏上就会出现干涉条纹。这个现象可以根据惠更斯原理进行解释。这个实验在关于光的波动说和粒子说的第一次大论战中，为波动说的胜利立下了汗马功劳。

如果我们把照在双缝上的光减弱到单个光子（运用了光的粒子性），光的量子性就必须要考虑了。那么，这种情况下如何才能体现光的波动性

呢？当这个光子穿过双缝（我们先不考虑它是如何穿过的）并打到后面的感光屏上时，感光屏会记录下光子的具体位置。如果光子只表现出粒子性，那么它就只能穿过双缝中的某一个，进而在屏幕上形成两个与狭缝对应的峰，但不会有干涉条纹。如果单个光子也表现出波动性，那么它就可以同时穿过两个狭缝，并在屏幕上产生干涉条纹。按照玻恩的解释，单个光子只会在某个地方被感知，而不会同时出现在整个感光屏上，表明了光子的粒子性，但每次单个光子并不是确定性地出现在感光屏上的某个地方，而是概率性地出现在整个感光屏上；它出现在某个地方的概率由光子作为波在此处的干涉强度所决定。换言之，当我们把光子一个一个地穿过双缝时，它们在屏幕上的分布与光子作为波穿过双缝形成的干涉条纹一致。

玻恩的概率波解释将微观粒子的波动性和粒子性完美地结合在一起，同时也克服了波函数是复函数的难题。但玻恩的这个解释是以放弃经典物理一贯所坚持的决定论和因果论为代价的。因而，玻恩的解释在本已莫衷一是的量子力学争论中又狠狠地"添了一把火"。连爱因斯坦也不相信上帝是通过掷骰子来确定物理结果的。虽然玻恩的解释完美地连接了微观粒子的波动性和粒子性，但人们更多地认为这只是一种数学技巧。人们更关心其背后的物理本质。是什么使得物理世界的确定性丢失了？是我们认识的局限性，还是微观世界本来就应该如此？薛定谔的波函数及玻恩的概率解释揭开了微观世界的大幕。

（一）海森堡不确定性原理

当玻恩破坏了经典世界的决定性的时候，我们的"物理神童"海森堡也正在哥本哈根为自己创立的矩阵力学寻找物理解释。当然，骄傲的海森堡还是从自己的矩阵理论出发（他是不屑从薛定谔的波函数出发的）。1927年2月，他在思考云室中电子的轨迹时得到启发——量子力学是否限定了能够测量的物理量的类型呢？是否可以通过量子力学来同时确定电子的位置和速度呢？海森堡研究发现，我们在任何时刻都不能对电子的位置和速度同时进行精确的测量。简单地说，如果我们对粒子的位置进行了精确测量，粒子的速度就不可能被精确测量了；相反，如果粒子的速度被精确测量了，对位置就没法精确测量了。海森堡还进一步发现了不能被同时精确测量的物理量之间的联系：在他建立的矩阵力学中，物理量都是矩阵，两个不对易的物理量（如位置和速度）是不能被同时精确测量的。海森堡的这个发现，我们现在称为海森堡不确定性原理，它进一步宣告了经典力学中确定性的丧失。海森堡的这篇长达 27 页的重要论文在 1927 年 3 月以"论量子理论运动学和力学的感性内容"为题发表在了《物理期刊》（*Zeitschrift fur Physik*）上。

（二）玻尔互补原理

当玻恩和海森堡都在放弃经典物理的确定性的时候，哥本哈根学派的掌门人玻尔也在为微观粒子的波动性和粒子性大伤脑筋。微观粒子的波动性和粒子性都有坚实的理论和实验基础，那么这样的事实背后有什么"哲学基础"呢？ 1927 年 2 月，当海森堡在哥本哈根发现不确定性原理时，在挪威度假的玻尔本人也产生了融合波动性和粒子性的"哲学基础"，这就是著名的互补原理。按玻尔的互补原理，波动性和粒子性是微观粒子的硬币的两面，它在一个时间点只能向我们展示其中的一面，粒子性和波动性不能同时出现。我们很容易看到波动性和粒子性有对立的一面，而玻尔认为，他们互补的一面同样重要。他甚至认为，互补原理是量子力学必要的、被遗漏的理论框架。玻尔还指出，海森堡的不确定性原理就是因为两个物理量中的一个是表示粒子性的物理量，而另一个是刻画波动性的物理量。经过多次的修改和思考，于 1927 年 9 月在意大利科莫举行的国际物理学大会上，玻尔第一次系统地阐释了互补原理的理论框架，并对海森堡不确定性原理及测量在量子力学中的作用等问题进行了阐述。玻尔将他的互补原理、海森堡测不准原理及玻恩对薛定谔波函数的概率幅解释有机地结合在一起，形成一个量子力学基础的整体解释，这就是直到今天仍然被称为量子力学正统解释的哥本哈根解释。

玻尔的互补原理在哥本哈根解释中起着重要作用，它可以巧妙地把微观粒子的波动性和粒子性、薛定谔的波动力学与海森堡的矩阵力学融合在一起。那么，粒子什么时候表现其粒子性，什么时候表现其波动性呢？波动性和粒子性真的不能共存吗？玻尔的学生约翰·阿奇博尔德·惠勒（John Archibald Wheeler）对此进行了更深入的研究。惠勒在量子力学和广义相对论中都做出重要的贡献。他和他的学生瓦尔特·迈斯纳（Walter Meissner）、基普·S.索恩（Kip Stephen Thorne）合写的大部头《引力》一书是广义相对论的经典教材，也是他和沃伊切赫·祖瑞克（Wojciech Zurek）率先把量子退相干理论引入量子测量进行系统的研究。像他的老师玻尔一样，他也培养了一大批优秀的物理学家，除了前面提到的几位，

延伸阅读

约翰·阿奇博尔德·惠勒

约翰·阿奇博尔德·惠勒（1911—2008），美国理论物理学家。惠勒虽然没有获得诺贝尔奖，但他无疑是美国最重要的物理学家之一。作为物理学家，惠勒最重要的工作是与玻尔合作，在1942年共同揭示了核裂变机制，并参加了研制原子弹的曼哈顿计划。他还是美国第一个氢弹装置的主要设计者之一。惠勒最有代表性的思想实验是1979年在纪念爱因斯坦诞辰100周年学术研讨会上提出的延迟选择实验。惠勒把哥本哈根学派的整体理论从空间扩展到时间。他认为："没有一个基本量子现象是一个现象，直到它是被观察记录的现象"，"不存在一个过去预先存在，除非它被现在所记录"。

还有理查德·菲利普斯·费曼（Richard Phillips Feynman，自己发明了量子力学的路径积分表示）、休·埃弗雷特（Hugh Everett，量子力学多世界诠释的最初提出者）等。

为了研究微观粒子能否感知测量仪器，进而根据测量仪器来选择展现粒子性还是波动性的问题，他提出了著名的惠勒延迟选择实验。根据哥本哈根解释，电子表现出粒子性还是波动性是由测量的仪器决定的。例如，在杨氏双缝实验中，如果我们测量电子到底是从哪个狭缝通过的，电子就会表现出粒子性；反之，如果我们直接在后面的屏上做测量，则电子就会表现波动性。惠勒设计了一个被称为惠勒延迟选择的思想实验。我们采用适合于实验验证的马赫－曾德干涉仪（M-Z 干涉仪）来阐述惠勒的思想（图 1-3）。

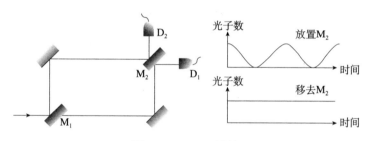

图 1-3　M-Z 干涉仪

延伸阅读

理查德·菲利普斯·费曼

理查德·菲利普斯·费曼（1918—1988），美国理论物理学家，量子电动力学创始人之一，纳米技术之父。由费曼提出或完善的费曼图、费曼规则和重整化计算方法是研究量子电动力学和粒子物理学的重要工具。他的研究生导师是普林斯顿大学的青年学者惠勒。1965 年，费曼因在量子电动力学方面的贡献与朱利安·施温格（Julian Schwinger）、朝永振一郎共同获得了诺贝尔物理学奖。

单光子入射到半透半反分束器 M_1，经上下两条路径后由另一个半透半反分束器 M_2 输出，两输出端分别安置单光子探测器 D_1 和 D_2。互补原理预言，一系列单光子入射后，从 D_1 或 D_2 测量到的光子数随时间变化将呈现为正弦曲线，这种干涉现象表明光子具有波动性；而当 M_2 被移去后，测量结果是直线，呈现出光子的粒子性。因此光子究竟是呈现波动性或粒子性取决于测量仪器（即 M_2 存在与否）。互补原理认为，虽然光子同时具有波动性和粒子性，但在实验上绝不会同时看到波动性和粒子性，如同一个硬币虽然正反两面图案不同，但我们只能看到其中的一面。因此，我们便可心安理得地接受光子具有波动性和粒子性而不会烦恼了！然而，有种反对意见（即隐引参数理论）认为，在光子进入 M-Z 干涉仪（即 M_1）之前，它能"感知" M-Z 干涉仪中 M_2 是否存在。若 M_2 移去，则光子就按照"粒子"行为被测量；若 M_2 存在，则光子以波动行为被测量。所以，实验结果并不是由测量仪器不同引起的。在惠勒延迟选择实验中，当光子进入 M_1 时，我们暂时不决定是否安置 M_2，到光子进入仪器的中间时再决定 M_2 存在与否。这个实验结果仍然支持互补原理，从而否定了隐参数理论的解释。

然而，事实果真如此吗？2012 年，中国科学技术大学李传锋研究组巧妙地设计了一种量子分束器来替代分束器 M_2。以往实验所采用的分束器是经典的，要么在，要么不在，而量子分束器是"在与不在"的叠加态。实验结果表明，光子可以同时展现其波动性和粒子性，实际上是处在纯粹波动态和纯粹粒子态的叠加态。这个事实首次在实验上挑战了玻尔一直倡导的互补原理，波和粒子可以共存，更接近于之后将介绍的德布罗意的导波理论。

在 1927 年的科莫会议中，虽然玻尔对量子力学展示的物理进行了第一次完整的阐释，但人们对玻尔放弃经典力学确定性的担忧还未完全爆发。这一方面是由于当时人们还没有完全地理解它，另一方面是由于爱因斯坦和薛定谔都没有参加这次会议。迟来的争论在 1927 年 10 月的第五届索尔维会议上大爆发。爱因斯坦对玻尔的解释并不认同，他们之间爆发了一场旷日持久的大论战，为揭示量子力学的更多奥秘做出了巨大贡献（玻尔与爱因斯坦的详细论战参见第二章）。

（三）隐参数理论

玻恩对波函数的概率幅解释以放弃经典物理的确定性为代价，引起了人们对量子力学的普遍担忧，人们还是希望量子力学能够建立在确定性的基础上。在经典世界（如统计力学）中，虽然也有概率性的问题，但这种概率性（或者不确定性）的出现是可以被消除的：在经典力学中，由于动力学方程本身是确定性的，不确定性只由初始条件的不确定造成（这可通过对初始条件的进一步了解而消除）。那么，量子力学中出现的不确定性是否也可以通过对某些参数的进一步了解而被消除呢？是否可以将量子力学建立在一个包含更多隐含参数的、更基本的、确定性的动力学理论之上呢？这就是隐参数理论所希望做的。

在 1927 年 10 月于布鲁塞尔举行的第五届索尔维会议中，德布罗意提出了一个导波理论来替代薛定谔波函数的概率解释。按照他的导波理论，电子的波动性和粒子性是同时存在的（波尔互补原理认为不能同时存在），粒子就像冲浪运动员一样踏波而行，粒子在波的导航下运动，是真实存在的，不同于玻恩的解释中波函数并不直接对应于物理实在。但他的这个尝试性的解决方案并未得到来自波动力学方（薛定谔）或矩阵力学方（海森堡、玻恩）的支持。即使是他寄予厚望的、保持中立的爱因斯坦也保持了沉默。在索尔维会议上，他本人随后也被玻尔成功说服而接受了量子力学的哥本哈根解释。然而，故事并没有结束。1952 年，美国人戴维·J. 玻姆（David Joseph Bohm）重新复活并加强了德布罗意的想法。

玻姆本来是量子力学哥本哈根解释的忠实拥趸，但在写完他的著名教材《量子理论》（量子力学最好的教材之一）后，他觉得自己没有完全理解量子力学，对量子力学中实在性的缺失深表不满。在流亡巴西（他是麦卡锡主义的受害者）的 1952 年，他在《物理学评论》(*Physical Review*) 上发表了两篇关于隐变量理论的文章。他的隐变量理论是德布罗意导波理论的加强版。在玻姆的理论中，粒子总是存在的，而在德布罗意理论中的“导波”被他换成了一个称为“量子势”的概念，所起的作用与导波类似。在玻姆理论中，粒子在本质上是经典的，发出一种弥漫于整个宇宙的量子势。玻姆理论能够解释量子力学中的各种问题，可以很好地避开不确定性，但其代价是引入了非局域性。所以，玻姆理论是一个非局域的隐变量理论。

　　既然隐变量理论和量子力学都能解释微观世界的很多现象，那么哪个才是描述真实世界的第一性理论呢？可以从实验上（而不是从思辨上）区分量子力学理论和隐变量理论吗？作为爱因斯坦的忠实追随者，约翰·斯图尔特·贝尔（John Stewart Bell）对量子力学的正统解释并不满意，他希望有一个确定的、客观的物理理论。他对玻姆理论赞赏有加。直到 1963 年，贝尔在日内瓦与约克教授的讨论中才逐渐形成自己的想法。如果世界真是由隐变量理论来控制，那么它应该具有怎样的性质呢？ 1964 年，贝尔将隐变量理论局限在局域隐变量模型中，得到了一个可以区分量子力学与隐变量理论的不等式。他将这个结果以“论爱因斯坦 - 玻多尔斯基 - 罗森佯谬”为题发表在《物理》（该期刊一年后就倒闭了）上。这个不等式将隐变量理论与量子力学的哲学争论变成了实验物理学可辨其是非的判据。1982 年，阿莱恩·阿斯派克特（Alain Aspect）在法国率先对这个不等式进行了检验，检验的结果支持量子力学，不支持局域隐变量理论。完整而无漏洞的贝尔不等式检验是在 2015 年完成的，实验结果依然支持量子力学，基本已否定了局域隐变量理论的存在。当然，非局域隐变量理论（如玻姆理论）在现阶段还未被否定。

三、描述量子世界的"量子语言"——量子态

波和粒子是我们认识宏观世界最重要的经验总结,自牛顿提出牛顿力学以来的 300 年间,人们对它们的认识已经非常完善了。在经典世界中,它们是物质基本运动形态的完全分类。换言之,一个物理实体的运动形态只有两种——要么是波,要么是粒子。粒子和波具有完全不同的运动形态:粒子具有局域性,而波具有延展性;粒子是分离的,而波是连续的;粒子和波的运动方程也完全不一样[①]。

然而,粒子和波是描述微观世界的正确语言吗?从认识论的角度上来说,我们只能通过已理解和掌握的概念来认识新概念和新事物。假设在一个星球上只有两种动物,一种是牛,一种是狗。一天,第三种动物羊来到这个星球,那么见过羊的动物应该如何向别的动物介绍它呢?在这个星球上,动物间只有牛和狗两个概念,它们认为牛和狗已经是动物的完全集合(动物非牛即狗)了,那么新来的动物只能是牛或者狗。因而,合理的问题就是:新动物是牛还是狗?当然,羊与狗有某些相似性,羊也与牛有某些相似性。从更大的动物集合来看,牛和狗远没有组成动物的完全集,羊是一个和它们独立的新品种。然而,对于只见过狗和牛的动物来说,像狗或像牛是认识羊的第一步,然后才会认识到羊是一个独立的新品种(非狗非牛)。到了这一步,对动物新品种的研究才会进入一个新阶段,一个直接的问题就是如何描述这个新品种?当然,微观粒子没有羊这么简单。

微观粒子与宏观粒子遵从迥然不同的运动规律。我们通常将遵从经典物理的客体集合称为经典世界,而将遵从量子物理的客体集合称为量子世界。这两个世界都是自然界客观的物理实在。科学家的任务是去探索、揭

---

① 典型的描述粒子的运动方程是牛顿方程,而描述波动的典型方程是麦克斯韦方程。

示它们的自然运动规律。20世纪末，人类已筑建了辉煌的经典世界大厦。然而经历100多年的努力，量子世界依然疑团重重，迄今所创造的量子力学能否完备地描述量子世界的真实物理存在，始终争论不休。当然迄今所有实验结果都在量子力学的预言之中，尚未发现任何现象违背量子力学理论，这也是学术界公认的事实。

描述量子世界的物理实在的理论是量子力学，尽管迄今尚未发现任何违背这个理论的实验现象，但量子力学能否完备地描述量子世界的物理实在始终争论不休。之所以如此，是因为量子力学所揭示的许多现象与人们所熟知的观念大相径庭，令人难以接受。问题的症结在于，人们采用经典世界的观念作为判据来判定量子世界的真实性是否正确。既然不同物理世界有各自的运动规律，那么描述它们的语言就肯定不同。例如，轨道、波动性、粒子性之类纯属经典世界的概念就不再适用于量子世界。事实上，量子力学的发展历程就是伴随着不断抛弃"经典观念"而发展的。当人们承认微观粒子同时存在波动性和粒子性时，我们就抛弃"粒子要么是波，要么是粒子"的经典观念，100多年来关于量子力学的种种质疑归根结底在于人们试图将量子世界的现象纳入经典观念之中。对量子世界的探索应当去寻找量子世界这个物理实在本身的内涵。每当人们按照"量子世界应当是什么样"的理念去探究量子世界时总会大失所望。因此，必须采用量子力学的语言（表1-1）才能还原量子世界物理实在的本来面目。下面将简要介绍量子力学的语言和它们的数学表述。

表1-1 量子力学的语言——量子世界的语言

项目	符号	物理性质
量子态	$\|\psi\rangle$	形成希尔伯特空间，满足叠加原理。特别地，在多粒子情况下会形成纠缠态： $$\|\psi\rangle = \frac{1}{\sqrt{2}}(\|000\rangle + \|111\rangle)$$
物理量	$\hat{A}$	厄米算符

项目	符号	物理性质
动力学	$\hat{U} = e^{-iHt}$	幺正演化，它由系统的哈密顿量通过薛定谔方程（或海森堡方程）决定：$$i\frac{d|\psi\rangle}{dt} = H|\psi\rangle$$
量子测量	$\hat{M}$	系统状态按测量物理量 $\hat{A}$ 的本征态展开 $\sum_i a_i|\psi_i\rangle$；系统波函数塌缩到某个本征态 $|\psi_k\rangle$ 上；塌缩到本征态 $|\psi_k\rangle$ 的概率为 $|a|^2$

我们知道，经典物理中物体的状态是由它的位置和速度确定的，而在量子物理中，微观粒子的状态是由其波函数 $\psi(x, t)$ 确定的。只要知道波函数 $\psi(x, t)$，便可从中获取关于该粒子的所有可能的信息。波函数是复数，没有任何经典物理对应。按照波恩的说法，$|\psi(x, t)|^2$ 具有经典物理的对应（即概率），因此 $\psi(x, t)$ 又称为概率幅。在后面要介绍的狄拉克量子力学中，量子状态采用更公式化的表示，即量子态 $|\psi\rangle$。如果粒子处于量子态 $|\psi\rangle$，则我们说该粒子处于纯态。如果粒子不能用特定的量子态 $|\psi\rangle$ 来描述，而是以概率 p_i 处于纯态 $|\psi\rangle_i$，那么在这样的场合下，粒子的量子态为混合态，常表示为 $\rho = \sum_i p_i|\psi\rangle_{ii}\langle\psi|$。

狄拉克和冯·诺依曼建立了描述量子力学的标准语言。冯·诺依曼在量子力学、计算机和数学领域都做出了极其重要的贡献。他和狄拉克一起建立了严格的量子力学公理体系，并将研究结果总结在 1932 年出版的《量子力学的数学基础》一书中。他们在这本书中提出了量子力学的基本公设，包括量子态形成希尔伯特空间、物理量的算符公设、量子态的演化方程及量子测量等。在这本书中，冯·诺依曼还对量子测量进行了研究，提出了量子测量的物理过程，定义了以他的名字命名的量子测量。量子态形成的希尔伯特空间才是描述微观粒子的正确语言。这个语言会自动导致量子态的叠加原理[①]，即如果两个量子态是合法的，那么它们的叠加态也是合法的量子态，也会自动导致波与粒子的共存（如果我们把波和粒子看作不同的量子状态）。如果将叠加原理应用于多个微观粒子，那么 EPR 态（在第二章中将做详细介绍）就是一个合法的量子态，就会导致著名的薛定谔猫佯谬。由此可见，微观世界比我们想象的还要复杂得多，难怪玻尔都感叹"如果谁不对量子物理感到困惑，那么他肯定是不懂它"；而 1965 年的诺贝尔物理学奖获得者费曼则更直接地宣称："我想我可以有把握地讲，没有人懂量子力学。"

（一）量子操控

虽然量子力学仍然有很多基本问题没有得到解决，但是冯·诺依曼总结的量子力学的公理化体系却允许我们对量子态进行操控和测量。这种操控基于量子系统的演化（即薛定谔方程），并且是确定性的。量子调控与经典世界的调控有本质的区别。经典调控的对象是物体的位置、速度等物理量，而量子调控的对象是粒子或系统的量子态。我们可以选用光、电、磁等经典工具操控微观粒子，使它精确地处于某个特定的量子态上。量子器件的初态制备采用这种调控方式，实际上是将经典输入数据编制在给定的量子态上。在量子处理过程中，可以设计某种特定的相互作用使系统的量子态按照所期待的方式演化，这实质上是相干操控的过程。近年来，人们才意识到量子操控的重要性。它不仅极大地扩展了人类对自然界的操控能力，而且也提供了研究量子力学基础的工具。到目前为止，人们对单个光子和离子的操控已达到极高的水平。法国物理学家塞尔日·阿罗什（Serge Haroche）利用光腔已经实现了对单个光子的量子状态及其量子过程的精确操控，丰富和验证了量子力学的诸多现象。他与美国科学家戴

[①] 狄拉克在他的《量子力学原理》一书中对量子叠加原理进行过完整的阐述。

维·瓦恩兰（David Wineland）分享了 2012 年的诺贝尔物理学奖。而瓦恩兰本人一直致力于离子状态的操控，他最早提出了在离子阱中利用激光冷却的办法来冷却离子的状态，实现了多个离子的量子纠缠态制备和操控，极大地提高了人们对多体量子态的操控水平。对量子态操控水平的提高，使新技术（如量子计算）成为可能。

（二）量子态信息的获取

在量子力学的初始阶段，人们就已经知道微观粒子信息的获取是一个非常微妙的过程。但无论是海森堡于 1927 年发现的不确定性原理，还是冯·诺依曼于 1932 年在《量子力学的数学基础》中对量子测量理论的研究都表明，人们在获取微观系统信息时必须小心翼翼。微观粒子量子态信息的获取就更加微妙。按照哥本哈根解释，我们获取的量子态信息与测量

延伸阅读

塞尔日·阿罗什

塞尔日·阿罗什（1944—　），法国物理学家，法兰西学院院士，美国国家科学院外籍院士，巴黎高等师范学院教授。他的博士论文导师是 1997 年诺贝尔物理学奖得主克洛德·科昂 - 唐努德日（Claude Cohen-Tannoudji）。2012 年，因为研究能够量度和操控个体量子系统的突破性实验方法，阿罗什与美国物理学家瓦恩兰共同荣获诺贝尔物理学奖。

戴维·瓦恩兰

戴维·瓦恩兰（1944—　），美国物理学家，在美国国家标准与技术研究所（National Institute of Standards and Technology，NIST）物理实验室与科罗拉多大学博尔德分校工作。2012 年，因研究能够量度和操控单个量子系统的突破性实验方法，与法国物理学家阿罗什共同荣获诺贝尔物理学奖。

的方式密切相关，因而不同的测量只能获取量子态某个侧面的信息。从某种意义上来说，我们通过测量来获取量子态的信息就像是一个盲人摸象的过程。

《盲人摸象》是出自《大般涅槃经》的一个著名的佛教故事。未见过大象的几个盲人通过触摸的方式（这是他们所能采取的方式）来认识大象：摸到大象鼻子的人认为大象像弯弯的管子；摸到象牙的人觉得大象像萝卜；摸到大腿的人觉得大象像柱子；摸到耳朵的人觉得大象像蒲扇；摸到肚子的人觉得大象像堵墙。为什么会这样呢？首先，他们对大象一无所知；其次，他们每个人都认为自己触摸到的是整头大象。这就难免以偏概全了。

在我们获取量子态的信息过程中，未知的量子态就是那头大象，不同的测量方式就是不同的"盲人"。每次测量，我们都只能获得量子态的部分信息，通过部分的结果我们没法对整个量子态的形式进行判断。更糟糕的是，每次测量都会对量子态造成破坏，量子态会塌缩到测量物理量的某个本征态上去。值得庆幸的是，根据量子态的希尔伯特空间结构，如果有某些先验的信息（如量子态空间维数和基矢），我们就存在一组完备的测量，可以对量子态进行整体的认识。这就相当于盲人们意识到自己摸到的只是大象的一部分，不同的盲人进行分工协作而获取大象的整体信息（当然，这需要有先验的信息，即有"明眼人"）。因而，量子态信息的获取需要对相同的量子态做多个侧面的多次测量（我们往往称之为量子层析技术）才可能完成。

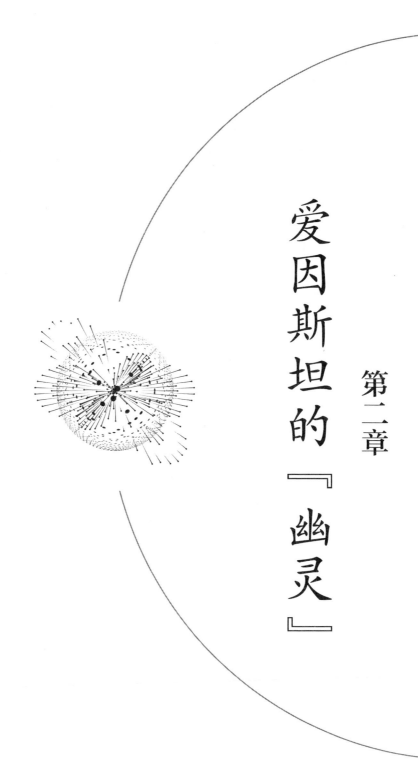

第二章

爱因斯坦的『幽灵』

在我们之外有一个巨大的世界，它离开人类而独立存在，在我们面前就像一个伟大而永恒的谜，然而至少部分的是我们的观察和思维所能及的……在向我们提供的一切可能范围里，从思想上掌握这个在个人以外的世界，总是作为一个最高目标而有意无意地浮现在我的心中。

——阿尔伯特·爱因斯坦[①]

一、爱因斯坦与玻尔的争论

始于 20 世纪 20 年代的爱因斯坦与玻尔的争论是物理学史上伟大的科学论战之一，其中针锋相对的观念间的冲突之激烈、争论的影响之广泛与深远，在物理学史家们［如马克斯·雅默（Max Jammer）］看来也许只有 18 世纪初牛顿与弋特弗里德·威廉·莱布尼茨（Gottfried Wilhelm Leibniz）的论战才能与之比拟。与牛顿和莱布尼茨的论战不同的是，爱因斯坦与玻尔的争论更加纯粹和友善，这场争论激烈地进行了许多年，甚至在爱因斯坦于 1955 年 4 月 18 日去世后仍然以一种特别的方式持续着。玻尔曾经一再承认，他在心里仍然继续在同爱因斯坦争论着，并且每当他思考物理学中的一个基本的有争论的问题时，总要自问如果是爱因斯坦遇到这个问题会是怎样想的。玻尔于 1962 年 11 月 18 日去世。在去世的前一天的傍晚，他在工作室的黑板上画的最后一个图便是爱因斯坦光子箱的草图，而光子箱正是爱因斯坦与玻尔论战中用来攻击玻尔的观点时所提出的一个思想实验里的装置（图 2-1）。

---

① 引自《自述》，写于 1946 年，爱因斯坦时年 67 岁。

图 2-1　玻尔画的爱因斯坦光子箱的草图

（一）柏林的初遇与分歧

这两个伟大灵魂的相遇始于 1920 年春。应普朗克之邀，玻尔从哥本哈根前往柏林大学做题为"光谱理论的现状及其在将来的发展的各种可能性"的讲座。正是在这次讲座期间，玻尔与爱因斯坦第一次进行了面对面的交谈。尽管这是他们第一次见面，但是他们很早就仰慕彼此。爱因斯坦对玻尔在原子量子化和原子光谱上的工作赞叹不已。早在 1905 年时，26 岁的爱因斯坦的学术创造力进入爆发期，接连完成了光子假说、布朗运动的解释以及狭义相对论的工作，即所谓的爱因斯坦奇迹年。实际上就在这一年，创造力旺盛的爱因斯坦也考察过当时还毫无头绪的原子光谱问题，但是他当时得出的结论是："这些现象（原子光谱问题）和那些已经研究过的现象之间根本不存在一种简单的关系，这事在我看来没有多大希望。"因此可以想象，当 1913 年玻尔通过引入原子量子化假设而成功地解决了原子光谱问题时，爱因斯坦对这位小他 6 岁的丹麦小伙的敬佩之情。尽管当时还素未谋面，但爱因斯坦依然毫不吝啬地向普朗克褒奖玻尔："他的头脑肯定是一流的，极富批判精神和远见卓识的，而且从不迷失大方向。"至于在玻尔眼中的爱因斯坦，则更是声名显赫。除了前面提到的三项重要工作外，就在半年前（1919 年 11 月），爱因斯坦广义相对论所预言的引力场致光线偏转最终被实验所证实并公布，人类从古至今根据本能所体会到的时空观被彻底改变了，爱因斯坦在一夜之间成了全球名人。

就在这次会面中，一个有趣的分歧出现了。爱因斯坦主张一个完备的

延伸阅读

尼尔斯·玻尔

尼尔斯·玻尔（1885—1962），丹麦物理学家，1922 年因"对原子结构以及从原子发射出的辐射的研究"荣获诺贝尔物理学奖。玻尔发展出原子的玻尔模型，利用量子化的概念来合理地解释了氢原子的光谱。他还提出量子力学中的互补原理。玻尔 1921 年创办的哥本哈根大学的理论物理研究所（现尼尔斯·玻尔研究所）在相当长的一段时间内是量子力学研究的中心。他与爱因斯坦就量子力学所衍生的哲学问题进行了旷日持久的论争。这场辩论意义非凡，永载史册。

阿尔伯特·爱因斯坦

阿尔伯特·爱因斯坦（1879—1955），犹太裔理论物理学家，创立了现代物理学的两大支柱之一的相对论，也是质能公式（$E=mc^2$）的发现者。因"对理论物理的贡献，特别是发现了光电效应的原理"荣获了 1921 年诺贝尔物理学奖。爱因斯坦被誉为现代物理学的开创者和奠基人，也是 20 世纪世界最重要科学家之一。爱因斯坦和玻尔都是旧量子论的奠基人，然而爱因斯坦不赞同量子力学的统计性质，他们之间发生了一系列著名的论战。

光的理论必须以某种方式将波动性和粒子性结合起来，而玻尔却捍卫着经典的光的波动理论，并不相信爱因斯坦所谓的光子是真实存在的。玻尔坚持认为，既然出现在普朗克的能量量子中的"频率"是由干涉现象的实验来确定的，而"干涉现象的解释显然要求光是由波动构成的"，因此光子理论的基本方程就是毫无意义的东西。从后来争论发展的角度来看，初遇时的这个分歧乍看起来似乎是爱因斯坦和玻尔的角色倒了个个儿。在这里，爱因斯坦似乎在捍卫着波粒二象性而玻尔则保守地对波动性念念不忘。然而如果更仔细地分析一下就会发现，事情并不像表面上看的那样简单。在玻尔考察原子的量子化问题时，他当时已经意识到新的物理学需要同经典力学的观念做彻底的决裂，并且玻尔实证主义倾向的哲学使得他对作为实体的光子表示极大的怀疑。而爱因斯坦当时对光的波粒二象性赞同的出发点是，他坚信波和粒子这两个侧面可以因果性地相互联系起来。实际上，爱因斯坦早在 1909 年就建议过，麦克斯韦方程除了有我们通常熟悉的波的解以外，还可能有点状的奇异解。并且，促使他提出光子假说的一个重要动机是，他一直认可我们的世界是由原子构成的，而麦克斯韦方程的波动解则引出了描述世界的"形式上深刻的不同"。他意识到，必须将光也看成不连续的量子（光的原子）才能消除这种二元论描述。因此，爱因斯坦是对一切物理现象应该有一个统一的因果理论的坚定信仰者。

尽管在观点上有分歧，但玻尔仍给爱因斯坦留下很深的印象。在玻尔从柏林回到哥本哈根不久，爱因斯坦就写信给他："在我的一生中，仅仅由于和一个人见面就给我留下如同与你见面那样愉快印象的次数是不多的。现在我明白埃伦费斯特为什么这样喜欢你了。"[1] 而玻尔在他的回信中

---

[1] 引自爱因斯坦 1920 年 5 月 2 日致玻尔的信。

则称，他对爱因斯坦的访问是他"一生中最重大的事件之一"。[①]在这次柏林的初遇之后，随着时间的推移，他们之间的友情将越来越深厚，而他们之间观念上的分歧却越来越不可调和。

（二）第一次交锋：第五届索尔维会议

第五届索尔维会议于 1927 年 10 月 24 日至 29 日在比利时布鲁塞尔召开。这次会议的与会者合影照片（图 2-2）大概是众多会议合影中最有名的一张了。参加这次会议的 29 人中有 17 人已经获得或后续获得了诺贝尔奖。按惯例，索尔维会议每三年召开一次，上一届索尔维会议是在 1924年召开的，而这次会议如此特殊的原因之一就在于它的时间点上。就在这次会议召开的两年前，海森堡的矩阵力学的工作发表。这次会议召开的一年前，薛定谔的波动力学发表并且随后被狄拉克证明这两者是更加一般的量子力学的特殊表述，玻恩则提出了波函数的概率诠释。而在会议召开前的早些时候，海森堡的不确定性原理发表，随后玻尔提出了他的互补原理。正是在 1925～1927 年这短短的几年内，量子力学的大厦竣工。在这个时间点上召开的这次会议聚集了当时基础物理学的精英们，为大家提供了使各方观点得到深入沟通的机会。爱因斯坦同玻尔的论战在这次会议上正式打响。他们所关心的一个基本问题是：现有的对微观物理现象的量子力学描述究竟应不应该如爱因斯坦所建议的，而且能不能进一步加以深入研究，以提供一个更详细的说明；还是说如同玻尔主张的那样，它已经罄尽了说明可观察现象的一切可能性。

在这次会议上，爱因斯坦并没有做大会报告。按照他的说法，他认为自己"在量子力学的现代发展中涉足不深"，因此还"不够资格"提交大会报告。但是在随后的一般讨论环节中，爱因斯坦却给出了一个思想实验

---

① 引自玻尔 1920 年 6 月 24 日回复爱因斯坦的信。

图 2-2　第五届索尔维会议与会者合影照片

这是物理学界最豪华的"天团"。在这 29 人中，先后有 17 人获得诺贝尔奖。图中爱因斯坦端坐在前排中央，玻尔坐在第二排最右

作为讨论的出发点（图2-3）。这个思想实验很简单，考察一个开有孔 O 的光栅 S，光栅后面放置一个半圆形的屏 P（如照片底片），一个粒子垂直射向光栅，根据量子力学的描述，与该粒子对应的波 ψ 将在通过 O 后发生衍射，粒子到达 P 上不同位置的概率是由该处衍射波的模方 $|\psi|^2$ 的大小决定的。对于这个过程以及 $|\psi|^2$ 的含义，爱因斯坦认为可以有两种观点。第一种观点是，这里的波函数不

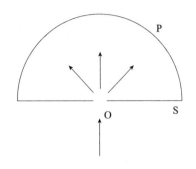

图 2-3　爱因斯坦给出的
思想实验简图

是代表单个粒子，而是代表一个粒子系综，理论给出的信息并不是关于单一过程的，因此这种描述并不彻底，"除非在用薛定谔波来描述这个过程之外再补充以关于粒子在其传播过程中的定位的某种详细规定"。[①] 而按照第二种观点，即后来被称为哥本哈根解释的观点，其把量子力学的描述视为关于单一过程的完备理论。爱因斯坦认为，根据第二种观点，在粒子尚未定位之前，必须认为粒子是以几乎恒定的概率潜在地出现在整个屏幕上的。但是，一旦粒子被定位，就必须假定发生了"一种特殊的超距作用"，它不让一个连续分布于空间的波在屏幕上的两个不同的地方产生效应。他进一步指出，由于波函数是表述在位形空间的，接触力原理在位形空间是不好表述的，并总结道："我认为，$|\psi|^2$ 的第二种解释是同相对性假设相矛盾的。"

　　在这个极简单的思想实验中，爱因斯坦已经敏锐地意识到量子力学中可能出现的"一种特殊的超距作用"，这是对后来被称为非定域性的最早察觉。而且"补充以……某种详细规定"也暗示了所谓的隐参数理论的可能。遗憾的是，当时玻尔等并不十分确定爱因斯坦想通过这个思想实验来

——————————
① 马克思·雅默 . 量子力学的哲学 . 秦克诚，译 . 北京：商务印书馆，1989：160.

表达什么。在玻尔等看来，波函数瞬间消失了，但是它是一个抽象的概率波，而不是一个真正的在三维空间运动的波。玻尔后来回忆称，"我觉得自己处境艰难，因为我无法理解爱因斯坦到底想说什么"。在玻尔看来，"我不知道什么是量子力学。我想我们是在处理一些数学方法，这些方法适用于描述我们的实验"。玻尔困惑的原因就在于，爱因斯坦提出的这个思想实验中的两种不同解释并没有带来任何实验上的不同后果，这仅仅是解释上的不同而已，而对物理实在的解释在玻尔看来是完全多余的。回想他们第一次会面时，由于玻尔的这种实证主义立场，他甚至不承认光子的存在，此时玻尔自然也无法体会爱因斯坦为何纠结于没有实验差别的两种解释。玻尔"认为物理学的任务是要找出自然界是什么的想法是错误的"，并在后来争论道"物理学所关心的是对于自然界我们能够描述什么，如此而已"。①

在会议随后的讨论中，玻尔完全绕开了爱因斯坦的这个思想实验以及其中可能出现的"超距作用"，按照自己的节奏构建思想实验并考察海森堡的不确定性原理在其中的一致性。后来的讨论也是他们之前通信的延续。在会议召开前几个月，玻尔经海森堡同意，将他的不确定性原理的论文抽印本寄给了爱因斯坦询问意见，而且后来海森堡也寄信询问爱因斯坦能否设计出一个与该原理相矛盾的实验。会议上随后讨论的一个思想实验模型是增加了一个快门的单缝衍射，假定快门在 Δt 时间内打开宽度为 Δx 的狭缝，按照粒子的辐射压强理论，入射粒子和运动的快门边缘将发生动量传递（图 2-4）。爱因斯坦推论道：由于粒子和快门构成的两体系动量守恒，如果能够计算出快门的平行于光栅的动量就可以反推入射粒子的动量，而由于狭缝的宽度可以以任意高的精度来确定粒子的 x 值，因此海森堡的位置-动量不确定性原理将被违背。对此，玻尔给出了一个漂亮的答复。如果快门要在 Δt 的时间内张开 Δx 宽的狭缝，其速度应为 $V \approx \dfrac{\Delta x}{\Delta t}$，快门与粒子间

① 曼吉特·库马尔.量子理论：爱因斯坦与玻尔关于世界本质的伟大论战.包新周，伍义生，余瑾，译.重庆：重庆出版集团，2011：210.

如果要传递 ΔP 的动量，也必须伴随量级为 $\Delta E \approx V\Delta P$ 的能量交换，这个能量的交换是不可控的。而由于海森堡的时间－能量不确定原理 $\Delta E\Delta t \approx h$ 有 $V\Delta P\Delta t = \Delta x\Delta P \approx h$，因此并不能根据快门和粒子的动量守恒来违反位置－动量不确定性原理。玻尔的推论似乎是用时间－能量不确定性原理来推导位置－动量不确定原理，但实际上这里并不是真正的推导。在玻尔等人看来，不确定原理是一个普适的基本原理，并不能从量子力学以外的假设中推导出来，人们能做的只是证明它在各种思想实验中的一致性而已。

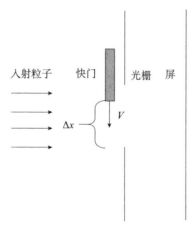

图 2-4 增加了一个快门的单缝衍射装置

爱因斯坦很快接受了玻尔的反对意见，承认用确定位置坐标的同一系统来精确测量动量传递是不可能的。于是，他为这两种测量分别配置单独的装置，一个用来测量位置，一个用来测量动量。所想到的办法是，在单缝后面加一个可动的双缝用来测量粒子位置，粒子经过光栅 D_1 上的缝 S_1 后，再经过光栅 D_2 上的双缝 S_2' 和 S_2''，在屏上形成干涉条纹，最后通过屏上干涉条纹来测量相应的动量（图 2-5）。按照哥本哈根的解释，由于有干涉条纹，因此这时体现的是波动性，根据海森堡的理论是没有确定路径的。爱因斯坦论证道，当粒子经过缝 S_1 后，如果其随后通过的是光栅 D_2 上的缝 S_2'，则由于 D_2 挂在弹簧上，其将有一个微小的向上的反冲；而如

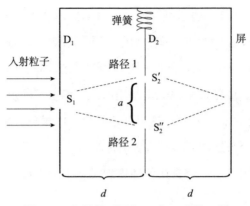

图 2-5　在单缝后面加一个可动的双缝

果其通过的是 D_2 上的缝 S_2''，则这个反冲将向下。通过测量这两种情况下光栅 D_2 的动量，就可以知道粒子通过的是上面的路径 1 还是下面的路径 2 了，就使得波动性与粒子性同时体现出来。由于可以在屏上测量干涉条纹来推得动量的大小，意味着可以高于海森堡关系的精度来描述粒子的轨迹。玻尔很清楚当得知粒子通过路径 1 还是路径 2 时一定不会出现干涉条纹，他所要做的就是通过对爱因斯坦论证中各个物理量量级的仔细计算来找到爱因斯坦论证里的破绽。对此，玻尔再次给出了一个非常精彩的反驳。他论证道，在通过 S_2' 或 S_2'' 这两种情况下，粒子对 D_2 的动量传递的差的量级

为 $\Delta P \approx \dfrac{a}{d}P = \dfrac{a}{d}\dfrac{h}{\lambda}$。这里，$a$ 为双缝之间的距离，d 为光栅 D_1 与 D_2 的距离，λ 是动量为 P 的粒子对应的德布罗意波波长，h 为普朗克常数。如果要区别这两种情况，则对 D_2 的动量的测量精度必须高于这里的 ΔP。由于海森堡关

系，这时对 D_2 的位置将引入一个 $\Delta x \approx \dfrac{h}{\Delta p} = \dfrac{d\lambda}{a}$ 的不确定度，而杨氏双缝的条纹宽度 A 正好是这个量级，即满足 $Aa \approx d\lambda$。因此一旦用足够的精度测量出粒子通过的是 S_2' 还是 S_2''，从而体现出粒子性后，屏上的相干条纹将会消失。

我们看到，玻尔和爱因斯坦在第五届索尔维会议上的论战，是以玻尔成功地捍卫了互补性诠释的逻辑无矛盾性与海森堡关系的一致性而结束

的。在随后的会议中，海森堡和玻恩在他们的联合报告中做了一个激动人心的陈述："我们认为量子力学是一个完整的理论，不需要再对它的基础物理和数学假设进行任何修改"。[1]尽管如此，玻尔等人并不能使爱因斯坦信服于量子力学和互补性诠释的逻辑必然性，争论仍在继续。

（三）再次交锋：第六届索尔维会议

在于 1930 年举行的第六届索尔维会议上，爱因斯坦带上了他精心准备的新的思想实验再度返回这个思想与观念的"战场"。这次爱因斯坦所带来的思想"武器"就是光子箱：设想有一个具有理想反射壁的箱子，光子囚禁在箱子中既不被箱壁吸收也无法逃逸，箱子上有一个和时钟装置连接的快门，这个快门在某个时刻打开，使一个光子发射出去，随后快门以任意高的时间精度关闭，这样光子发射的时间不确定度 Δt 就可以以任意想要的精度确定。该光子的能量则通过测量箱子在发射光子前后的重量来求得。按照爱因斯坦的质能关系，箱子发射一个光子后重量要减轻。由于能量守恒，其减轻的重量所对应的能量 Δmc^2 就是光子的能量，这样光子的能量和时间都能独立地以任意高的精度确定，从而违反了海森堡的时间能量不确定性关系。

与在上一次索尔维会议上的交锋不同的是，玻尔对光子箱问题并没能很快地给出解决办法。但他深信，能量和时间不能独立地以任意高的精度确定，爱因斯坦的论证里一定遗漏了某种关联。在经过了一个个不眠之夜后，玻尔尽量将光子箱的每个细节都考虑进来，他尤其在意的是爱因斯坦轻描淡写的称重操作，于是他对这个过程进行了更加细致地考察。如图 2-6 所示，设想箱子挂在一个弹簧上并带有指针和刻度。初始时刻，指针指向零点，发出一个光子后箱子变轻，这时通过附加的砝码使指针回到

---

① 曼吉特·库马尔.量子理论：爱因斯坦与玻尔关于世界本质的伟大论战.包新周，伍义生，余瑾，译.重庆：重庆出版集团，2011：207.

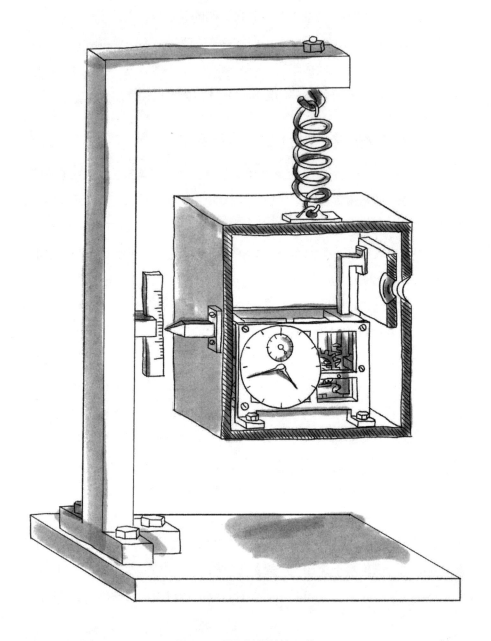

图 2-6　爱因斯坦的光子箱

零点，这样就可以以任意想要的精度测量箱子的重量了。当问题具体化后，玻尔惊喜地发现了被爱因斯坦遗漏的关联，这个关联正是相对论中的引力红移关系——$\Delta T = T\dfrac{\Delta\varphi}{c^2}$。这个关系表明的是，一个在重力场中移动一个位势差 $\Delta\varphi = g\Delta x$（g 为重量常数，$\Delta x$ 是垂直方向的高度改变）的时钟在时间间隔 T 内快慢将改变 ΔT（向下变慢向上变快）。当我们通过砝码校准零点的办法将箱子的重量以精度 Δm 测得时，在以精度 Δx 校准零点时会给箱子的动量带来一个 $\Delta p \approx \dfrac{h}{\Delta x}$ 的扰动。这个扰动不能大过一个重量为 Δm 的粒子在测量时段 T 中重力带来的冲量 $Tg\Delta m$，于是有 $Tg\Delta m > \dfrac{h}{\Delta x}$，再结合引力红移公式得到 $\Delta T > \dfrac{h}{\Delta mc^2}$，从而再次得出时间－能量海森堡关系 $\Delta T\Delta E > h$。

玻尔的这个回驳既精彩又充满戏剧性，他用爱因斯坦自己的工具——引力红移关系，成功应对了挑战。爱因斯坦接受了玻尔的反驳。然而有趣的是，关于光子箱的问题并不像上一次索尔维会议中提到的那些问题一样被学界很快地广泛接受——尽管有当事人爱因斯坦的接受。其随后的争论主要集中在这几个方面，其一是玻尔的推论用到了广义相对论的引力红移关系来维护在光子箱问题中量子力学的一致性，给人们一种十分惊讶的感觉，似乎如果我们一开始就认可量子力学的一致性，岂不是可以从量子力学中推导出广义相对论，或者起码是其中用到的引力红移关系。其二是关于时间－能量海森堡关系的解释，这里的时间是否可以和位置一样处理，还是说应当纯粹作为一个参数而不是某个算符对应的物理量。这些争论持续了许多年，甚至在玻尔去世后还一直被广泛地讨论，包括波普尔等在内的自然哲学家也参与其中。而且玻尔本人对自己的论证仍然不够满意，一直在不断地修改和审查。因而前面提到，玻尔在去世前一天还在黑板上还画有光子箱的草图也就不足为怪了。

至于爱因斯坦，这次的会议是他对量子力学态度的一个转折点。在上一届索尔维会议中，他努力地攻击位置－动量海森堡关系，但以失败告终。而这次他用有所准备的光子箱来攻击时间－能量海森堡关系，再次戏剧性地被玻尔驳回。从此以后，他不再试图推翻海森堡的不确定性原理，也不再去心心念念地尝试证明量子力学中有逻辑的不一致性。当然，他并没有缴械投降，而是像同时代的物理学家那样完全投身于量子力学中，改变了自己的进攻策略，不再攻击量子力学的逻辑一致性，转而攻击量子力学描述的完备性。我们将看到屡败屡战的爱因斯坦带上他的"幽灵"重返这个思想与观念的战场。

二、EPR 佯谬

（一）EPR 佯谬提出的背景

1935 年早春，爱因斯坦、波多尔斯基和罗森（EPR）写下了那篇著名的论文《能认为量子力学对物理实在的描述是完备的吗？》（*Can Quantum-Mechanical Description of Physical Reality be Considered Complete?*），再次公开挑战量子力学，而这次进攻的目标是它的完备性。

将爱因斯坦引向该篇文章的思想源头大致有三个。最早的一个源头是前面提到的 1927 年举行的第五届索尔维会议上关于单缝衍射的思想实验。当时爱因斯坦已经敏锐地意识到量子力学的描述中似乎存在"一种特殊的超距作用"。第二个源头则是对玻尔于 1927 年秋在意大利科莫会议上提出的互补原理的思考。在当时的互补原理的表述中，强调的是能量的"量子假设"以及实验装置对量子系统不可避免的作用。玻尔在会议报告中论述，对于一个现实中的测量过程，测量仪器不可避免地要对被测量的系统产生影响，而由于能量的量子假设，这种影响不能像经典力学所假定的那样可以任意小，因此经典的对系统的时空因果描述将失效，取而代之的是一种全新的互补性描述。由于这里强调的是测量过程中测量仪器与被测量的系统相互作用，于是爱因斯坦利用量子力学的"一种特殊的超距作用"实现某种无相互作用的测量，尝试规避互补原理的结论。

最后一个直接引出 EPR 思想的源头则是在 1930 年举办的第六届索尔维会议上提出的光子箱。正如玻尔所说，在那次会议上论战失败的爱因斯坦"虽然失败了，但并没有被说服"。那次论战后，爱因斯坦还尝试构建了几种不同形式的光子箱。从爱因斯坦给保罗·埃伦费斯特（Paul Ehrenfest）与保罗·索菲斯·爱泼斯坦（Paul Sophus Epstein）的信件中可以看出他大致在 1931～1933 年就完全形成了后来 1935 年那篇著名的 EPR 文章的核心思想。爱因斯坦构建了如图 2-7 所示的模型，一个在理想光滑水平面 K 上的光子箱 B 内有连接了时钟的快门。水平面 K 的另一端记作 S。整个装置是个量子系统。一个观察者坐在箱子 B 上，他有某些测量装置，可以确定打开快门的时刻。快门开启后，将有一个光子飞向 S，这时观察者或者可以立即在箱子 B 与水平面 K 之间建立刚性连接以测量 B 的位置，这样就可以以任意高的精度预言光子到达 S 的时间。根据时间与能量的不确定性原理，此时光子的能量是不确定的。或者可以测量 B 对 K 的动量。根据动量守恒，以及光子的动量等于 $\dfrac{h\nu}{c}$，他就能以任意精度来预言光子到达 S 的能量，此时光子到达的时间是完全不确定的。爱因斯坦论证道，由于这样的设定可以随意地或者预言光子的能量，或者预言光子的精确到达时间，那么就必须把这两种属性都赋予光子（要么时间准确而能量不确定，要么能量精确而时间不确定）。因为，光子毕竟是一个物理实在，它的性质不能取决于远处箱子 B 上的一个观察者的自由选择。仅有的另一种可能是对 B 的测量会在物理上影响到远离 B 的光子，这种"幽灵般的超距作用"在爱因斯坦看来是完全不能接受的。他在 1933 年的给爱泼斯坦的信中提到，他对这种可能性"简直不能认真看待它"。最后一步，要完全得出 EPR 文章中的思想实验，只需要把箱子 B 换成另一个粒子，再把要考察的物理量从能量与时间换成动量与位置就完成了。

图 2-7 爱因斯坦构建的"幽灵般的超距作用"模型

（二）EPR 佯谬的内容

EPR 思想实验的文章发表在《物理学评论》上。虽然只有 4 页纸，但文章一经发表就引来了激烈的讨论。这篇文章表述得简洁清晰，不涉及高深的数学或者复杂的物理模型。

文章一开始就指出，一个令人满意的理论应当考虑两点。一点是它是否正确，另一点是这个理论是否完备。一个理论的正确性与完备性的区别如图 2-8 所示。EPR 认为，要看一个理论是否正确，只能通过实验测量

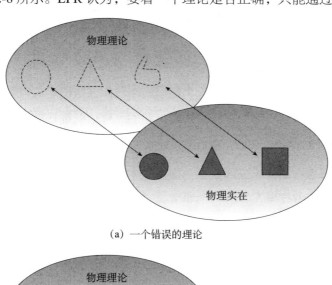

（a）一个错误的理论

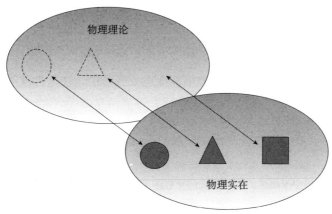

（b）一个不完备的理论

图 2-8　一个理论的正确性与完备性的区别

与理论预言的差别来检验。当结果不一致时，就能确定这是一个错误的理论，然而一个不完备的理论则不一定会出现这种不一致而仅仅是对部分物理实在缺少对应的描述。例如，气体分子的统计力学是一个正确的理论，但从微观层面看，它并不是一个完备的理论，因为它不能给出每个分子运动状态的描述。EPR 这篇文章的矛头指向的是量子力学的完备性而非其正确性，作者想要证明量子力学波函数没有对物理实在提供一个完备的描述。

作者随后给出了论证里所要用到的判据与基本假设。

首先是完备性判据。EPR 认为，对于一个完备的理论而言，"物理实在的每一个要素在物理理论中都应有一个对应物"。

要运用完备性判据来检验一个理论还需要想办法确定某些物理实在的存在，这就要用到所谓的实在性判据。我们怎样才能确认存在某种物理实在呢？ EPR 对此的回答是："如果在对系统没有任何干扰的情况下，我们能够确定地（即以等于一的概率）预言一个物理量的值，那么则对应于这个物理量存在着物理实在的一个要素。"[①]

然后，作者们讨论了量子力学中的一般情况（即不确定性关系）。在两个用非对易算符代表的物理量中，对其中一个的精确知识排除了对另一个的精确知识。于是他们构造了如图 2-9 所示的思想实验。一个由两个粒子 1 和 2 组成的系统中，粒子 1 和 2 之间分隔开从而没有任何力的相互作用。假设它们处于一种特别的波函数描述的状态中，在这种状态下两个粒子的总动量是已知的并且两个粒子的坐标之差也是已知的[②]，但对于单个粒子而言，其位置与动量都是未知的，只能通过测量来确定。

---

① Einstein A，Podolsky B，Rosen N.Can Quantum-Mechanical Description of Physical Reality be Considered Complete? Physical Review，1935，47：777-780.

② 这里已知是指系统的态在相应物理量的本征态上，在制备这个物理系统的时候就确定下来了。

测量位置   测量动量

粒子 1   粒子 2   粒子 1   粒子 2

测量粒子1的位置可准确得知粒子2的位置   测量粒子1的动量可准确得知粒子2的动量

图 2-9 通过测量粒子 1 的位置或动量可以推测粒子 2 的位置或动量

根据量子力学的预言，如果对粒子 1 的位置进行测量就可以推断出相距遥远的粒子 2 的位置，EPR 认为这是由于对粒子 1 的测量不会对粒子 2 产生"任何干扰"，按照前面提到的实在性判据应当认为存在一个物理实在对应于粒子 2 的位置；类似，如果对粒子 1 的动量进行测量就可以无"任何干扰"地推断出粒子 2 的动量，故而粒子 2 的动量也应当具有物理实在性。而由于海森堡不确定性原理，量子力学告诉我们粒子 2 的位置和动量不能同时得知，于是 EPR 总结出量子力学不满足完备性判据所要求的"物理实在的每一个要素在物理理论中都有一个对应物"。应注意到，在 EPR 的推论里还用到了一个重要的假设（即后来所谓的局域性假设）："在测量时……两个系统不再相互作用，那么，无论对第一个系统做什么事，都不会使第二个系统发生任何实在的变化。"[①]正是基于这个假设，作者们才能推定对粒子 1 的测量不会对粒子 2 的状态有任何影响。

在文章末尾，作者们考虑到了对他们的论证可能出现的反驳，即由于无法同时对粒子 1 测量位置与动量，从而无法同时得到粒子 2 的位置与动量，因此粒子 2 的位置与动量并不能同时对应于物理实在。EPR 对此的回答是，由于粒子 2 远离粒子 1，彼此间没有相互作用，"任何对于实在性的合理定义"都不能接受这样的结果，即究竟是粒子 2 的位置对应于物理实在，还是其动量对应于物理实在竟然取决于对遥远的粒子 1 的不同测

① Einstein A，Podolsky B，Rosen N.Can Quantum-Mechanical Description of Physical Reality be Considered Complete? Physical Review，1935，47：777-780.

量。他们在文章最后总结道，量子力学波函数没有对物理实在提供一个完备的描述。

三、EPR 思想实验的回应与影响

ERP 的文章一经发表就引起了广泛的关注，同时将爱因斯坦与玻尔的论证推向最终的高潮。这次讨论的热烈程度及其影响面远超前几次的争论，论战的持续时间也更长，并且不再像前几次那样很快地呈现一边倒局面。由于其影响面足够广，在正式讨论哥本哈根学派核心成员的回应前让我们先简要讨论一下其他人的一些回应，这些回应也向我们展示了当时更广泛的学术界对量子力学基本问题的理解。

继第六届索尔维会议后，EPR 对量子力学的这次回击甚至被物理学界以外的大众媒体所报道。他们的文章于 1935 年 3 月 25 投寄给《物理学评论》，于 5 月 15 日正式发表。而在正式发表前，《纽约时报》（*The New York Times*）在 5 月 4 日就登载了一篇题为"爱因斯坦攻击量子理论"的长文。这篇文章对于大众媒体来说可谓很专业了。首先，它对尚未发表的 EPR 文章做了一个非专门的介绍，然后引用了波多尔斯基的一段说明："物理学家相信存在着独立于我们心灵和我们的理论之外的真实的物理世界……我们期望一个满意的理论作为客观实在的一个好的映象，应当对于物理世界的每一个要素都包含有一个对应物。"[①]文章最后还采访了爱因斯坦在普林斯顿大学的一位同事康登（E. U. Condon）。康登质疑道："当然，这个论证中的大部分取决于对物理'实在'一词赋予什么意义。他们肯定讨论了理论方面的一个有趣问题。"这个质疑是最早的对 EPR 工作的公开回应，尽管并不是发表于学术期刊。对于《纽约时报》的这篇报道，爱因

[①] 引自《纽约时报》1935 年 5 月 4 日（星期六）版 Vol.84,No.28,224,p.11.

斯坦颇为愤慨，倒不是因为觉得受到质疑，而是他认为："我的一贯做法是只在适当的平台上讨论科学问题。我反对在通俗出版物上提前披露关于这种事情的任何信息"。①

文章正式发表后，爱因斯坦立刻收到大量的邮件和批评。他后来回忆，人们争先恐后地向他指出 EPR 的论证错在哪里。然而使他感到有趣的是，尽管这些批评都断定 EPR 的论证是错的，但是他们所提出的证明 EPR 错了的理由却全然不同。最早在专业期刊上回应 EPR 的是哈佛大学的肯布尔（E. C. Kemble），他的文章仅隔 10 天就作为编辑通讯也发表在《物理学评论》上，只有一页纸。他认为，EPR 错误地理解了波函数的意义，然后讨论了他所相信的所谓波函数的统计系综诠释。这个诠释认为，波函数并不描述单个粒子的行为，而只是描述大量系综的行为。对于这样的回应，EPR 甚至有点无可奈何，因为波函数的统计系综诠释本身是错误的，也是违反量子力学的哥本哈根诠释的。哥本哈根诠释的核心之一就是，对于单个系统的单次事件，波函数提供了一个完备的表述。对于统计系综诠释与哥本哈根诠释之间的区别，爱因斯坦早在第五届索尔维会议上就很清楚地指出过，因此 EPR 并没有理解错波函数的意义。对此，波多尔斯基给《物理学评论》的编辑写了一封信作为回应。类似地还有马格瑙（H. Margenau）同样发表在《物理学评论》上的文章，认为 EPR 所使用的测量的投影假设是错误的，但测量的投影假设也是哥本哈根诠释的核心之一，EPR 对此并没有错误地理解或者使用这个假设。这类攻击持续了相当长的时间，攻击的点还包括：认为 EPR 不应当使用静态薛定谔方程而应该考虑波函数随时间的变化；认为系统在两个粒子相互作用后的波函数不能像 EPR 所说的真正分开，而是始终有一部分重叠；认为系统在两个粒子分开后 EPR 把波函数的形式写错了；等等。这类攻击的共同特点是，

---

① 马克思·雅默.量子力学的哲学.秦克诚，译.北京：商务印书馆，1989：263.

作者们不恰当地理解或使用了量子力学的哥本哈根诠释，将本身是对量子力学的攻击当成了对 EPR 结论的攻击，因而是无效的。尽管这些攻击本身是无效的，但都争先恐后地发表在了主流物理期刊上，慢慢地在学术圈里形成了一种对 EPR 非常不利的气氛：不管怎么说，EPR 的结论一定是错的，他们离经叛道的结论要么模棱两可，要么漏洞百出，并不如它表面上看起来的那么重要和深刻。

哥本哈根学派的核心成员们显然不会犯这类错误，玻尔一读到 EPR 的文章就觉得自己有责任马上站起来维护量子力学的声誉。据玻尔的同事罗森菲尔德（L. Rosenfeld）后来回忆，当时玻尔立即放下其他工作，开始彻底地检查 EPR 的思想实验，他想向爱因斯坦说明"谈论这个问题的正确方式"。随后，玻尔开始向罗森菲尔德口述答复的草稿，但很快又犹豫了，"不，这不行，我们必须再尝试一遍"。玻尔时而颇为激动地说："他们这样做是挺聪明的，但是关键要做得对。"时而又会满脸疑惑地问罗森菲尔德："他们是什么意思，你明白吗？"玻尔一开始对 EPR 争论的精妙未完全预料到，但随着越来越深入地思考，他越发感到惊奇。玻尔在思考 EPR 问题时的这种自我搏斗一部分源自他刨根究底的探索精神，另一部分源自爱因斯坦在设计这个问题时有意地针对了玻尔的互补原理。玻尔在早期的互补原理表述中强调能量的量子假设与测量时不可避免的相互作用的干扰，而 EPR 思想实验巧妙地避免了直接的相互作用。怎样继续通过互补原理这个哥本哈根解释的核心思想来迎战爱因斯坦的新挑战是摆在玻尔面前的一道难题。这样深入的思考持续了六周，玻尔终于准备好了他的答复。他先在 1935 年 6 月底给《自然》的编辑寄了一封信，简述了自己的主张，即反对 EPR 提出的物理实在性判据，随后以更加详尽的正式论文形式发表在《物理学评论》上，标题与 EPR 的文章完全相同"能认为量子力学对物理实在的描述是完备的吗？"玻尔在这个回应中再次强调了互补原理。在玻尔看来，这才是谈论这个问题的正确方式，因为 EPR 在量子现象中的实在性判据是不恰当的，只要人们从互补原理的角度出发就会发现量子力学对物理实在的描述是完备的。玻尔先是简述了量子力学中两对共轭物理量的一般变换规则，然后为 EPR 的思想实验找到了一个具体的实验装置，如图 2-10 所示。

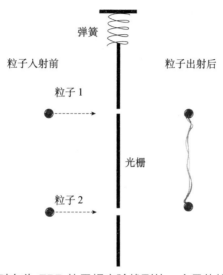

图 2-10　玻尔为 EPR 的思想实验找到的一个具体的实验装置

两个之前相互独立的粒子分别同时通过一个开有两条窄缝的刚性光栅，图中的弹簧表示光栅没有与坐标架刚性连接从而可以测量其在垂直方向上的动量，两条窄缝之间的距离远大于缝本身的宽度。如果在粒子通过缝前和缝后时分别测量光栅的动量，那么这两个粒子在垂直方向上动量的总和就是确定的（即光栅前后的动量差），并且两粒子的位置之差（即两缝之间的距离）也是知道的。通过这样的安排，玻尔制备出 EPR 思想实验所用到的量子态（即后来所谓的纠缠态）。对此，有两点值得一提，一是玻尔给出的这个实验装置说明，即无论人们是否同意 EPR 争论的结论，EPR 思想实验本身是自洽与合理的；二是可以看出玻尔考虑问题时的一贯做法，细致地考察每个真实物理过程的操作，看重的是物理上可见到的具体操作。当初他考虑光子箱问题时就是这样的策略，现在面对 EPR 的新挑战时仍然如此。

随后，玻尔在这个模型下再次分析了 EPR 思想实验，并争辩道，由于决定对粒子 2 的预言的可能类型的条件本身取决于在实验最后阶段是测量粒子 1 的动量还是位置，因此 EPR 声称的"不以任何方式干扰系统"的说法是含混的。玻尔承认，测量过程中对粒子 2 并未施加任何力学的干扰，但他坚称："既然决定关于粒子 2 的预言的可能类型的条件构成了对于任何可以正当称为'物理实在'的现象所做的描述中的一个固有的要素，而且正如我们所看到的，既然这些条件取决于是测量动量还是位置，于是三位作者的结论就不成立了。"[1]玻尔的这段话有些拗口，文章中也没有明确地说清楚究竟什么是互补原理。实际上，尽管玻尔一直强调互补原理，但从未非常明确地对其给出过定义，而这篇回应 EPR 的文章后来反倒成了研究玻尔互补原理的重要文献之一。这就无怪乎爱因斯坦抱怨"尽管我用了极大的努力，还是无法弄清楚玻尔的互补原理究竟是什么"。然而通过玻尔后来的一些文献，我们依然可以勾勒出玻尔的具体想法。在他看来，"真正的量子现象的无歧义的说明，原则上必须包括对实验装置的所有有关特征的描述"。[2]这样，量子力学的基本问题就不再是人们一贯认为的"系统 S 具有物理量 Q 的某一值的概率是多少，而是通过一具体实验装置 A 在系统 S 上测量物理量 Q 得到某值的概率问题"。因此，系统的状态不像 EPR 所论证的那样仅取决于 S，还取决于 A。在玻尔看来，可以把量子力学贯彻一致地看作是一种计算工具，用它来获得每次测量结果的概率，而这种测量既涉及待观察的对象，又涉及实验装置，因此不能单独赋予前者以物理实在的种种属性。特别是，在一个粒子已经不再和另一个

① Bohr N.Can Quantum-Mechanical Description of physical reality be considered complete?Physical Review，1935，48：696-702.
② 玻尔.尼耳斯·玻尔哲学文选.戈革，译.北京：商务印书馆，1999：232.

粒子相互作用之后，也绝不能把它看成是物理实在的种种属性的独立承载者，因此 EPR 思想实验想要得出的结论是不能成立的。这种实证论倾向的回应似乎有极大的说服力，但其中却暗藏着不易察觉的危机，我们后面再详细说明其中的问题。

除了玻尔以外，面对来自 EPR 的挑战，其他人也没有闲着，当时正在爱因斯坦的母校苏黎世联邦理工学院任教授的泡利也马上行动起来。他写信给莱比锡大学的海森堡，声称由于自己当时要给研究生上课，要想给爱因斯坦阐明"量子理论中的一些事实"实在太费笔墨，于是鼓动海森堡赶紧做出回应。对于 EPR 的这个工作，泡利用他特有的尖刻风格评论道："如果一个低年级的学生能够提出这样的异议，我会认为他是非常聪明和有前途的。"这里，泡利似乎认为爱因斯坦在 EPR 问题中犯了某些事实上的错误。应当说，泡利这样的批评是有失公正的，因为正如前面所提到的，玻尔后来为 EPR 思想实验找到了一个具体的物理模型，这说明爱因斯坦并没有犯任何量子力学事实上的错误。对于泡利的建议和批评，海森堡一贯非常重视，于是他很快着手回应 EPR。当他将一篇十几页的文章初稿分别邮寄给泡利和玻尔后，泡利没有什么意见，倒是玻尔对文章中的一个概念有疑点。因此经过两人的密集通信后，海森堡和玻尔都同意，在获得他们共同一致的意见前，暂不发表这篇文章。比起众多的"急于告诉爱因斯坦他错在哪儿"的物理学家而言，海森堡的这种学术谨慎态度颇令人敬佩，然而也遗憾地使得这篇重要的工作在海森堡生前一直没有得到发表。海森堡的这篇题为"一个确定的完备的量子力学存在吗？"的文章中包含了两个重要的概念。其中一个叫作"分界自由"原则（cut independence principle），是说在一个实际的量子过程中，把哪里叫作系统、哪里叫作仪器是完全自由的，即量子和经典的分界线在理论上是可以自由移动的，因为所有测量仪器也是由和系统类似的这些微观粒子构成的。例如，在 EPR 思想实验中，可以认为相对于 EPR 中的测量仪器而言，粒子 1 和粒子 2 构成的整体是量子系统，也可以认为粒子 1 和测量仪器作为一个整体是对粒子 2 的一个测量仪器。于是，无论 EPR 所假设的可能存在的使得量子力学变得完备的变量隐藏在哪个部分，通过移动系统和仪器的分界线后都将会引出矛盾。玻尔对"分界自由"原则是认可的。在玻尔看来，经典世界同量子世界之间没有明确的界线，正如一个盲人和他生活的世界没有明确界线一样，盲人和他的拐杖不可分割，可以将拐杖认为是他身体的一部分。而这篇回应文章中另一个非常重要的发现就是后来被称为"量子互文性"（quantum contextuality）的概念，正是这个概念使得玻尔对文章的可靠性存在疑惑。量子互文性问题涉及比较复杂的数学。当时海森堡并没有严格解决，直到 1967 年这个量子力学基础中的重要概念才重新被数学物理学家西蒙·科亨（Simon Kochen）和施佩克尔（E. Specker）发现和严格表述，即后来著名的科亨–施佩克尔定理。

在玻尔和海森堡等团结一心回击 EPR 的挑战时，有一位量子力学的重量级人物却坚定地站在了爱因斯坦这边，他就是波动方程的奠基人薛定谔。尽管他不是犹太人，但 1933 年纳粹上台后，时任柏林大学物理系主任的薛定谔依然主动辞职，离开德国前往澳大利亚、英国等地。当 EPR 的文章发表时，薛定谔作为牛津大学马格达伦学院的访问学者定居牛津。他一边细致地考察 EPR 的思想实验，一边同爱因斯坦保持着频繁的通信。他在信中高度赞赏 EPR 工作的重要性："我非常高兴你在刚刚发表的文章中明显地抓住了量子力学教条的尾巴"。并且他还承认"我们还没有与相对论一致的量子力学，即所有的影响仅以有限的速度传播。我们仅有经典的绝对力学的类推"。[①]

几个星期后，他向剑桥哲学学会提交了一篇报告作为回应，名为"论

---

① 曼吉特·库马尔.量子理论：爱因斯坦与玻尔关于世界本质的伟大论战.包新周，伍义生，余瑾，译.重庆：重庆出版集团，2011：249.

分离系统的概率关系"①。与玻尔不同的是，他在文章中不去管互补原理的认识论问题或者任何实验装置的具体细节，而是集中考察了 EPR 思想实验中涉及的量子力学的形式体系与数学表达。薛定谔不仅证实了 EPR 所得到的结果正确，还将其推广到更加一般的形式并且将其视作量子力学存在严重缺陷的一个标志。他在文章一开始就直言，EPR 思想实验的要点是利用了这样一种两粒子系统："当相互作用的系统分开后，它们不能再用之前的方式描述，即分别赋予每个系统各自的波函数表示。"薛定谔将这种情况称为纠缠（entanglement），视其为量子力学的核心特征："这不是随便的某个量子力学的特征，而是其最典型的特征，正是它造成了（量子力学）同经典思路的完全背离"。对于这样的系统"整体的最完备的知识不必包含对其各部分的最完备知识"。②例如，在两体最大纠缠态中，系统整体的波函数是一个纯态，因此我们具备"整体的最完备知识"，但对于每个单个粒子而言，它们各自的状态则是混态，"不包含对其各部分的最完备知识"。这在经典情况中显然是不存在的，就好像是一个人能对整本书倒背如流却无法回答出书中某一章的情节一样。这样的系统还有一个特点，"令人相当不安的是量子理论竟然允许观察者在不触碰（其中一个）系统的情况下将其量子态导引或操纵（steered or piloted）到不同的可能的态"。③薛定谔将量子力学所显示的这种情况示视一种悖论（paradox）。由于这篇文章的影响，后来的物理学家开始将爱因斯坦等的工作称为"EPR 悖论"。这个词比较容易引起误解，似乎表示 EPR 的工作有某种似是而非

① Schrodinger E. Discussion of probability relations between separated systems. Proc. Camb. Philos. Soc，1933，31：555-563.

② Schrodinger E. Discussion of probability relations between separated systems. Proc. Camb. Philos. Soc，1933，31：555-563.

③ Schrodinger E. Discussion of probability relations between separated systems. Proc. Camb. Philos. Soc. 1933，31：555-563.

的性质，这里薛定谔实际想表达的是"造成危机的特殊佯谬"。为了使读者更加直观地理解 EPR 推论的合理性，薛定谔在文章的后半部分给出了一个有趣的例子，将不受力学干扰的粒子 2 比作一个考试中的考生，人们询问这个考生他的位置或者动量值是多少，"他总是做好了准备来正确回答向他提出的第一个问题，但是此后他老是如此慌乱或者疲倦，使得随后的答案都错了。但是既然他总是对第一个问题提供正确的答案而又并不知道第一次要问他的是两个问题中的哪一个，所以他必须两个问题的答案都知道"。[①]

在与爱因斯坦的通信期间，薛定谔的脑海中还慢慢形成另一个思想实验。出于对不确定性的反感，爱因斯坦曾在信中让薛定谔考虑这样一种情况：一桶不稳定的火药可能在下一年的某个时刻自发地爆炸。开始时，波函数描述一个完全确定的状态——一桶未爆炸的火药，但是一年后这个波函数描述的是爆炸与未爆炸的混合物。爱因斯坦辩论道："无论解释得多么美妙，这个波函数也不能成为事实真实状态的适当描述。在现实世界中，爆炸与不爆炸没有中间物。"[②]正是对这样一种情形的考量，薛定谔最终构思出了那只众所周知的薛定谔猫。后面将有一章专门讨论这只小猫，现在让我们先回到玻尔与爱因斯坦思想大论战的主战场来，理一理头绪看看他们之间的分歧究竟在哪里。

四、爱因斯坦与玻尔争论的焦点与实质

爱因斯坦与玻尔的这场伟大论战始于基础物理学革命刚刚成功之后，从爱因斯坦在 1927 年的第五届索尔维会议上主动出击打响第一枪开始，

---

① Schrodinger E. Discussion of probability relations between separated systems. Proc. Camb. Philos. Soc. 1933, 31: 555-563.

② 曼吉特·库马尔. 量子理论：爱因斯坦与玻尔关于世界本质的伟大论战. 包新周，伍义生，余瑾，译. 重庆：重庆出版集团，2011：251.

经历了 1930 年的第六届索尔维会议上的戏剧性转折，最后在 1935 年达到最高潮，爱因斯坦带上他精心缔造的 EPR 佯谬重返战场。在这期间，种种基本概念一一形成，然后被审视，不同思想之间激烈对撞，风云激荡，蔚为壮观。在这个过程中，量子力学这个新生儿接受了当时最有才华与批判精神的物理学家们最严苛的审查。它就像一尊刚刚雕琢出来的大理石雕像，被不断地打磨抛光。互补原理、纠缠、量子导引、互文性、测量理论、爱因斯坦光子箱、非定域的"幽灵"以及薛定谔猫等概念与思想实验就像抛光用的砂纸一样对量子力学这尊雕像反复打磨。量子力学经受住了这些考验，不但没有倒下，反而在这些打磨下焕发出人们未曾见到过的奇异光芒。在这期间，所谓的哥本哈根解释更名为"量子力学正统诠释"，爱因斯坦似乎再次败下阵来。然而这段历史远不是一句浅薄的"爱因斯坦失败了，玻尔笑到了最后"所能概括的。如果说爱因斯坦失败了，那败在哪儿？哥本哈根解释真的就是最后的故事吗？玻尔真的能笑到最后吗？爱因斯坦与玻尔都有着无与伦比的洞见与批判精神，那为什么他们最终也没能达成统一？分歧的核心究竟在哪里？针对这些问题，让我们逐个地理清楚。

首先，爱因斯坦对理论基础中出现的内在不确定性特征显然是难以接受的。在整个基础物理学史中，这种内在的不确定性还是第一次出现。当时人们对物理学中的概率不算陌生，因为玻尔兹曼早先所建立的统计热力学尽管经历了艰难的过程，最后还是被学界接受了。但与统计热力学不同的是，量子力学中的概率性是内在固有的，并非由于信息的缺失。1926年底，爱因斯坦在给玻恩的一封信中写道："量子力学固然是堂皇的，可是有一种内在的声音告诉我，它还不是那真实的东西。这个理论说得很多，但是一点也没有真正使我们更加接近'上帝'的秘密。我无论如何深信上帝不是在掷骰子。"[1]从此，"上帝不掷骰子"成了一个反对不确定性的

---

[1] 爱因斯坦 1926 年 12 月 4 日写给玻恩的信件。

标签，贴在爱因斯坦身上。在两次索尔维会议上，他曾构造出各种思想实验，试图推翻海森堡不确定性原理。1944 年，爱因斯坦在给玻恩的一封信中再次写道："我们已成为了对立的两极。你信仰掷骰子的上帝，我却信仰客观存在的世界中的完备定律和秩序。"[1]爱因斯坦反对基础理论中出现不确定性是肯定的，但这种反对背后似乎还有更深刻的原因。实际上，不确定性的初次出现令当时几乎所有物理学家都感到惊讶，而并不仅仅是爱因斯坦。最早的苗头就埋在玻尔的原子论中。玻尔通过电子在量子化的能级间的跃迁来解释光谱，在数学上漂亮地给出了巴尔末公式的理论推导，但他很快发现其中存在的困难，在跃迁的过程中无法给出电子运动的描述，显然不能用麦克斯韦的公式描述。更糟的是，玻尔发现实际上他也不能给出任何描述。欧内斯特·卢瑟福（Ernest Rutherford）也质疑："电子是如何决定要按哪个频率来振动，从而从一个定态进入另一个定态的呢？"物理解释的因果[2]链在这里断裂了。这也让玻尔在很长一段时间深感不安。随着海森堡的矩阵力学将这种量子跃迁的特征一般化后，反对的声音更多了。薛定谔甚至直言："如果真有这样的量子跃迁，我真后悔卷入量子理论中来。"可见当时物理学界对量子基础上出现的对确定性与传统因果性的背离的反对并不只有爱因斯坦一人。随着量子力学的成功，人们逐渐认可了这种不确定性及认识了因果性的新含义。而唯独爱因斯坦却一直在反对这种"掷骰子的游戏"。我们实在不应当将此简单地归结为爱因斯坦的成见与固执，不要忘记，他可是连几千年来固有的时空观都敢质疑的人。不同于量子力学的建立，相对论尤其是广义相对论的建立几乎由他一人完成。应当认为，他拥有足够的勇气和洞察力去挑战各种成见。尽管爱因斯坦反感不确定性，但这似乎并不是他拒绝量子力学的根本原因。

---

[1] 爱因斯坦 1944 年 9 月 7 日写给玻恩的信件。

[2] 因果性与确定性密切相关，通常因果性更注重事件原因与结果间因果链条的完整性，确定性则强调在原因完全掌握的情况下结果的唯一性。

接下来，我们继续分析爱因斯坦与玻尔之间的另一个分歧：相对论中的核心思想之一——定域性。

爱因斯坦无疑是最早意识到量子力学包含非定域性特征的人。在 EPR 思想实验中，他将量子力学允许出现的这种"幽灵般的超距作用"视作其不完备的证据，而并不怀疑定域性的正确。然而，他对量子力学中的这种非定域性的厌恶并不是根本的。他知道量子力学中体现的这种非定域性不能用来超光速通信，因此不能用来设计出与相对论矛盾的实验而说明量子力学的错误，这才退而求其次地选择攻击量子力学的完备性。在 EPR 问题上，面对无数的反驳，爱因斯坦终其一生真正坚持的是 EPR 推论的合理性而不是单纯地坚持定域性。在一封 1949 年 12 月写给库珀（J. L. B. Cooper）的信中，他再次提到："要么量子力学提供的是不完备的描述，要么必须假定某种超距作用，这二者必居其一的局面是不能用目前所讨论的考虑来消除的。"[1]另外，他对玻姆力学的态度也可以说明这点。他曾经不止一次地鼓励这项工作。要知道，玻姆力学的一个主要特征就是它的非定域性（有时它被称作非定域实在论）。如果说爱因斯坦将定域性视作最基本的信条，那么他对玻姆工作的这种鼓励就全然无法理解了。

爱因斯坦与玻尔的分歧在 EPR 问题出现之后就变得完全无法调和了。在此之前，双方还你来我往地希望说服对方，此后尽管依然保持着互相尊敬与友情，但都明白双方永远无法达成一致了。1937 年，玻尔来到普林斯顿大学，这是 EPR 的工作发表后他们第一次面对面的交谈。然而在这期间"关于量子力学的讨论一点也不热烈"，爱因斯坦的助教巴格曼（V. Bargmann）回忆道。事实上，真正分裂他们的鸿沟不在定域性上，而是暗藏在玻尔对 EPR 问题的回应中。在玻尔回复 EPR 的文章中，他也同意粒子 2 并没有受到任何动力学干扰，这一点与 EPR 基本一致，但是玻尔

---

[1] 爱因斯坦 1949 年 12 月 18 日给库珀的信件。

在回应中进一步修改了他的互补原理，强调量子态仅仅代表某种认知关系，量子力学也只是一种计算工具。后来玻尔更加明确地表示："互补原理的目的是对'量子描述'下一个定义，而不意味着给出一个'量子的态的描述'。"在玻尔看来，"量子力学客体"这个概念没有意义，"没有量子世界。只有一个抽象的量子物理学描述。认为物理学的任务是发现自然界是怎样的，那是错误的。物理学关心的是我们对自然界能够说些什么"。[①]将玻尔这个原则坚持到底意味着物理学彻底放弃了物理实在的概念。当人们笼统地宣称认可量子力学并且玻尔最终获得了胜利的时候是否看到这一点了呢？玻尔广为人知的那句"如果谁不为量子理论而感到困惑，那他就是根本不懂量子力学"经常用在提及量子力学各种奇特的反直觉现象时，如纠缠、非定域性等。如果将它放在这里，即对待物理实在的态度上，是否会有另一种领悟呢？我们真的认可玻尔吗，我们真的"懂量子力学"吗？

放弃物理实在的代价在爱因斯坦看来是无法接受的，在他1946年写的自嘲为讣告的《自述》中，他表明了自己所有研究的基石："在我们之外有一个巨大的世界，它离开人类而独立存在……在向我们提供的一切可能范围里，从思想上掌握这个在个人以外的世界，总是作为一个最高目标而有意无意地浮现在我的心中。"他在玻尔的EPR回应发表后表示："对一个独立于感觉主体的外在世界的信念乃是一切自然科学的基础。"在一篇1952年祝贺德布罗意60岁生日的文章中，爱因斯坦再次写道："像物理体系的实在状态这样的事是存在的"，如果不承认物理实在的独立存在，那也就没有讨论的基础了。

物理学界当时实际发生的情况是，人们默认玻尔再次获得了胜利，并对EPR问题的态度也逐渐冷淡下来。EPR文章的作者之一罗森后来回忆

---

① 马克思·雅默.量子力学的哲学.秦克诚，译.北京：商务印书馆，1989：283.

道："人们有这样的印象，即爱因斯坦的反对者们当时相信他们的论据完全推翻了这篇论文。然而他的'幽灵'看来还继续纠缠着那些关心量子力学基础的人。30年前提出的问题现在仍在讨论中"。爱因斯坦与玻尔争论的结局并不出人意料，主要原因大致有三个。

首先，当然是量子力学所不断取得的巨大成功。这种成功起码在实际应用中是了不起的。只要人们只是拿它来当作计算工具，那就不会有事。但是不要尝试做出解释。正如费曼所说的，你最好是接受它、使用它："人们也许还想问：'这是怎样起作用的？在这背后有什么机制？'还没有人发现这背后的任何机制。也没有人能够'解释'得比我们勉强做出的'解释'更深入一些。"对于众多的物理学家而言，一个理论的有用往往是放在第一位的，量子力学至今还没有产生过任何与实验结果相矛盾的预言。

其次，是时机。当时正处在基础物理学革命刚刚成功的时候，这时大家更关心的自然是建设而不是质疑。我们简单看看1927~1935年物理学界发生了些什么。1928年，α衰变被解释为势垒的量子隧穿；1929年2月，宇宙射线被第一次观测到；同年11月，利用量子电动力学成功地计算出电子自能；1931年，回旋加速器被发明，正电子被狄拉克提出然后被证实；1932年，中子被发现；1933年，β衰变的费米理论被提出；1934年，电子中微子理论被提出。面对这么多新发现，当时年轻的新一代物理学家们很难不被吸引，当时的主流是大步进军量子场论和粒子物理学，而不是谨小慎微地重新回到量子力学的基础。

最后，是当时的自然哲学环境对爱因斯坦所坚持的信念并不友善。在欧洲有恩斯特·马赫（Ernst Mach）的实证主义，也是玻尔所秉持的；在美国有P.W.布里奇曼（P. W. Bridgman）的操作主义和C.S.皮尔斯（C. S. Peirce）的实用主义。爱因斯坦在一封1938年写给莫里斯·索洛文（Maurice Solovine）的信中抱怨道："正如在马赫时代曾经非常有害地被一种教条主义所统治一样，当今过分地受到一种主观主义和实证论的统治。

对于把自然界看成是客观实在的观点，现在人们认为这是一种过时的偏见，而认为量子理论家们的观点是天经地义的。"[①]另外，对于大多数爱因斯坦的物理学同行而言，在物理学中涉及哲学上的思辨如果不是避之不及的，也起码是无关紧要的。当人们发现爱因斯坦和玻尔的冲突似乎落入哲学领域时，认为无论最终谁的观点正确都不会成为一个物理学界应当特别关心的事情。这不是爱因斯坦与他人的第一次哲学冲突，他为了维护相对论，曾经几次与马赫争辩；同样是为了维护相对论中的时间概念，他与哲学家亨利·伯格森（Henri Bergson）争辩。对于前两次争辩，物理学界并没有什么反应，而与玻尔的这次争辩，当人们嗅到其中的哲学味道后，物理学界的热情逐渐退去就一点也不奇怪了。然而，包括玻尔和爱因斯坦在内，大家都未曾想到 EPR 的"幽灵"不仅只是一个哲学冲突的产物，还是一个实实在在的物理问题，可以设计出实验，理清楚他们之间的分歧。甚至人们还可以驯服这个"幽灵"，让它帮我们完成各种各样的量子信息任务。而这一天的到来还要再等近 30 年。

五、"幽灵"可否用来实现超光速通信

爱因斯坦独具慧眼，首先发现了量子力学中存在的"超距作用"。当他于 1927 年在第五届索尔维会议上指出这个问题时，包括玻尔在内的量子力学大厦奠基人们完全没有意识到这个"超距作用"隐含着什么深刻的物理内涵。直到 1935 年，爱因斯坦在那篇著名的 EPR 论文中形象地揭示出"幽灵般的超距作用"后，才逐渐引起学术界的关注和争论。

关于 EPR 思想实验，玻姆有个物理图像（图 2-11）可以更清晰地进行描述。

---

① 爱因斯坦 1938 年 4 月 10 日写给索洛文的信件。

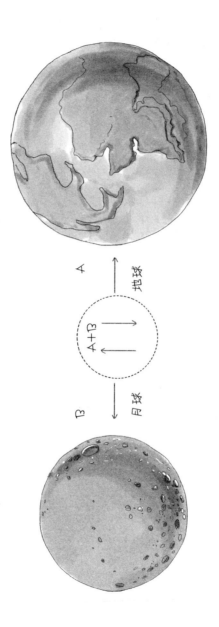

图 2-11 玻姆的 EPR 物理图像

A 和 B 为自旋 1/2 的粒子，即在任意方向测量其自旋，结果要么向上、要么向下。初始时将 A、B 制备为总自旋为 0 的量子态，即在任何方向上测量 A 和 B 的自旋，其结果必然方向相反。其后将 A、B 置于相距遥远的地方，如 A 在地球上、B 在月球上。按照量子力学原理，若分别测量 A 或 B 的自旋，则结果有一半概率向上、一半概率向下。若在地球上测量了 A，发现自旋向下，那么月球上的 B 粒子不管测量与否，其自旋必定向上。当 A 未被测量时，则 B 只有一半概率向上。而当 A 被测量向上，则 B 的自旋肯定向下（100% 概率）。更诡异的是，一旦测量 A，B 会瞬时发生变化，无须时间。这个过程显然超过光速，爱因斯坦认为绝不可能发生，因而称之为"幽灵般的超距作用"。这个可怕的"幽灵"激起了国内外不少学者的热情，试图利用它来实现超光速的通信。他们提出各种奇思妙想的方案，结果无一成功。原因何在？让我们仔细分析一下"幽灵"究竟是什么。

由于测量了 A，导致 B 状态发生变化，似乎 A 是因，而 B 是果，由因引发果应当从 A 传递给 B 某种信息才能发生，所以人们误以为这个信息传递必然超光速。但如果我们同时在地球上和月球上分别测量 A 和 B，结果是两者的自旋方向总是相反。这时没有时间先后也就没有因果关系。换句话说，这个过程没有任何信息的传递！进一步来说，我们制备 100 对总自旋为 0 的 A、B 粒子，将所有 A 都置于地球上，所有 B 都被送到月球上，然后同时测量它们的自旋，结果如何呢？ 100 个 A 自旋向上或向下是随机的，我们将获得 100 位向上或向下的随机数据；月球上 100 个 B 的结果相同，也是 100 位的随机数据。但当我们将这两列随机数据一比对，"奇迹"就发生了，每个 A、B 对的自旋总是相反的——这两个随机数是完全关联的，在 A 系列中向上的位置，B 系列所对应的位置必然向下。"幽灵"的本质特征就是"内在关联"！这个关联起源于初始时 A、B 的自旋总是相反的量子态。换句话说，总自旋为 0 的 A、B 量子态所具有的本质关联特性就是产生"幽灵"的缘由。这种量子关联源于量子世界的基本特性，称为量子非局域性。下一章我们将更详细地介绍这种神奇的量子非局域性。

爱因斯坦提出，EPR 佯谬的本意是想攻击量子力学的完备性，却意外地揭示出量子力学的"非局域性"这种重要的基本特性，深化了人们对量子世界的理解。而量子非局域性也是量子信息技术诞生和发展的基本物理基础。人们将量子力学这个特性称为 EPR 效应。

举个例子来通俗地介绍何为 EPR 效应。假设母亲在合肥，她的女儿在深圳工作，女儿结婚后生孩子的那个瞬间，她在合肥的母亲便自动地变成外婆，这便是 EPR 效应。尽管女儿还没来得及告知母亲这个消息，母亲对他的外孙是否出生还一无所知，但从身份上讲，女儿升格为母亲的瞬间，她自己的母亲自然而然地就晋升为外婆，这个现象源于母女身份上的关联。EPR 效应也正是源于 A、B 粒子的量子关联。

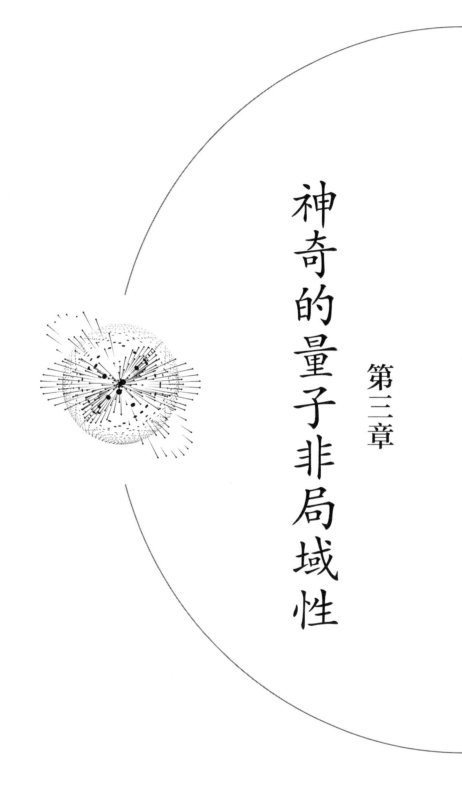

第三章

神奇的量子非局域性

现在看来，非局域性已经深深地根植于量子力学的核心，它将不可避免地呈现在现实之中。

——约翰·斯图尔特·贝尔[①]

一、贝尔定理与非局域性

量子非局域性现在已经成了物理学基础研究中的核心概念之一，但人们对局域性和非局域性的讨论则远远早于量子力学的诞生。这不难理解，因为对局域性的认识是根植于我们对空间与因果关系的本能感知之中的。局域的字面意思局限于空间中的一域。对于交通不便的古人来说，这种由于广袤空间所导致的信息与物资往来的隔绝应当比我们有更深刻的体会。由于局域性的限制，信息的传递是昂贵与费时的，正如陆游在《渔家傲·寄仲高》中写的"写得家书空满纸。流清泪。书回已是明年事"。一封书信从发出到收到回信需要跨年那么长的时间。而在古希腊，亚里士多德（Aristotle）与欧多克索斯（Eudoxus）很早就将局域性当作自然界中的一种"自明"（self-evident）的原理。局域性在当时被称为接触作用原理，尽管这个原理与我们日常生活中的观察一致，但它在古希腊并非源自观察而更多地源自一种自然哲学的思辨："一个事物不能在它所不在的地方有任何作用。"

---

① 引自 1988 年出版的《量子力学的可言说与不可言说》（*Speakable and Unspeakable in Quantum Mechanics*）。

然而，随着物理学从强调思辨的自然哲学中分离，这个原理受到挑战。最早在物理学中公然违反这个原则的人是牛顿，他的万有引力定律允许地球对月球的作用跨越广袤的虚空。尽管万有引力定律在天体运行的定量解释中取得巨大的成功，但牛顿本人对其中涉及的"超距作用"仍然深感不安。他在一封给理查德·本特利（Richard Bentley）的信中写道："一个物体可以通过没有任何介质的虚空将作用和力施加于远处的另一物体的想法，在我看来实在是太荒谬了，任何有点哲学素养的称职的教员都不会相信的。"随后的另一个非局域的例子是库仑的电荷平方反比定律。与牛顿的万有引力定律类似，两个电荷间存在没有得到解释的非接触力的作用。无论是万有引力定律还是库仑定律，其中涉及的明显的非局域性都受到质疑。在牛顿之后，勒塞奇（Le Sage）等试图为引力构建一个局域性的纯力学解释，而库仑之后则有法拉第和麦克斯韦为电磁学构建一个局域的解释。勒塞奇最终失败了，他试图利用某种不可见的粒子的碰撞来解释引力，而法拉第和麦克斯韦则成功了。正是由法拉第引入的力线场的概念解决了库仑定律中非局域性的问题，一个电荷并不是直接超距地作用于另一个电荷，而是通过它周围的电场作用的。麦克斯韦将法拉第的电场和磁场的概念数学化，并且统一成整体的电磁场描述。场的思想和局域性天生就有紧密的联系。一方面，通过场论的办法，库仑力被成功地局域化了；另一方面，通过场论的思想能够清晰地表述出局域性——在某一时刻某处所发生的事件只被上一时刻该处周围的状态所影响，而且在下一时刻也只能影响自己周围的状态。电磁场理论的巨大成功使得局域性及场论的思想在基础物理中深入人心。剩下待解决的就是引力的问题。牛顿引力中的非局域性促使人们确信，它还不是最后的基本定理。1851 年，法拉第就曾在皇家学会做过一个题为"论引力与电力的可能关系"的报告，试图为引力和静电力给出一个统一的场的表述。麦克斯韦也曾研究过勒塞奇的引力理论并且评述。尽管勒塞奇没能成功解释牛顿引力，但他对局域化万有引力的尝试是值得肯定的。法拉第在引力这个问题上失败了并不奇怪，因为他的统一场的思想实在太超前了；麦克斯韦也没有成功，有些遗憾，因为当时已经有解决引力问题所需要的数学工具了，但他年仅48岁就因为癌症去世了。就在麦克斯韦去世的那年，有个小男孩在德国西南部的乌尔姆市诞生了，这个小男孩就是爱因斯坦。三十几年后，引力的问题以一种完全出人意料的方式被他解决了。1915年，广义相对论的提出终于给出了引力的场方程。它告诉我们，引力与电磁力完全不同，不过是时空本身的弯曲。场论描述的引力现象中没有"超距作用"，局域性再一次获得胜利。自此，"所有的相互作用都应当满足局域性"原则成为一种基本要求。例如，随后在20世纪30年代发现的弱相互作用以及20世纪70年代发现的强相互作用在理论构建之初就自然地满足局域性原则。这样，宇宙中所有的相互作用就都是局域的了。

作用力的局域性原则似乎获得了最终的胜利，但非局域性原则却变换了一种形式潜入量子力学的基础之中。最先意识到这一点的是爱因斯坦。早在1927年的第五届索尔维会议上，他就察觉到对量子力学的波函数的解释会涉及"一种特殊的超距作用"。爱因斯坦知道这种"超距作用"并非由某种作用力给出，因此是"特殊的"。在1935年EPR的文章中，他进一步明确了量子力学中的这种非局域性。但由于不能接受这种"幽灵般的超距作用"，他转而认为一定是量子力学出了问题，质疑它的完备性。在物理学史上已经发生过两次一个非局域的理论被一个局域的理论所替代，非局域的牛顿引力理论被局域的广义相对论所替代、非局域的库仑定律被更加完备的局域的电磁理论所替代。在爱因斯坦看来，这种情形为什么不能再次发生呢？于是，他关注的焦点并不是非局域性，而是量子力学的完备性。这促使他试图寻找一种更加完备的量子力学的替代理论。真正使得量子非局域性成为量子基础理论研究的焦点之一的是贝尔，他生于20世纪初相对论革命和量子革命完成之后。贝尔被这两次基础科学的革命所深深震撼，尤其被爱因斯坦与玻尔的论战所激励。在思想的明晰性与合理性方面，他完全站在爱因斯坦这方，对量子力学的表述感到既困惑又不满。下面让我们看看他是怎样一步一步最终得出连自己都感到颇为惊讶的结果——不可避免的非局域性。

（一）贝尔其人

贝尔（图 3-1）1928 年生于北爱尔兰首府贝尔法斯特（Belfast），在贝尔法斯特女王大学获得实验物理与数学物理双学位，随后进入伯明翰大学攻读物理学博士学位，主攻核物理与量子场论。在不久的未来，他获取双学位时所培养的能力，其中一个帮助他胜任一份稳定的工作，另一个帮助他实现自己的"爱好"，而这个"爱好"的结果是深远的。贝尔获得博士学位后，在位于牛津郡的哈韦尔原子能研究所工作了几年。在这几年间，他正式成了一名加速器物理学家。更大的一个收获是，他遇到了自己的妻子，同为粒子物理学家的玛丽·罗斯（Mary Ross）。之后，他们一同进入全球最大的粒子物理学实验室——坐落于瑞士与法国边境的欧洲核子研究组织（European Organization for Nuclear Research，CERN）。此后，贝尔夫妇一直留在那里与众多杰出的粒子物理学家一起工作。尽管贝尔很早就对量子力学的概念深为不满，但在 CERN 的工作并不涉及量子力学基础问题，他的主要任务是设计粒子加速器。贝尔后来回忆，当时关于量子基础的思考与工作无关，完全是一种"爱好或者说痴迷"。1962 年，在大西洋的另一端，位于美国加利福尼亚州的斯坦福直线加速器中心（Stanford Linear Accelerator Center，SLAC）成立，开始搭建长达 3.2 千米的直线粒子加速器。这是一个耗时几年的大工程。1964 年，贝尔短暂离开 CERN，以访问学者身份前往 SLAC。正是在斯坦福的这段时间，贝尔发表了那篇著名的《论 EPR 佯谬》的文章。在文中，他明确指出"正是对于局域性的要求，或者更加准确地说是认为对一个系统的测量结果不受曾与其相互作用而后

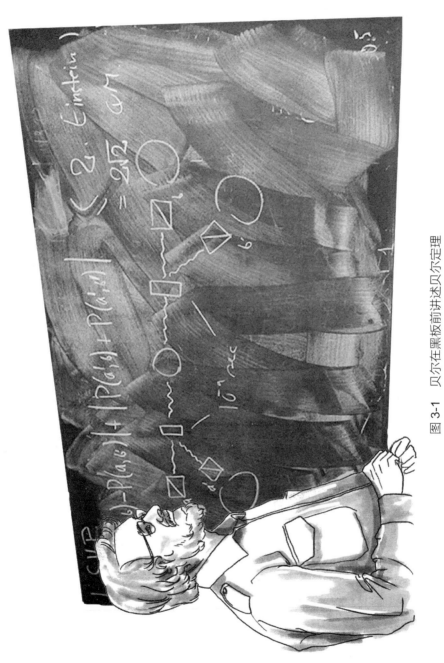

图 3-1　贝尔在黑板前讲述贝尔定理

分开的另一个系统上的操作的影响，这个假定将引来根本上的困难（即与量子力学的统计结果相违背）"。这就是后来被称为贝尔定理的工作。这篇重要的文章发表在一个名为"物理"的期刊上。这是一个不太起眼的期刊，发行了没多久就关闭了。贝尔当时选择这个期刊的原因之一是它不要版面费，他当时正处于访问期间，不好让他的主家出文章版面费；另一个更主要的原因则是当时的主流期刊对这类带有自然哲学倾向的"工作"不太友好，贝尔早期的许多量子基础问题的"工作"都只能发表在一些小众期刊上，有的甚至是发表在一小撮物理学家自己出版的内部通讯上。尽管贝尔在其他领域也有一些重要工作，如量子场论中的阿德勒 - 贝尔 - 加基夫异常（Adler–Bell-Jackiw 异常，也称为手征异常）以及相对论中的贝尔火箭佯谬等，但最为人们熟悉以及影响深远的仍然是他关于物理实在中固有的非局域性的贝尔定理。

1989 年秋，在意大利特里雅斯特（Trieste）召开的纪念国际理论物理研究中心（ICTP）成立 25 周年会议上的所有报告人几乎都是诺贝尔奖获得者，其中唯一的例外便是贝尔。会议主办人萨拉姆①（Abdus Salam）特地邀请贝尔做了一个报告，题为"量子力学中的第一类与第二类困难"。那应当是贝尔的最后一次公开报告。1990 年，由于在非局域性方面的开创性工作，62 岁的贝尔被提名诺贝尔奖。遗憾的是，贝尔在诺贝尔奖遴选前突发脑溢血去世了，而他本人一直都不知道自己被提名的事。贝尔的工作在物理基础研究领域以及量子信息领域产生了深远的影响。在贝尔工作过的 CERN 所在地梅林（Meyrin）以及他的出生地贝尔法斯特市，为了纪念他，分别有一条道路以他的名字命名。

（二）贝尔定理提出的背景

贝尔定理的提出大致有三个方面的原因。

---

① 弱电理论发现者。

首先一个原因是 EPR 的工作。EPR 文章最后总结道："于是，我们显示出波函数没有为物理实在提供一个完备的描述，这样一种完备的描述是否存在是一个待解决的问题。无论如何，我们相信这样的理论是可能存在的"。① 这个总结也是对新一代物理学家所提出的挑战与激励。贝尔一直不满量子力学基础中涉及的许多概念，如系统、仪器、环境、微观、宏观、可观测量、测量等。他认为这些模棱两可的概念为理论物理学家留下过多自由裁定的空间，体现出量子力学固有的缺陷。贝尔在《量子力学的可言说与不可言说》一文中直言，现在的量子理论家们是在这些"模糊的概念中梦游"。贝尔仔细考察了 EPR 工作以及种种对 EPR 工作的回应。与爱因斯坦一致的是，贝尔认为玻尔等对 EPR 的各种回击实际上并不能否定 EPR 的结论——量子力学的完备性与物理实在的局域性无法相容。于是，一个自然的想法就是找到一种新的对物理实在完备的描述，这类理论被统称为隐变量理论。如果这种理论仍然遵从局域性原则，就称为局域隐变量理论。贝尔就一直希望可以找到这样一种理论。他曾经尝试构建几种隐变量理论。尽管这些理论对实验的预言结果与量子力学一致，但是却一直无法实现局域性要求。

第二个影响到贝尔定理的工作是冯·诺依曼的一个否定性的证明。冯·诺依曼在广为人知的《量子力学的数学基础》一书中给出了一个"量子力学统计形式的证明"，否定了任何隐变量理论的可能性，无论是局域的还是非局域的。然而冯·诺依曼的证明本身是有问题的，尽管格蕾泰尔·赫尔曼（Grete Hermann）早在 1935 年就指出了这个错误，但是她的工作没有受到重视，大家在很长一段时间里都没有认识到冯·诺依曼证明中的错误。实际上，冯·诺依曼并没有犯数学上的错误，而是引入了对隐变量

---

② Einstein A，Podolsky B，Rosen N.Can Quantum-Mechanical Description of physical reality be considered complete? Physical Review，1935，47：777-780.

系综不必要的假定，导致原先的结论削弱到几乎毫无意义。

　　直接促使贝尔得出他的主要结论的是 1952 年玻姆力学的提出。玻姆力学是一种典型的非局域隐变量理论，可以成功地复现所有量子力学的预言，因此它与实验是一致的。玻姆力学给贝尔带来了两点启示：一是隐变量理论是可能的，玻姆力学就是一个实例，因此冯·诺依曼的证明肯定在哪里出错了；另一个启示是尽管玻姆力学能够成功复现量子力学，但是它与当时所知道的各种隐变量理论一样，是明显非局域性的理论。于是，贝尔自问"是否所有能与量子力学结论一致的理论都必须是非局域的呢？（因此量子力学自然也是非局域的）"。一旦找到这个关键问题，剩下的工作对有深厚数学、物理功底的贝尔来说就迎刃而解了。关于玻姆力学与贝尔定理的联系，贝尔在后来回忆道："作为一个专业的理论物理学家，我偏好于玻姆理论，因为它是明晰的。这样我们就有了一个关于世界的数学上清楚显示非局域性的理论。当我意识到这点，便问自己'是否有人能比玻姆更聪明，以避免理论中的非局域性呢？'这就是玻姆理论带给我的问题。这个定理（即贝尔定理）说的是'不行！就算你比玻姆聪明也无法将非局域性排除掉。'它在数学形式上明确地给出了非局域性。"

　　贝尔定理的发现过程中还有一个小插曲。实际上，李政道教授早于贝尔 4 年就已经得到了贝尔定理的基本思想。1960 年 5 月底，当时三十几岁就已经获得诺贝尔奖的李政道在美国阿尔贡国家实验室（Argonne National Laboratory，ANL）做了一个报告，题目是"量子力学在宏观尺度下的显著效应"。他在报告中讨论了某些相关性，其中之一就是同时产生并向相反方向运动的两个中性 K 介子之间的关联。他敏锐地指出，如果假定这两个中性 K 介子的寿命足够长，那么这两个粒子间的关联就同 EPR 所讨论的情形一样了，并且这种关联是无法用经典力学解释的。李政道当时虽然已经得到贝尔定理的基本思想，但并没有继续深入下去，而是将这个任务交给了他的助手舒尔茨（J. Schurtz）。然而，舒尔茨不久就去研究其他领域了，也没有明确推导出后来被称为贝尔不等式的非局域性判据。当然，贝尔对李政道的工作是不知情的。1973 年，雅默在对李政道的访问中提及此事时，李教授声明"一切荣誉应当归功于贝尔教授"。

（三）贝尔定理的内容

贝尔定理用贝尔自己的话简单来说就是："如果一个理论是局域的，那么它将与量子力学的预言相冲突，任何与量子力学预言一致的理论必须是非局域的。"为了证明这个结论，贝尔基于 EPR 问题的核心构建了一个数学模型——局域隐变量模型。贝尔原文中涉及的数学略复杂，为方便起见，这里用后来应用较广泛的 CHSH[①] 型贝尔定理为例加以说明。考虑一个两体两能级系统（即两量子比特系统），爱丽丝和鲍勃相隔遥远并各持有其中一个粒子。爱丽丝的可观测量记作 a，对应的测量结果记为 A。由于是两能级系统，$A \in \{-1,1\}$（即只能取 ±1）。类似，鲍勃的可观测量为 b，对应的测量结果为 $B \in \{-1,1\}$。他们的联合测量概率为 $P(A,B|a,b)$。它表示，在爱丽丝测量 a 和鲍勃测量 b 的条件下，测量结果分别为 A 和 B 的概率。这个系统所谓的局域隐变量模型是指将联合测量概率拆分成如下形式：

$$P(A,B \mid a,b) = \sum\nolimits_{\lambda} P(\lambda)P(A \mid a,\lambda)P(B \mid b,\lambda) \qquad (3-1)$$

这里的 λ（即所谓的隐变量）指可以完全描述这个两体系统物理状态的某种数学结构，可以是连续或离散的数或者函数以及其他任意数学结构，这里为了表述方便而写成了离散的形式。$P(\lambda)$ 是它的概率权重，$P(A|a,\lambda)$ 是指在已知状态 λ 和测量 a 的条件下得出 A 的条件概率，$P(B|b,\lambda)$

---

① 约翰·弗朗西斯·克劳泽（John Francis Clauser）、迈克尔·霍恩（Michael Horne）、西蒙尼（A. Shimony）和霍尔特（R. Holt）。

的定义与 $P(A|a,\lambda)$ 类似。局域性就体现在联合概率必须表示为各自条件概率的乘积，$P(A|a,\lambda)$ 意味着只要知道了 λ 和 a，那么得出 A 的条件概率就是确定的且与相距遥远的 b 的选择无关。现在仍然不确定的因素是 λ 的分布 $P(\lambda)$，因此只要将它按权重在 λ 的全空间积分就应当得出联合测量概率 $P(A, B|a, b)$。由式（3-1）推导出来的各种对联合测量概率的约束通常以不等式的形式出现，因此称为贝尔不等式。如果一个概率关联违反贝尔不等式，那么它就意味着局域性的假设无法被满足，因此称为非局域性关联。

下面我们来简要地推导 CHSH 型贝尔不等式。首先容易证明的是，如果一个联合概率 $P(A, B|a, b)$ 存在局域隐变量模型，那么也一定存在一个确定性的局域隐变量模型，即可以在不引入其他假设的前提下要求式（3-1）中的 $P(A|a,\lambda)$ 和 $P(B|b,\lambda)$ 非零即一。反之，如果一个联合概率不存在确定性的局域隐变量模型，那么也不会有任何其他的局域隐变量模型，从而说明它的非局域性。在这样一个数学结果的帮助下，就可以方便地只考虑 A 和 B 有确定值的情形。值得注意的是，并不是贝尔定理的推导需要先假定所有物理量都有确定值，这只是一个方便的数学处理。实际上，几乎所有寻找各种贝尔不等式的过程中都利用了这个方法。现在假定 a 和 b 各有两种选择（即两种测量设定），其对应的测量结果记为 A_1、A_2、B_1、B_2。由于是两量子比特系统，它们的取值为 ± 1。定义 $C=A_1B_1+A_1B_2+A_2B_1-A_2B_2$，容易看出 C 的取值范围只能从 -2 到 2，因为 $C=A_1(B_1+B_2)+A_2(B_1-B_2)$，（$B_1+B_2$）和（$B_1-B_2$）之间必有一个为 0，另一个为 ±2。于是在多次测量下，C 的期望值 $\langle C \rangle$ 必须满足 $-2 \leqslant \langle C \rangle \leqslant 2$，即 $|\langle C \rangle| \leqslant 2$，这就是 CHSH 型贝尔不等式，而量子力学的预言违反这个不等式，相应的 C 的期望值最大可以达到 $2\sqrt{2}$。这样，贝尔定理就给出了对 EPR 问题的一种回答：问题不在于量子力学是否完备，如果实验上的结果与量子力学的预言一致，那么我们的物理世界必定是非局域的。这种结果对一直站在爱因斯

坦这边的贝尔来说颇为出人意料。通过贝尔定理，EPR 问题中所涉及的看似哲学上的观念被转化为具体的数学模型，局域性假设是否成立转换成可被检验的物理问题，并最终将交由实验来判决。

（四）贝尔定理的实验

一种标准的基于偏振的量子光学的贝尔不等式检验实验设置如图 3-2 所示。其中，S 是生成纠缠态的光源，两个纠缠光子分别传向两端的探测器，经过偏振分束器后由单光子探测器探测，随后测量的结果汇总到符合计数器 CM。

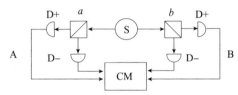

图 3-2　基于偏振的量子光学贝尔不等式实验检验

关于贝尔不等式的验证，最早的实验是由斯图尔特·弗里德曼（Stuart Freedman）与克劳泽于 1972 年完成的。他们检验的是 CHSH 型贝尔不等式的一种变体，称为弗里德曼型贝尔不等式。在实验中，他们利用钙原子的级联辐射作为纠缠光源，通过对级联辐射的两个光子的偏振方向的测量展示出违反贝尔不等式的关联。但是，这个实验中有一个重大缺陷——期望值是分成几次分别测量的，其中每次的测量设定是固定不变的。这样从原则上来说，一端的粒子是可以"知道"另一端的测量设定的。尽管他们的实验结果与量子力学预言一致，违反贝尔不等式达到 6 个标准差，但并不能完全验证非局域性的存在。这个实验的重要性在于，最先设计出量子光学用于非定域性检验的方案及演示性地给出了违反贝尔不等式的关联。

比较具有决断性的一个实验是 1982 年由阿莱恩·阿斯派克特（Alain

Aspect）、让·达利巴德（Jean Dalibard）以及杰拉德·罗杰（Gérard Roger）完成的。在他们的实验中，两端的测量设置是随时间准周期变化的。尽管仍然不是完全随机的，但可以合理地认为两端的测量设定是无关的。他们的实验结果高度符合量子力学给出的预言，并且给出了违反CHSH不等式 5 个标准差的结论。

然而，阿斯派克特等的实验以及后来的许多实验中依然存在各种漏洞：或者是测量设定并不完全随机；或者是存在所谓的局域漏洞，即两端的测量并不是类空事件。这样理论上在两端的测量中可以有潜在的并不违反局域性的通信（暗藏的通信），也可以实现违反贝尔不等式的关联。还有一种漏洞是所谓的记忆漏洞。实验中通常还假定对应于第 N 次的隐变量是与所有前 N-1 次的测量设定无关或者无记忆的。这种假定尽管很合理，但严格说来仍然是一种漏洞。例如，第 1 次的实验设定和第 N 次的粒子制备的时间相隔较长的话，完全有可能在局域通信的情况下使第 1 次的实验设定信息暗中影响到第 N 次粒子的隐变量。各种漏洞中最棘手的一个漏洞是所谓的测量效率漏洞。由于实验中光子探测器的探测效率是有限的以及存在各种误差的，实验中只要有一端的探测器没有探测到光子就必须将这次的数据剔除。理论上可以证明，只要隐参量 λ 与每次探测器是否响应相关，即便是局域的情形也可以在剔除这些没有响应的数据后显示出违反贝尔不等式的情况。而要填补这些漏洞，在技术上面临巨大的挑战。直到 2015 年由罗纳德·汉森（Ronald Hanson）领导的实验团队终于实现了无漏洞的 CHSH 贝尔不等式检验，才第一次在实验上同时填补测量效率漏洞、局域性漏洞以及记忆漏洞。此时距离贝尔定理的提出已经过去了半个世纪。

（五）贝尔定理的意义与非局域性的内涵

首先，贝尔定理告诉我们的是局域隐变量模型的失效，任何试图寻找一种替代量子力学的包含局域性的理论都是徒劳的。其次，在贝尔本人看来更加重要的是，贝尔定理体现了 EPR 问题的本质——非局域性。贝尔从 EPR 的立场出发却得出了令人惊讶的结果：如果量子力学的预言是正确的，那么我们的世界必定是非局域的，并且这种非局域性可以通过实验检验出来。最后，在贝尔将非局域性呈现在科学研究的聚光灯下后，其不仅收获了各种理论结果、深化了人们对量子力学基础的理解，而且催生了大量的基于非局域性的应用，如基于非局域性的量子秘钥分发、利用非定域性降低分布式函数的通信复杂度以及构造安全的随机数生成器等各种量子信息任务。尽管人们仍然没有彻底弄清非局域性这种反直觉的特性，但已不再仅将其视作无法理解的"幽灵"，而是试图驯服它，将其当成像能量、电荷一样真实的物理性质，利用它来完成各种经典力学无法实现的任务。

值得指出的是，尽管非局域性的存在宣告了任何局域隐变量模型的失效以及实现了某些经典力学无法完成的任务，但是它并不能实现超光速通信。贝尔定理中所讨论的非局域性与牛顿引力和库仑力中涉及的非局域性是不同的，它是一种关联的非局域而不是力学上的非局域性，并没有任何力学上的瞬间作用存在。要想检验这种关联的非局域性，就必须将两端的测量结果放到一起比较，而将结果放到一起的这个过程并不能超光速地实现。

更加具体地说，贝尔非局域性涉及的是一种空间上的超越经典力学的关联，如图 3-3(a) 所示。测量 a 得 A 与测量 b 得 B 这两个类空事件之间存在一种无法用经典力学解释的满足式（3-1）的关联 $P(A,B \mid a,b)$。所谓的贝尔非局域性正是通过这种关联而不是通过某种力学量的瞬间传递来体现的。由于两个测量之间是类空间隔，这两个事件的时间先后顺序是依赖于参考系的。而对于任何参考系而言，它们在空间上都是分离的，因此也称这种强的空间上的关联为空间非局域性。

类似地，从更加广义的角度考察非局域性的话，我们也可以考虑两个事件测量之间是类时间隔的情况，如图 3-3(b) 所示。此时这两个事件的空间位置关系是要依赖于参考系的（存在这样的参考系，在该参考系下

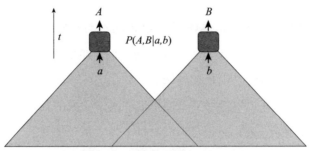

测a得A这一件事件与测b得B这一事件类空分离

（a）两测量事件类空分离

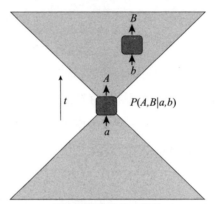

两次测量事件类时分离

（b）两测量事件类时分离

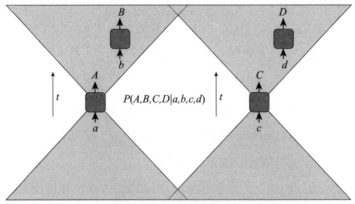

事件a与事件b类时分离，事件c与事件d类时分离；a、b与c、d之间类空分离

（c）既包含类空分离又包含类时分离的测量

图 3-3　贝尔非局域性

这两个事件发生在同一个空间位置）。而对于任何参考系而言，它们在时间上都是有因果顺序的，即先有测量 a 得 A 后再测量 b 得 B。实际上，这类关联也可以出现超越经典物理的情况，不妨称为时间域上的非定域性强关联，简称时间非定域性。其中一个比较典型的例子是 1985 年提出的列格特-加格（Leggett-Garg，LG）不等式。不同于贝尔不等式探讨空间分离的子系统间的关系，LG 不等式探讨的是单一系统在不同时间上的测量值之间超越经典物理的强关联。在宏观实在性假设与非干扰测量假设下（经典物理满足这两个假设），考察单一系统在三个不同时刻下物理量 $Q \in \{-1,1\}$ 的关联 $C_{ij}=\langle Q(t_i)Q(t_j)\rangle$。这里，$Q(t_i)$ 表示 t_i 时刻的 Q 值，括号表示对多次实验取平均值。容易验证有下式成立：

$$K_3=C_{21}+C_{32}-C_{31} \leqslant 1$$

而量子力学可以违背这个不等式，其最大违反可达 $K_3^{max}=1.5$。在后面讨论 LG 不等式时将有更加详细的推导。

另一个与之相关的基础概念是前面提到过的量子互文性。最早提到互文性的是海森堡，他在回应 EPR 的文章时涉及了这个概念。它可以由科亨-施佩克尔（Kochen-Specker，KS）定理很好地体现出来。当假设存在先于测量的物理量值并且该值是非互文的（即它的值不随其他相容测量基的改变而改变）时，可以推出与量子力学预言相矛盾的结果。KS 定理看起来似乎并没有讨论测量的时间顺序问题，但是由于不同的几组测量之间不对易，必须分别在不同的时间点上测，因此本身也暗含了不同时间下的超越经典的关联。2013 年，约亨·尚格莱斯（Jochen Szangolies）等利用 LG 不等式中用到的时间顺序的办法重新讨论了 KS 定理并给出了相应的互文不等式。因此从这个角度来看，也可以说 KS 定理是体现了一种时间上的非定域性。

最后还可以考察一种同时包含时间及空间上的联合的超出经典力学的强关联，或者说时空非定域性，如图 3-3(c) 所示。2006 年，由约翰·康威（John Conway）和科亨提出来的自由意志定理就是一种既利用到空间非局域性也利用到 KS 定理的很强的论断。尽管康威和科亨的文章原本不是从时空非局域性来考察的，但通过前面的讨论，放在这种广义的非局域性框架下，我们也可以认为自由意志定理体现的是一种时空非局域性。能否找到更加一般的形式上统一的时空非局域性关联仍然是一个值得讨论的开放问题。

二、量子纠缠

在相当长一段时间里，"纠缠态"和"EPR 关联态"在物理学文献中曾经是同义词，"纠缠态"及"贝尔非局域态"也被视为同一种性质的不同表述。这种情形在涉及量子纯态时问题不大。吉辛（N. Gisin）定理证明了任意纯的纠缠态都有贝尔非局域性，反之任何贝尔非局域态都纠缠。但随着对空间非局域性研究的深入与细化，人们发现虽然纠缠与贝尔非局域性密切相关，但并不完全一样。最早区分清楚"纠缠态"及"贝尔非局域态"的是莱因哈德·F.沃纳（R. F. Werner）。这是他在 1989 年的一篇题为"EPR 关联量子态允许隐变量模型"的文章中提到的。这里所谓的 EPR 关联量子态其实是指纠缠态而不是贝尔非局域态，因为贝尔定理说的就是贝尔非局域态不允许隐变量模型。遵循薛定谔对"纠缠态"最初的定义，将其扩展到包括纯态和混合态的情形。以一个两体系统为例，它的密度矩阵表示记作 ρ_{AB}，所谓纠缠是指 ρ_{AB} 无法如式（3-2）所示拆分成各自量子态的直积的混合：

$$\rho_{AB} = \sum_{\lambda} P(\lambda)\rho_A(\lambda) \otimes \rho_B(\lambda) \qquad (3\text{-}2)$$

式中的 $\rho_A(\lambda)$、$\rho_B(\lambda)$ 分别指爱丽丝和鲍勃边的量子态。

对比式（3-1）可见，纠缠与贝尔非局域性很相似。这里的纠缠是通过量子态的形式表示的，而贝尔非局域性是通过条件概率的形式表示的。

我们也可以将纠缠用条件概率来等价表示：

$$P(A,B\,|\,a,b) = \sum_{\lambda} P(\lambda) P^{Q}(A\,|\,a,\lambda) P^{Q}(B\,|\,b,\lambda) \qquad （3-3）$$

其中，要求 $P^{Q}(A\,|\,a,\lambda)$、$P^{Q}(B\,|\,b,\lambda)$ 是由相应的量子态生成的：

$$P^{Q}(A\,|\,a,\lambda) = \mathrm{Tr}[\varPi_{A}^{a}\bullet\rho_{A}(\lambda)] \qquad （3-4）$$

$$P^{Q}(B\,|\,b,\lambda) = \mathrm{Tr}[\varPi_{B}^{b}\bullet\rho_{B}(\lambda)] \qquad （3-5）$$

式中，$\varPi_{A}^{a}$、$\varPi_{B}^{b}$ 表示测量 a 得 A 与测量 b 得 B 的测量算符。

　　式（3-4）和式（3-5）的物理意义是 $P^{Q}(A\,|\,a,\lambda)$、$P^{Q}(B\,|\,b,\lambda)$ 是通过对量子态 $\rho_{A}(\lambda)$ 和 $\rho_{B}(\lambda)$ 的测量产生的。式（3-2）的右端称为可分离态模型，如果一个量子态 ρ_{AB} 给出的条件概率 $P(A,B\,|\,a,b)$ 不存在可分离态模型，那么它是量子纠缠的。从条件概率表述下的纠缠与贝尔非局域性的定义中可以看到，一个可分离态模型本身就是一个局域隐变量模型，但一个局域隐变量模型却不一定是一个可分离态模型，因为它不一定满足式（3-4）和式（3-5）。因此，任何贝尔非局域态一定是纠缠的，但纠缠态未必是贝尔非局域的。而沃纳的工作告诉我们存在一些贝尔局域的纠缠态。与纠缠和贝尔非局域性类似的是 EPR 导引的概念。这个概念也是薛定谔在回应 EPR 文章时提出的，指一种可以通过对一端粒子的测量来影响另一端粒子状态的能力。以爱丽丝导引鲍勃为例。对于两体态，爱丽丝对自己手里的粒子做投影测量后，如果鲍勃手中的粒子的条件态无法用局域的量子态表示的话，就称爱丽丝可以导引鲍勃。这里局域的量子态表示是指用一组确定的量子态系综来模拟鲍勃手中的条件态。粗略地说爱丽丝可以导引鲍勃，就像是爱丽丝通过她的测量"实实在在"地影响到鲍勃手中粒子的状态。如果一个量子态没有局域隐态描述，那么我们称它具有 EPR 导引非局域性。

　　现在通常将纠缠态、EPR 导引态及贝尔非局域态统一放在空间非局域性的框架下考察，从定义中可见他们的层级关系。如图 3-4 所示，贝尔非局域态最强，EPR 导引态次之，而纠缠态最弱。纠缠态最弱，也意味着它最基本，是实现其他两种空间非局域性的前提，下面我们来简单讨论一下怎样在实验中制备纠缠态。

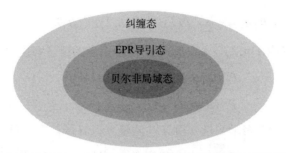

图 3-4　纠缠态、EPR 导引态、贝尔非局域态的层级关系

量子纠缠态的制备

尽管纠缠是一种量子信息处理的宝贵资源，但实际上它比可分离态普遍得多。从理论上来说，只要是多体系统，在参数空间中纠缠态的比例是远远高于非纠缠态的。一个量子多体系统往往包含纠缠，实验中制备纠缠态的主要难题是制备出可控的易于量子操作的高保真度纠缠态。在不同的量子操控平台中，制备纠缠态的方法很多，总结起来大致有三大类型。第一类是在粒子生成时让其成对产生，使粒子对在生成时就处在纠缠态上；第二类是两个粒子分别独立产生，之后通过某种相互作用产生纠缠；第三种是通过后选择的方法挑选出不可区分的情形，这是由于粒子的全同性假设，对应情形下的两个粒子也是纠缠的。每一类都可以通过不同实验平台具体实现，下面挑选其中几种做简单的介绍。

第一类普遍的方法是在粒子生成的时候使两个粒子同时生成。生成过程的守恒定律使得它们的相应可观测量之间存在纠缠关系，阿斯派克特等实现贝尔不等式检测的实验中所使用的方法就是如此。这种纠缠源最早是由卡尔·A. 科歇（Carl A. Kocher）与尤金·D. 康明斯（Eugene D. Commins）于 1967 年设计的。他们考察了钙原子如下的级联辐射 $6^1S_0 \xrightarrow{\gamma_1} 4^1P_1 \xrightarrow{\gamma_2} 4^1S_0$。由于角动量守恒，$6^1S_0$ 能级不能发射一个光子

直接跃迁到 4^1S_0 能级，而必须经过一个中间能级 4^1P_1 先辐射一个光子 γ_1 随即再辐射一个与 γ_1 角动量相反的光子 γ_2，这样 γ_1 与 γ_2 的偏振方向就关联了。然而，这套方案的效率非常低。首先，级联辐射的概率本身就小，另外出射光子是向四面八方辐射的，实验中只能收集到很少的一部分。在科歇与康明斯早期的工作中，他们累积了 10.5 小时也只收集到最高 140 次的符合计数，并且本底的噪声高达 40 左右。现在被广泛应用的另一种同时生成光子实现纠缠的技术是利用非线性晶体的自发参量下转换（SPDC）效应。如图 3-5 所示，最常见的是将一束紫光射向一块 β 相硼酸钡晶体（β-barium borate，BBO 晶体），有一定的概率出现一个紫光光子转换为两个频率减半的近红外光子。整个过程满足能量守恒和动量守恒，出射的纠缠光子集中在特定的方向上。这两个同时生成的新光子由于角动量守恒将保持偏振方向的关联。

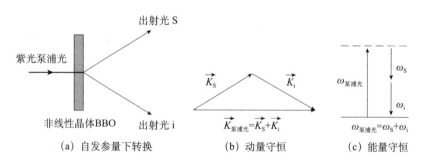

图 3-5　自发参量下转换示意图

　　第二类纠缠态制备方法是先制备好单独的两个量子系统，然后通过两个粒子间的直接相互作用使它们纠缠起来。EPR 的文章和玻尔的回应文章中都是通过这种方式构建思想实验来制备纠缠态的，如玻尔所设想的令两个粒子通过一个刚性的双缝隔板相互作用的方案。但是，在实验中还做不到通过一个宏观的隔板传递相互作用来产生纠缠。类似的是利用量子腔光力学（quantum cavity optomechanics）来实现微纳量级系统之间的纠缠。如图 3-6 所示，在 MZ 干涉仪的两臂上各添加一个光学谐振腔，其中一个谐振腔的反射镜是可动的，由于不同光子数对应的光压不同，光子数和镜子的振动模式之间产生纠缠。这类方案要求将镜子冷却到接近基态并且使其与光场有足够强的耦合。类似的方法原则上也可以实现光场－光场间以及两个可动镜子之间振动模式的纠缠。

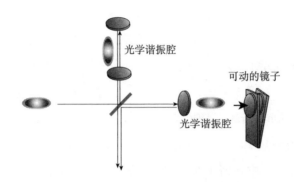

图 3-6　量子腔光力学方案制备纠缠态

除了光力学系统外，在里德伯原子中也可以利用相互作用使得原先两个无关联的原子间产生纠缠。里德伯原子是指原子中的一个电子被激发到非常高的能级，这时激发态的电子的轨道远离其他电子，近似地可以将这个原子视为一个两体系统，即原子中心带一个正电荷的"原子实"以及外层的单个电子。这样的系统中的原子半径可以非常大，激发态的半径可以达到基态半径的 $10^3 \sim 10^4$ 倍，因此当两个处于基态的原子相距较近时不存在相互作用。这时将其中一个原子激发，由于激发态的里德伯原子具有极大的半径，因此这两个原子的电子云将出现重叠。如果设置得当，可以使这两个原子相互纠缠：如果一个原子处于激发态，那么另一个就必须是基态；反之，一个是基态，那么另一个就必须是激发态。

第三类是利用后选择的办法挑选出一些特定的情况。在这些情况中，利用全同粒子不可区分性实现纠缠。由于有挑选条件的约束，并不是每次都可以成功地实现纠缠。如图 3-7 所示，以光子的受控非门（CNOT 门）为例。一个 CNOT 门有两个输入——控制比特 C 和目标比特 T。如果控

制比特 C 为 0，则目标比特 T 不变；反之，目标比特 T 翻转，即做非操作——0 变 1、1 变 0。一个量子的 CNOT 门与其类似，只是输入态和输出态都是量子比特。由 CNOT 门的真值表可知，它也是一个纠缠生成器。

我们只要将控制量子比特选为叠加态 $\dfrac{|0\rangle + |1\rangle}{\sqrt{2}}$，目标量子比特选为 $|0\rangle$，那么输出态就是最大纠缠态 $\dfrac{|00\rangle + |11\rangle}{\sqrt{2}}$。因为控制态是 $|0\rangle$ 时目标量子态不变仍然是 $|0\rangle$，结果输出态就是 $|00\rangle$；而当控制量子态是 $|1\rangle$ 时，目标量子态要翻转成 $|1\rangle$，这时输出态就是 $|11\rangle$。因此叠加态 $\dfrac{|0\rangle + |1\rangle}{\sqrt{2}}$ 作为输入时，整体的输出态就是最大纠缠态 $\dfrac{|00\rangle + |11\rangle}{\sqrt{2}}$。2003 年，杰里米·L. 欧布里安（Jeremy L. O'Brien）和杰弗里·J. 普芮德（Geoffrey J. Pryde）等最早在实验上利用后选择的办法在全光子平台上实现了 CNOT 门。他们的设置如图 3-7 所示。

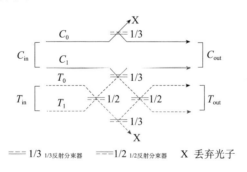

=== 1/3 1/3反射分束器　　=== 1/2 1/2反射分束器　　X 丢弃光子

图 3-7　通过 CNOT 门实现纠缠态制备

这里量子态的编码方式为路径编码。C_{in} 为输入控制量子比特，T_{in} 为输入目标量子比特，光子在上面路径时量子态为 $|0\rangle$，下面路径时量子态为 $|1\rangle$，C_{out} 和 T_{out} 为相应输出。其中 1/3 反射分束器的实线一面的反射率为 1/3，表示每次一个光子在入射时有 2/3 的概率透射过去，另外有 1/3 的概率反射。由光路图可以看到，如果 $C_{\text{in}}=|0\rangle$，除了有一定概率丢失光子外，

目标输出态不受任何影响，即 $T_{out}=T_{in}$。而如果 $C_{in}=|1\rangle$，则目标量子比特和控制量子比特在中间的 1/3 反射分束器处将出现 HOM 干涉。由于是 1/3 反射，有一定的概率会出现一边一个光子的情况，这时两个光子全同不可区分，使得 T_{in} 做翻转，从 $T_m=\alpha\,|0\rangle+\beta\,|1\rangle$ 变为 $T_{out}=\beta\,|0\rangle+\alpha\,|1\rangle$。通过直接计算可知，总共有 1/9 的概率会出现 C_{out} 和 T_{out} 各自有一个光子输出的情况，此时的输出态正好满足 CNOT 门的要求。对于剩下的概率为 8/9 的失败的情况选择丢弃处理即可。

由于纠缠在量子信息过程与量子基础问题中的广泛应用，因此几乎所有量子实验平台都有各自的制备方法。此外还有许多重要的实验方案未能讨论，如核磁共振（nuclear magnetic resonance，NMR）、离子阱（ion trap）平台、氮空缺中心系统（NV 色心）、光晶格（optical lattices）系统及量子点（quantum dot）等。这些平台制备纠缠的方式各不相同，其技术难度、可扩展性及生成纠缠的品质也各有优劣，但都可以包括到这三类方法中，这里就不再一一列举了。下面我们来讨论纠缠态的一个非常有趣的应用——量子隐形传态（quantum teleportation）。

三、量子隐形传态

teleportation 一词由词根"遥远"（tele）和"传输"（port）组成，在物理文献中通常译作"隐形传送"，有时也译作"离物传送"。然而，它在物理学以外很早就被广泛使用了，包括一大类的涉及远距离的操控或感知的现象。例如，魔术中常出现的将一个大活人在一瞬间传送到另一个地方的表演通常被称作"瞬移"，或者是用于描述隔着很远的距离操纵魔术道具隔空取物的表演及所谓的双生子可以隔很远的空间感知对方的心理状态的心灵感应表演等。这类现象也经常出现在超自然主义、科幻小说及影视作品中。teleportation 的这种普遍性其实反映了我们对空间局域性本能的一种对抗。自然界中并没有这种瞬移、隔空操纵或心灵感应，因此它们也越发地令人着迷。最早可查的出现 teleport 一词的文章是在一张 1878 年澳大利亚的娱乐报纸《摩羯座》上。该文章的题目为"最近的新奇事儿"，里面有模有样地描述了一个"实验装置的发明"。

> 远距传输（teleport）装置可以将人分解为细小的原子，再通过一根缆线传输到另一端安全健康地重构出来。这个装置由一个强大的电池、一个大的金属盘子、一个钟形的大玻璃罩以及连接着许多缆线的铁皮漏斗构成。实验中，将一只小狗放在金属盘子上，通上强大的电流，不一会儿小狗就消失了，然后出现在线路的另一端悠闲地啃着骨头……电话和留声机开启了人们对电流的神奇利用方式，而它们还做不到这里的发明所描述的，因此就将这个发明叫作"远距传输机"。

这份娱乐报纸里的描述现在看起来非常幼稚，也不会真有人相信。但在当时，大众对电流并没有普遍的认识，电话和留声机对他们而言都是颇神奇的发明。当时电流在大众中已经有一定的应用但仍然带有神秘感，这样就很容易成为各种娱乐报纸、科幻作品、伪科学和超自然主义的宠儿。对远距传输概念最早进行分类与讨论的是以研究超自然现象著称的美国作家查尔斯·福特（Charles Fort）。1931 年，他在书中详细讨论了这类现象。他的书卖得很好，影响广泛，到现在仍在发行，影响了许多科幻小说家的创作。1966 年，《星际迷航》（Star Trek）系列电影开始播出，其中就直观地展现了这种"远距传输机"的工作。这些科幻作品进一步在大众中推广了远距传输或隐形传物的概念。电影中经常出现的一个桥段就是利用这个装置将宇航员从飞船里瞬间转移到别的星球上执行任务。

还是让我们回到主题，讨论物理学中真实存在的量子隐形传态。量子力学中一个与其相似的概念最早是由爱因斯坦提出的，他用 telepathically

一词表示量子力学中涉及的瞬时效应，即所谓的非局域性，并将其戏称为"心灵感应"。1993 年，查尔斯·亨利·班尼特（Charles Henry Bennett）等在《物理评论快报》上发表了一篇题为"通过经典与 EPR 双通道远距传输一个未知的量子态"的文章。他将这种远距离传输量子态的过程称为 teleportation，首次给出了量子隐形传态的理论方案，自此隐形传态才正式成为一个严肃的物理学概念。他们的这项工作在物理学界产生了深远的影响，文章引用量高达 6000 多次，被评为《物理评论快报》的里程碑工作之一。下面我们来详细讨论量子隐形传态的实现方案。

（一）量子隐形传态的实现方案

班尼特等考察了一个这样的任务：爱丽丝与鲍勃分隔两处，爱丽丝手上有一个未知的量子态 $|\phi\rangle = \alpha|0\rangle + \beta|1\rangle$，其中 $|\alpha|^2 + |\beta|^2 = 1$，$\alpha$ 和 β 是两个复数，它们的值未知。爱丽丝应当怎样将这个量子态告诉鲍勃呢？在经典的情况中，爱丽丝可以选择测量这个态然后告知鲍勃，但是在量子力学中通过一次测量是无法得知 α 值和 β 值的，而且测量后 $|\phi\rangle$ 的信息被破坏了。经典情况中还可以先复制出这个未知态再将其送给鲍勃，但由于量子不可克隆原理，这在量子力学中也是被禁止的。这个原理说的是，人们无法自造出一个可以复制任意未知量子态的仪器。于是，似乎唯一的平庸的办法就是爱丽丝直接将这个量子态送过去给鲍勃。然而班尼特等却找到了另一个出人意料的解决方案。在比较严格地讨论这个方案前，让我们先简略、直观地勾勒一下他们的巧妙办法。

他们注意到量子非局域性的一个特点：对纠缠态的爱丽丝一端进行操作将影响到鲍勃一端的量子态。换一种思路来看，这种对鲍勃一端量子态的影响是否也可以看成是爱丽丝远程地对鲍勃一端量子态的制备呢？如果能够合适地选择爱丽丝这边的操作，使得鲍勃手里的量子态变成 $|\phi\rangle$，这样不就相当于爱丽丝将 $|\phi\rangle$ 传递给鲍勃了吗？并且，这时爱丽丝手里原本

的 $|\phi\rangle$ 在操作后就不在了，从而并不违反量子不可克隆原理。同时，爱丽丝的操作也不是直接对 $|\phi\rangle$ 的测量，因此 α 和 β 的信息并没有被摧毁而是暗中传送到鲍勃一端了。这样，利用纠缠态的这种量子非局域特性，爱丽丝就巧妙地将鲍勃手里的量子态"变成"了 $|\phi\rangle$ 而不违反任何物理定律。一旦弄清了这个思路，剩下的问题就是给出具体的爱丽丝的量子操作的数学表述与鲍勃手中末态的推导了。

他们的方案如图 3-8 所示，横轴为时间，纵轴为位置。爱丽丝（A）拥有粒子 1，处在未知量子态 $|\phi_1\rangle = \alpha|0_1\rangle + \beta|1_1\rangle$ 上。爱丽丝想将 $|\phi_1\rangle$（即量子信息）传送到远方的男友鲍勃（B）处，但她并不是直接传送 $|\phi_1\rangle$ 的信息携带者粒子 1。取而代之的是，爱丽丝与鲍勃事先分别持有来自纠缠源的粒子 2 和粒子 3，亦即他们共享一对最大纠缠态。

$$|\psi_{23}^-\rangle = \frac{|0_2 1_3\rangle - |1_2 0_3\rangle}{\sqrt{2}} \tag{3-6}$$

式中的下标 2、3 表示特定的粒子。这时爱丽丝手中有粒子 1 和 2，鲍勃手里有粒子 3。量子隐形传态的过程如下。

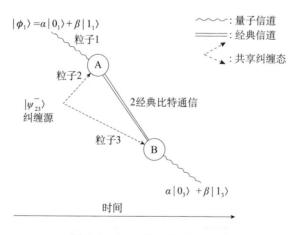

图 3-8　量子隐形传态示意图

第一步，爱丽丝对粒子 1 和粒子 2 实施所谓的贝尔基联合测量。贝尔基是指四维希尔伯特空间中的 4 个完备正交基。

$$|\psi^{\pm}\rangle = \frac{|01\rangle \pm |10\rangle}{\sqrt{2}} \qquad |\Phi^{\pm}\rangle = \frac{|00\rangle \pm |11\rangle}{\sqrt{2}}$$

对两个粒子的联合测量就是将它们的量子态向这四个完备正交基上投影，投影到每个基的概率为 1/4，即爱丽丝的测量结果应当有 1/4 的概率测得某个贝尔基。当然，每次测量只能测到其中的一个基。

第二步，无论爱丽丝测到哪个贝尔基，她都用两个比特的经典信息将测量结果经由经典信道传送给鲍勃。例如，他们可以约定经典比特 00 表示爱丽丝测得 $|\psi_{12}^{-}\rangle$，01 表示她测得 $|\psi_{12}^{+}\rangle$，10 和 11 分别表示测得 $|\Phi^{-}\rangle$ 和 $|\Phi^{+}\rangle$。

第三步，鲍勃收到这两个比特的信息后便可以确定爱丽丝测到的是哪个贝尔基，于是他便对粒子 3 实施相应的幺正变换，结果便会使粒子 3 处于粒子 1 原先的量子态上，即 $|\phi_3\rangle = \alpha|0_3\rangle + \beta|1_3\rangle$。

这里，如果爱丽丝的投影测量结果为 $|\psi_{12}^{-}\rangle$，那么鲍勃手中的粒子正好处在量子态 $|\phi_3\rangle = \alpha|0_3\rangle + \beta|1_3\rangle$ 上，这恰好就是爱丽丝想要发送给他的量子态。如果爱丽丝的投影测量结果为 $|\psi_{12}^{+}\rangle$，则鲍勃手中的粒子 3 的量子态变成 $\alpha|0_3\rangle + \beta|1_3\rangle$，这时鲍勃只要实施一个局域的幺正变换即可得到 $|\phi_3\rangle$。如果爱丽丝的投影结果为 $|\Phi^{\pm}\rangle$，则只要鲍勃实施类似的局域幺正变换都可以使得粒子 3 处于量子态 $|\phi_3\rangle$ 上。

如果感兴趣的话，对量子力学比较熟悉的读者也可以自己按照量子力学的语言将量子隐形传态的过程推导出来。这里是一个三粒子系统，初始时整个系统的量子态为。

$$|\Psi_{123}\rangle = |\phi_1\rangle|\Psi_{23}^{-}\rangle$$

$$= \alpha \frac{|0_1 0_2 1_3\rangle - |0_1 1_2 0_3\rangle}{\sqrt{2}} + \beta \frac{|1_1 0_2 1_3\rangle}{\sqrt{2}} - |1_1 1_2 0_3\rangle$$

$$= \frac{-|\Psi_{12}^{-}\rangle(\alpha|0_3\rangle + \beta|1_3\rangle) + |\Psi_{12}^{+}\rangle(-\alpha|0_3\rangle + \beta|1_3\rangle)}{\sqrt{2}}$$

$$\frac{+|\Phi_{12}^{-}\rangle(\alpha|1_3\rangle + \beta|0_3\rangle) \ |\Phi_{12}^{+}\rangle(\alpha|1_3\rangle + \beta|0_3\rangle)}{\sqrt{2}}$$

这个表达式将三个粒子的态 $|\Psi_{123}\rangle$ 按照粒子 1 和粒子 2 的四个贝尔完备正交基展开。当爱丽丝做一次粒子 1 和粒子 2 的贝尔基联合测量后，$|\Psi_{123}\rangle$ 便会坍缩到表达式右边四项中的某一项上。我们容易看到，对应于爱丽丝测量到的不同贝尔基 $\{|\Psi_{12}^{\pm}\rangle, |\Phi_{12}^{\pm}\rangle\}$，鲍勃的粒子 3 所处的量子态是不同的。但无论是哪种结果，他只要实施一个相应的局域幺正操作，就可以使得粒子 3 处在处于态 $|\phi_3\rangle$ 上。

关于量子隐形传态，有几点值得讨论。

首先，一个非常有趣的地方是，爱丽丝原来手里的态 $|\phi\rangle = \alpha|0\rangle + \beta|1\rangle$ 所包含的 α 和 β 的信息究竟是怎样传递到鲍勃手里的？因为爱丽丝和鲍勃之间并没有任何量子的通信，尽管他们之间共享了一对纠缠态，但是这对纠缠态不包含任何 α 和 β 的信息。爱丽丝真正给鲍勃的只是她的测量结果，即两个经典比特的通信。我们注意到和可以是任意的复数，一个复数包含的信息显然无法由两个经典比特传递。因此整个量子态的传递过程似乎是通过某种隐匿的方式完成的。单纯在量子力学的计算框架下来看，隐形传态并没有什么不清楚的地方，正如上面的推导所示是比较简单的，但在这个过程背后是否有某种更加深刻的原理仍然未知。2013 年，著名的弦论物理学家莱昂纳特·萨斯坝德（Leonard Susskind）和胡安·马尔达西那（Juan Maldacena）提出了 ER=EPR 的猜想。这里的 EPR 即我们熟悉的 EPR 纠缠态，ER 是指爱因斯坦 – 罗森桥（Einstein–Rosen bridge），即广义相对论场方程的一种特殊解，也称作虫洞[①]。萨斯坝德和马尔达西那猜测，可以找到某种特殊的 ER 桥解，它在功能上完全等价于最大纠缠态。这样在量子隐形传态的过程中，α 和 β 的信息实际是通过虫洞传递的。这个问题暂时还没有完全解决，但由于其联系了量子力学与广义相对论最基础的领域，近年来吸引了不少研究者的注意。

---

① 爱因斯坦和罗森同样是在 1935 年提出了虫洞的概念，虫洞不允许实的粒子穿过。

其次，值得注意的地方是，隐形传态过程完成后，爱丽丝手里并没有原来的态 $|\phi_1\rangle$ 了，否则将违反不可克隆原理。与贝尔不等式实验类似的是，隐形传态也体现了一种空间非局域性，即通过爱丽丝一端的测量使得鲍勃手中的态发生"瞬间"改变；与贝尔不等式不同的是，爱丽丝做的是两个粒子的联合测量，目标是非局域地制备鲍勃的态而不是比对某种关联。

最后，值得一提的是，整个量子隐形传态的过程并不能超光速地完成。如果鲍勃想要确定地获得爱丽丝手中的态 $|\phi_1\rangle$，那么他就必须等待爱丽丝告知她的测量结果，从而依据爱丽丝的测量结果做相应的幺正变换，这个经典通信的过程是无法超光速完成的。不过有趣的是，爱丽丝的测量结果有 1/4 的概率恰好是 $|\psi_{12}^-\rangle$，这时鲍勃不需要做任何操作就"瞬间"获得了 $|\phi_1\rangle$。尽管如此，但若爱丽丝不告诉鲍勃的话，他本人并不知道自己手上的态已经是 $|\phi_1\rangle$ 了。

（二）量子隐形传态的实验

最早（1998 年）通过实验演示量子隐形传态的是达尼洛·博斯基（Danilo Boschi）等。他们在量子光学平台上利用偏振编码展示了光子的线性偏振态及椭圆偏振态的隐形传态。2004 年，维也纳大学的鲁珀特·乌尔辛（Rupert Ursin）等首次实现了远距离的隐形传态，同样是利用光子的偏振编码将一个光子的偏振态从多瑙河一边的一个实验室里隐形传输到河对岸的另一个实验室里，跨度达 600 米。他们将一根 800 米长的单模光纤安装在一条横跨多瑙河的公共管道中作为共享纠缠态的量子信道，然后通过微波波段的无线电实现了经典通信，最终完成了 97% 的高保真度量子隐形传态。2015 年，维也纳大学的安东·塞林格（Anton Zeilinger）小组在加那利群岛（Canary Islands）的两个岛屿间实现了 143 千米自由空间中的远距离量子隐形传态，保真度为 71%。

除了有光子态的隐形传态实验成功，也有实物粒子态的隐形传态实验成功。2004 年，有两个实验小组几乎同时实现了离子的量子态隐形传态。一个是奥地利因斯布鲁克大学的赖纳·布拉特（Rainer Blatt）实验小组。他们利用离子阱束缚钙离子，实现了 75% 保真度的量子隐形传态。另一个是美国国家标准与技术研究所的瓦恩兰小组。他们演示的是铍离子量子态的隐形传态，保真度为 78%。在原子系统中，由哥本哈根大学的波尔齐克（Eugene S. Polzik）小组于 2013 年利用磁光阱束缚铷原子首次实现原子量子态隐形传态。2014 年，耶鲁大学汉森的实验团队利用 NV 色心体系实现了电子量子态的隐形传态。

前面这些实验，无论是光学平台还是实物粒子平台，研究的都是单一自由度下的量子隐形传态，即只是传输了粒子某个性质的状态。我们知道，通常粒子是不止有一个自由度的。以光子为例，除了偏振状态外，它的轨道角动量也可以作为量子态来传输。这种多自由度的隐形传态就需要多自由度的纠缠源才能实现，多自由度纠缠也称作"超纠缠"（hyperentanglement）。在理论上，多自由度隐形传态与单一自由度下的量子隐形传态类似，但在实验上要实现起来比较困难，光子的偏振态和轨道角动量态同时隐形传态的实验直到 2015 年才由中国科学技术大学的陆朝阳实验团队实现，然而保真度还比较低，只有 57%～68%。

四、量子技术能否将人瞬间转移

前面讨论了许多量子隐形传态的理论与实验，下面我们来探讨一个比较轻松有趣的问题：利用量子技术，能不能像科幻电影中那样将人瞬间传送到别的星球呢？对这个问题，要找到一个比较可信的结论，就需要逐一理清楚下面几个问题。

首先是粒子全同性原理。在经典物理中，原则上任何两个事物都是可区分的，没有两片一模一样的树叶。但是在量子力学中，所有相同种类的粒子都是全同的，唯一不同的是它们的量子态。如果同种类的两个粒子的量子态也相同，则二者完全不可区分。因此在量子隐形传态过程中，如果将一个粒子全部的量子态复现在另一个粒子上，则可以认为是将原来的粒子转移到另一处了。尽管实际上爱丽丝手上的两个粒子还在她这一端，但只要隐形传态后鲍勃手里确实是对应的量子态，则可以认为是原来的粒子被转移了，因为对一个粒子的同一性的界定只由它的量子态来决定。

这就涉及"全自由度量子隐形传态"的问题。但是仅仅多自由度的隐形传态是不够的，只要有一个性质没有被传送过去，就不满足全同性原理的要求，就不能认为是将粒子转移了过去而仅仅是它的部分量子态被转移了过去。目前，技术上还远远无法达到全自由度隐形传态的要求。而且多自由度隐形传态也只在光子系统中有所演示，而像人这样的一个物体显然主要是由原子、分子这样的实物粒子构成的。单从理论上来说，原子的全自由度量子隐形传态也是有可能实现的，不过就算一切顺利，和电影中显示的瞬间转移也会有所不同。在电影里，飞船上的宇航员传输后会消失不见，然后出现在外星球上，而且外星球也不需要一个实验室，而实际的量子隐形传态对应的会如图3-9所示。如果要把宇航员传送到外星球，首先要在飞船和星球间共享一对巨大的超纠缠态。这个态几乎和他本人一样。然后在飞船上对宇航员和超纠缠态的一端做联合测量，将巨大数据量的测量结果传送到外星球上的实验室，再做相应的操作后，外星球上将得到宇航员本人。但和电影里不同，飞船上的宇航员的躯体会仍然存在。怎样对阿伏伽德罗常数量级的粒子同时做联合测量是一个无法想象的事情，实际上要生成一对这样巨大的超纠缠态本身就是天方夜谭。

除了技术上无法企及的困难外，在理论上仍留有不清楚的地方。在上面的讨论中，我们只是想当然地将微观情况下的量子隐形传态简单地外

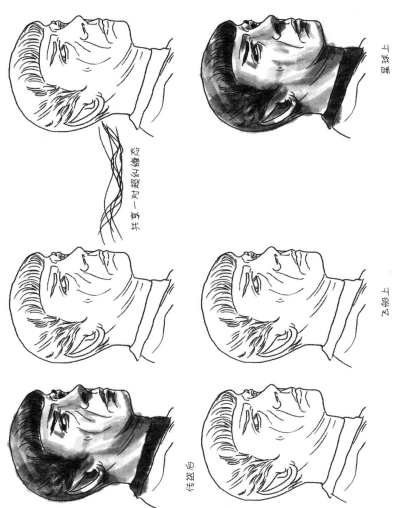

传送前　　　　　　飞船上　　　　　　共享一对超纠缠态

传送后　　　　　　星球上

图 3-9　将宇航员量子隐形传输

推到宏观物体，但实际上并不清楚这种从微观到宏观的外推是否在理论上合理。理论上能否生成宏观纠缠态仍然没有一个公认的结论，甚至不确定量子力学中有没有微观和宏观的界线。如果有，那么它究竟在哪里，这样的问题都没有一致的答案。例如，支持引力自发导致量子态退相干的一方［如罗杰·彭罗斯（Roger Penrose）］会认为存在这样的界线，只是我们还没有一个好的量子引力理论来描述它。这样，宇航员应该是超过了这个界线，从而可能原则上就不能将他隐形传态。而支持多量子力学世界解释的一方［如多伊奇（David Elieser Deutsch）］就认为没有所谓的微观和宏观的界线，这样微观量子力学所有可行的方案原则上在宏观物体上也可以实现。

　　总之，将宏观物体隐形传态的想法不但在技术上面临无法企及的困难，单在理论上也有不清楚的地方。更严重的是，人不仅是宏观物体，而且也是活的生物体，其生命、情感等能采用“量子态”来描述吗？迄今的答案是否定的。因此，即使能实现宏观物体的隐形传送，充其量也只能传送木乃伊之类无生命的客体，而且量子世界绝不允许超光速地传送任何信息。想要瞬间将人转移到别的星球仅仅是神话而已。我们在接下来的一章将讨论量子力学中一个最基本的概念，叠加态的相干性以及消相干问题，并进一步讨论与其相关的微观和宏观的界线问题。

第四章

薛定谔猫究竟是怎么死亡的

当我们不去看的时候，月亮还在那里吗？我们没打开盒子的时候，猫的死活是确定的吗？ ①

——阿尔伯特·爱因斯坦

一、薛定谔猫佯谬

  1935 年 11 月，一只神奇的小猫诞生于薛定谔的一个思想实验中。八十几年来，关于这只小猫的生死状态不仅激发了无数物理学家的专业研究，也引起了普通民众的兴趣。如今，薛定谔猫（图 4-1）不仅局限于一个物理学思想实验的概念，而是成了一种文化符号而广泛地出现在各种文学作品、歌曲、电影、动漫甚至游戏中。一般而言，当提到物理学家薛定谔时，大众往往首先想到的就是薛定谔猫。然而实际上，从 1935 年薛定谔提出自己的思想实验直到 1961 年去世，薛定谔猫在物理学界都很少被认真讨论，大众对其更是闻所未闻。在将"薛定谔猫"作为物理专属名称讨论前，让我们先简单地介绍一下这个概念是怎样在大众文化中流传开并逐渐变成今天的样子的。

  促使薛定谔猫在大众文化中流行起来有两个重要的人，一个是著名的匈牙利理论物理学家与数学家尤金·保罗·维格纳（Eugene Paul Wigner），他在基本粒子物理领域的贡献是众所周知的，由此他获得了 1963 年的诺

---

① 据亚伯拉罕·派斯（Abraham Pais）回忆，在一次共同散步时，爱因斯坦突然停下来如此问道。

图 4-1 薛定谔猫示意图

贝尔物理学奖。而就在获奖的同一年，他还做了一件相较于他的其他工作而言不那么起眼的事情，就是仔细考察了薛定谔猫佯谬并且给出了一个变形的版本，即后来被称为"维格纳的朋友"的思想实验，我们在后面会详细地介绍这个思想实验。维格纳的工作将薛定谔猫思想实验推广给更多的物理学家，从而使这只小猫不再局限于薛定谔与爱因斯坦等的讨论之中。在物理学界以外首先注意到薛定谔猫的是当时在哈佛大学任教的哲学家希拉里·怀特哈尔·普特南[①]（Hilary Whitehall Putnam）。1965年，他注意到魏格纳的工作，于是从哲学角度考察了薛定谔猫佯谬，并将其写入《哲学家眼中的量子力学》。《科学美国人》（*Scientific American*）杂志为此写了一篇书评。这篇书评第一次在大众媒体上提到薛定谔猫佯谬，自此薛定谔猫正式进入公众视野，开始在大众文化中广泛传播。1979年，美国科幻小说家罗伯特·查尔斯·威尔逊（Robert Charles Wilson）发表长篇科幻小说《薛定谔猫三部曲》，并于1982年在《芝加哥读者》（*Chicago Reader*）的一个问答专栏上刊登了一首介绍薛定谔猫的诗。

> 亲爱的塞西尔，你是我最后的希望了，
> 来弄清楚这真实的情况究竟为何。
> 我读到薛定谔的猫，
> 它与我家的猫全然不同。
> 这非比寻常的小家伙呀，
> 既生又死。
> 我困惑不已，它为何不是确定无疑的，
> 要么生要么死？
> 而今，我的未来也系于本征态之间，

---

① 美国分析哲学家与数学家，"缸中大脑"思想实验的提出者。

或是醍醐灌顶，或是迷惑不解。

亲爱的塞西尔，你若明白，

就请将我的心魂从这量子衰变中解救吧！

若是这诡谲也能把你迷惑，

那就让我们既在也不在薛定谔的动物园相会吧！

塞西尔是这个专栏虚构的答题者。该专栏现在仍在出版，现任编辑是 **Ed Zotti**，并且由于《芝加哥读者》的影响力，薛定谔猫在大众中得到进一步传播。相比于在其他专业领域诞生的动物们，如巴普洛夫的狗、洛伦茨的蝴蝶、斐波那契的兔子与布尔丹的驴子，薛定谔猫在大众中享有更高的知名度。薛定谔猫在大众文化中的这种流行反过来也影响到物理学界的用词习惯，物理学家们开始越来越多地将宏观叠加态与介观叠加态乃至一般的多粒子叠加态都称为"薛定谔猫态"。下面我们从物理学的角度来看看薛定谔是怎样构造出这只闻名世界的小猫的。

（一）薛定谔猫的诞生

薛定谔猫的诞生最早可以追溯到量子力学波动方程的建立。从 1926 年 1 月底开始，当时任职于苏黎世大学的薛定谔在《物理学年鉴》上接连发表 4 篇文章，题目为"将量子化作为本征值问题"。在这组文章中，薛定谔为量子力学波函数给出了随时间演化的波动方程，即后来人们所熟知的薛定谔方程。实际上，他在这组文章中不仅给出了波函数的演化方程，还尝试对波函数的意义给出解释。他将量子力学波函数视为一种物质波，将量子理论解释为一种经典的波动理论。在他看来，物理实在是由波构成的，并且只有波。在第四篇《将量子化作为本征值问题》文章中，薛定谔将 $e\psi \cdot \psi$ 解释为电子波的电荷密度（这里的 e 是元电荷单位）。他发现："若系统只激发一种固有振动或者只激发属于同一本征值的几种固有振动，则其电流分布是恒定的……在某种意义上说，人们又回到了原子的静电和静磁模型。于是一个处于正常状态的系统不发射任何辐射这个事实就得到异常简单的解答。"我们现在知道，薛定谔的这种物质波的解释是行不通的。在当时，这种物质波的解释所遇到的困难很快就被亨德里克·安东·洛伦兹（Hendrik Antoon Lorentz）指出来了，他在同年 5 月致信薛定谔，指出物质波解释的两个困难。首先是根据波动方程，代表一个粒子的波包"绝不能长期保持在一起并限定在一个小体积中"。另一个更大的困难是通常 ψ 并不是三维实空间中的波。洛伦兹直言，就单粒子而言，他更倾向波动力学而非矩阵力学，因为它有"更好的直观清晰性"，"但是，若是有更多的自由度，那么我就不能给予这些波和振动以物理的诠释了，我就必须支持矩阵力学"。[①] 尽管物质波的解释失败了，但薛定谔始终坚持物理理论应当为物理实在提供一个朴素的解释，这点与爱因斯坦不谋而合，而与玻尔与海森堡等倾向于操作主义而不提物理实在的解释完全相反。这也为日后他与哥本哈根解释的冲突埋下了伏笔。而薛定谔猫正是在这种冲突下诞生的。

就在薛定谔这组文章的最后一篇文章发表后不久，玻恩发表了一篇只有五页的论文，题为"论碰撞过程的量子力学"。这篇文章首次给出了波函数的早期概率解释。在玻恩看来，薛定谔给出的形式体系是优雅的，但他的物质波的解释是站不住脚的。玻恩随后接连发表了两篇相关工作的文章，进一步阐明了他的统计诠释，并论述到波动力学并不对"碰撞之后的精确状态是什么"给出回答，而只是回答了"碰撞之后处于某一确定状态的概率是多少？"的问题。关于这种基础物理中深刻的概然性与因果性的关系，玻恩论述道："粒子的运动遵循概率定律，但概率本身则按因果律传播。"玻恩早期的概率诠释仍然将粒子视为经典粒子，这点后来才被修

[①] 马克思·雅默 . 量子力学的哲学 . 秦克诚，译 . 北京：商务印书馆，1989：50.

正。我们知道，修正后的玻恩概率诠释被吸收成哥本哈根诠释的重要组成部分之一，因此玻恩的工作虽然补救了薛定谔的波动力学，但却摧毁了他的物质波诠释。然而，薛定谔对玻恩的概率诠释深感不安。他曾直言："我不喜欢它（概率诠释），真不该和这个有什么关系。"这种冲突在1926年9月薛定谔访问哥本哈根时被进一步公开，海森堡后来在"量子力学诠释的发展"一文中记录了当时薛定谔与玻尔的争论。薛定谔在争论结束时大声说道："如果真有这些该死的量子跳变，我真后悔不该卷入量子理论中来。"玻尔却对此回答说："但是我们旁人都极为感激你曾经卷入过，因为你为发展这个理论做了这样大的贡献。"

将薛定谔与哥本哈根诠释之间的冲突推向顶点的是1932年冯·诺依曼出版的《量子力学的数学基础》（*Mathematical Foundations of Quantum Mechanics*）一书。冯·诺依曼在该书的最后一章"测量过程"中明确强调了观察者在测量过程中的重要性，将测量分成两种类型的过程。首先是类型2过程，被测量的量子系统与测量仪器产生作用。这时，根据薛定谔方程，系统将与仪器纠缠，这个过程是可以通过量子力学来描述的，而且也是可逆的。然而，一个完整的测量必须包括类型1的过程，即观察者对仪器结果的感知。这种感知是无法由量子力学描述的，也是不可逆的。根据冯·诺依曼的解释，从类型2向类型1的转换必须有观察者意识的参与，但他并没有说明意识究竟是怎样使一类物理过程变成另一类物理过程的。在冯·诺依曼之前，玻尔与海森堡等很少将测量过程说得清清楚楚，因此反对者也就无法对其进行明确攻击。而冯·诺依曼的这本书不仅在形式上以及诠释上集合了哥本哈根学派的精髓，而且不同于玻尔一贯的模棱两可风格，该书被冯·诺依曼写得清楚易懂：一个量子系统在测量前按照薛定谔方程演化，通常会处在叠加态，当且仅当它被测量时，将按照玻恩的概率法则随机塌缩到相应的本征态上，而且界定一个物理过程是否可以称之为测量的是观察者的存在。正是薛定谔对冯·诺依曼给出的测量解释的不满，促使他提出了薛定谔猫佯谬。最后，薛定谔猫的提出需要的只是一个契机。

这个契机正是 1935 年的 EPR 佯谬。在 EPR 工作被提出后，薛定谔与爱因斯坦有频繁的书信往来。前面曾经提到，在这些书信中，爱因斯坦曾让薛定谔考察一个不稳定的火药桶。按照量子力学的哥本哈根诠释，火药桶经过一段时间的演化后将处在爆炸与未爆炸的叠加状态，这在爱因斯坦看来是荒谬的。爱因斯坦和薛定谔都认为物理实在存在确定无疑的状态，这些状态可以明确地被区分并且是无法叠加的，正如爆炸与不爆炸是非此即彼，没有中间状态的。爱因斯坦给出的比喻是，是否爆炸的火药桶可能与当时风雨飘摇的时局不无关系。爱因斯坦一直关心着欧洲的局势，也积极地参与社会活动。在他看来，当时的欧洲如同一个不稳定的火药桶，时刻有爆炸的可能，而薛定谔给出的比喻却是猫的生死状态，这可能与薛定谔向来对生命的思考有关。他后来出版的《生命是什么》(*What is Life*) 一书讨论了生命体的负熵及遗传分子的概念，被认为是分子生物学的先导。发现 DNA[①] 双螺旋结构的詹姆斯·沃森（James Watson）与弗朗西斯·克里克（Francis Crick）都表示曾受到薛定谔的启发。根据美国公共广播协会（Public Broadcasting Service，PBS）的文件及罗宾斯（H. Robbins）的一首诗，当时客居牛津的薛定谔可能的确饲养了一只名为"弥尔顿"（Milton）的小猫。

终于，在 1935 年底回应 EPR 问题的文章《量子力学当前的状态》中，薛定谔提出了一个 EPR 论证的反对量子力学完备性命题的论证。即根据所谓的"态区分原理"（principle of state distinction），"无论是否对它进行观测，都可以通过一次宏观观测来辨别一个宏观系统的各个态是互不相同的"。薛定谔认为，量子力学对宏观物体物理实在的描述是不完备的。他

---

① 脱氧核糖核酸，deoxyribonucleic acid。

在文章的第五节末尾用一个具体、直观的思想实验说明了这一点，这就是后来众所周知的薛定谔猫：

> 人们甚至可以构造出一个相当荒谬的案例。把一只猫关在一个封闭的铁盒子里，并且装上以下设备（注意必须确保这些设备不被容器中的猫直接干扰）：在一台盖革计数器内置入极少量的放射性物质，在一个小时内，这个放射性物质至少有一个原子衰变的概率为50%，没有任何原子衰变的概率也同样为50%；假若衰变事件发生了，则盖革计数管会放电，通过继电器启动一个锤子，锤子会打破装有氰化氢的烧瓶。一个小时后，假若没有发生衰变事件，则猫仍旧存活；否则发生衰变，这套机构被触发，氰化氢挥发，导致猫随即死亡。然而用以描述整个事件的波函数竟然表达出活猫与死猫各半叠加在一起的状态。

这个思想实验用量子力学的形式表述就是：开始的时候，整个系统处于 $|未衰变\rangle|活猫\rangle$ 的量子态，依据实验的设定，经过一个小时的演化后系统的量子态变成了 $\dfrac{|未衰变\rangle|活猫\rangle+|衰变\rangle|死猫\rangle}{\sqrt{2}}$。这时的猫既不是死猫也不是活猫，而是处于死与活的叠加状态，这种叠加状态的猫就是所谓的薛定谔猫。

关于薛定谔猫的思想实验，有几点值得注意。首先是关于封闭的盒子这个设定并不是随意的，薛定谔在这里要求的其实是猫和放射源以及其他装置构成一个封闭的孤立系统。只有这样，整个体系才是按照薛定谔方程演化的，从而使得整个系统在一个小时后处在叠加态。在现实中，将一个猫那样大小的宏观物体与环境完全隔离开在实验上几乎是不可能的。另外，在这个思想实验中，关于猫的状态并不是因为缺少信息而不知道它的生死。将一个骰子放入骰盅里摇晃，在打开骰盅前，人们也会说不知道骰子是几点，骰盅里一个经典的骰子不知道几点是因为缺少信息，而一只薛定谔猫不知道生死却是因为它就处在生与死的叠加态上。按照实验设定，人们在测量前对整个系统的状态是完全清楚的——是一个量子纯态。根据量子力学，在观察前，薛定谔猫并非因为信息缺失而不知其生死，而是清楚地知道它处在一个生与死的叠加态上。

在薛定谔看来，量子力学从原则上允许这种荒谬的叠加态存在正好反映了它内在的问题，说明量子力学还不是描述物理实在最根本的原理。按照薛定谔的观点，这种宏观的叠加态是不能存在的。那么随之而来的一个尖锐的问题是：一个系统从什么时候开始不再处于两种不同量子态共同组成的叠加态，转而塌缩为其中的一种？由于薛定谔方程的线性性质，它并不能导致这种叠加态的自动塌缩，而只能展示叠加态随着时间演化的结果。一个量子系统什么时候开始不再是几个量子态的线性叠加，转而开始拥有唯一的经典描述？或者说，量子世界与经典世界的界线在哪里？薛定谔以这些问题为依据来说明量子力学的不完备性。尽管薛定谔猫佯谬与EPR 佯谬密切相关且都质疑了量子力学的完备性，但它们各自考察的角度不同。在 EPR 佯谬中，爱因斯坦抓住的是局域实在性与量子力学的冲突；而在薛定谔猫佯谬中，薛定谔抓住的是宏观实在性与量子力学的冲突。

爱因斯坦对薛定谔的这篇文章颇为赞赏。当 EPR 的工作受到各种攻击时，薛定谔的支持对爱因斯坦来说无疑是很欣慰的。更加重要的是，与爱因斯坦一样，薛定谔强调物理定律应该为物理实在的状态给出确定而完备的描述。1950 年 12 月 22 日，爱因斯坦在一封寄给薛定谔的信件里写道：

> 只要一个人抱着诚实的科学态度，就无法回避实在这个前提。在当今物理学家中，除了马克思·冯·劳厄（Max von Laue）以外，只有你看到了这点。大多数人不知道，他们正在同实在——作为某种与实验无关而独立存在的实在——玩着多么危险的游戏。他们或多或少

相信：量子理论提供了一种关于实在的描述，甚至还是一种完备的描述。但是，你放在箱子里的放射性物质＋放大器＋火药＋猫这样一个体系却巧妙地反驳了这种观点。这个系统的波函数既表现出生机蓬勃的猫，又表现出血肉模糊的猫。猫的状态是不是只是某个物理学家在某个时刻观察情况时才创造出来的呢？实际上，谁也不怀疑猫的存在与否与观察这个动作无关。这样一来，用波函数所做的描述就肯定是不完备的了，而一个完备的描述必定是存在的呀！如果人们在原则上把量子力学看成是最后完成了的，那么人们就必须相信，完备的描述是没有什么意义的，因为并无任何可供描述的规律。要真是这样，那么，物理学就只能引起零售商和工程师的兴趣。这一切不过是一种可怜而拙劣的工作。"[①]

在这封信中，爱因斯坦提到他仍然记得薛定谔 15 年前的工作，尽管他将薛定谔的思想实验里氰化氢的设定和自己炸药桶的设定弄混了，但是在所讨论的物理问题上并没有任何区别。

（二）人造薛定谔猫的实验

尽管有爱因斯坦的支持，但薛定谔提出的宏观"态区分原理"以及薛定谔猫佯谬在很长一段时间内都无人问津。这一方面是由于当时哥本哈根诠释在物理学界占据主导地位，即重要的是利用量子力学来进行计算，是对实验结果的预测而不是爱因斯坦与薛定谔所要求的对物理实在的描述。另外一个重要原因是，在当时，宏观叠加态的设想根本不可能在实验上制备出来。薛定谔猫的这种情况同当时 EPR 佯谬遇到的情况类似，无法基

[①] 爱因斯坦.爱因斯坦文集.第一卷.许良英，范岱年编译.北京：商务印书馆：第 516 页（实在和完备性的描述）。

于实验结果进行讨论，而只是局限在思想实验的思辨中。相比于 80 年前，现在的实验技术已经有了巨大的进步，制备的量子叠加态的尺度越来越大，相干时间也越来越长。无论是否涉及薛定谔猫佯谬，在实验上实现更多粒子更大尺度上的量子态制备与操控本身就在量子力学基础问题与应用上具有重要意义，研究人员在各种不同的实验系统中实现薛定谔猫态的制备与操控。

1996 年，克里斯多夫·门罗（Christopher Monroe）与瓦恩兰等在《科学》（Science）上发表题为"原子的薛定谔猫叠加态"的文章。他们将 $^9\text{Be}^+$ 离子激光冷却到基态，然后制备出不同空间位置下的叠加态 $\dfrac{|x_1\rangle|\uparrow\rangle+|x_2\rangle|\downarrow\rangle}{\sqrt{2}}$。其中，$|\uparrow\rangle$、$|\downarrow\rangle$ 则是原子的两种不同内态，相当于薛定谔思想实验里的放射性物质的衰变与未衰变的状态；$|x_1\rangle$、$|x_2\rangle$ 是原子对应波包位置的量子态，相当于薛定谔思想实验里的猫，两处空间相距达 80 纳米，距离上达到介观量级，远大于单个波包的尺寸（7 纳米）以及原子的尺寸（0.1 纳米）。同年，米歇尔·布鲁内（Michel Brune）和阿罗什等利用微波腔束缚铷原子，制备出原子与经典微波电磁场的纠缠态 $\dfrac{|e\rangle|\alpha e^{i\phi}\rangle+|g\rangle|\alpha e^{-i\phi}\rangle}{\sqrt{2}}$。其中，$|e\rangle$ 和 $|g\rangle$ 分别为铷原子的基态和激发态，$|\alpha e^{i\phi}\rangle$ 和 $|\alpha e^{-i\phi}\rangle$ 是经典微波电磁场对应的态，相当于薛定谔猫。因为对能够度量和操控个体量子系统的突破性实验方法的贡献，阿罗什与瓦恩兰共同获得了 2012 年的诺贝尔物理学奖。

在光学系统中，弗朗西斯科·德·马提尼（Francesco De Martini）于 1998 年提出了利用量子注入光学参量放大器（quantum-injected optical parametric amplifier）的方案实现经典光可区分态的叠加。如图 4-2 所示，其中 OPA 为光学参量放大器，它将三个光场模式 k_1、k_2、k_p 耦合起来，SPDC 为实现自发参量下转换的晶体，通过它出射的光场 k_1 作为量子

注入源，通过振幅放大后的光场 k_2 的魏格纳函数为负，实现了经典光的叠加。2006 年，乌尔久姆塞夫（Ourjoumtsev）等在《科学》上发表《为量子信息过程制备光学薛定谔小猫》，利用光学参量放大器在实验上实现了两经典相干光的叠加态的制备，$|\psi\rangle = c(|\alpha\rangle - |-\alpha\rangle)$，其中 $|\alpha\rangle$ 和 $|-\alpha\rangle$ 为经典相干光。由于实验中制备的光场的平均光子数 $|\alpha|^2$ 比较小（约为 0.8 个光子），他们将其称为"薛定谔小猫"（Schrödinger kitten）。2007 年，乌尔久姆塞夫等使得这只小猫进一步变大，在《自然》（*Nature*）发表《利用光子数态制备光学薛定谔猫》一文，这只光子猫的平均光子数达到 $|\alpha|^2 = 9.5$。

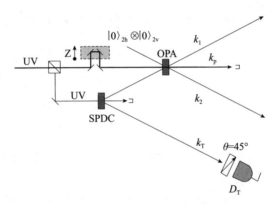

图 4-2　利用光学参量放大器制备薛定谔猫

2000 年，弗里德曼等在《自然》上发表题为"宏观可区分态的量子叠加"的文章。他们在超导量子干涉仪（superconducting quantum interference device，SQUID）上实现了两种不同磁通量状态的量子叠加。这两种磁通量状态分别对应于微安量级的顺时针和逆时针电流产生的磁通量。从 SQUID 的构造来看，实现量子叠加的是 10^9 量级的电子库珀对的运动状态。

宏观量子态实验制备方面的另一个重要进展是 2010 年欧康纳（A. D. O'Connell）等的工作。如图 4-3 所示，他们首先利用半导体工艺制造了一个 10 微米量级的"量子鼓",即在二氧化硅基底上自造出一个两层铝薄膜夹一层氮化铝的三明治结构。其中两层铝薄膜作为电极,中间的氮化铝作为压电材料,厚度与两极间的电压相关。在实验中,他们将这个"量子鼓"冷却到量子基态,其平均声子数小于 0.07,并且成功地将其与另一个超导量子比特耦合起来。通常而言,介观尺度介于纳米到微米量级,而欧康纳等制备出的"量子鼓"尺度达到几十微米量级,因此已经进入宏观领域了。

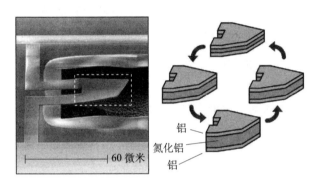

图 4-3　电子显微镜下的"量子鼓"

二、哥本哈根学派：量子测量导致波包塌缩是"猫"的死因

下面我们来讨论哥本哈根学派是怎样解释薛定谔猫的死亡的。尽管"哥本哈根诠释"一词经常被提及,但是究竟什么是哥本哈根诠释并没有一个简洁公认的表述,甚至哥本哈根学派最重要的两位缔造者——玻尔和海森堡对量子力学的诠释都有分歧,并且玻尔在不同时期对互补原理等量子力学的解释也有所不同。人们在通常的语境下提到哥本哈根诠释往往是指包括玻尔的对应法则、互补原理,海森堡不确定性原理以及玻恩的波函数投影测量的概率诠释在内的一个预言实验结果的"计算工具包"。用大

卫·默明（David Mermin）的话来说，所谓的哥本哈根诠释就是"闭上嘴计算"。

具体到玻尔与海森堡之间的分歧，玻尔强调的是，在一个真实的物理过程中，人们对一个物理系统所能获取的知识不可避免地受到互补原理的约束。他认为，海森堡对量子力学的解释过于主观化。玻尔反对海森堡将实验结果看成是由观察者所引起的。玻尔在《原子物理与人类知识》一书中写道："显然，观察者并不能根据其所安排的条件来影响到可能出现的事件。"而包括海森堡在内，随后的冯·诺依曼、魏格纳与惠勒等则更多地强调量子力学中涉及的主观性。由于这种解释上的分歧的存在，对于薛定谔猫的"死因"下面分别给出几种不同的可能回应。

（一）玻尔的可能回应

由于薛定谔猫在当时并没有引起广泛的兴趣，因此玻尔并没有直接针对这个思想实验给出回应。然而，根据玻尔对量子力学问题的一般论述，哥本哈根大学研究自然哲学与科学史的贾恩·费耶（J. Faye）认为："对于玻尔而言，薛定谔猫佯谬对量子力学并不构成任何威胁，包括盖革计数器在内的联动装置已经可以作为一个测量仪器了，无论是否有观察者的观测，在打开盒子之前猫已经处在或者生或者死的经典状态了。"这种回应的一个问题是：盖革计数器与联动装置本身也是由原子、分子等微观粒子构成的，为什么它们不是和所测量的放射性原子一同演化到叠加态中呢？尤其是，玻尔经常将明显的宏观物体完全按照量子力学来描述。例如，他在第五届索尔维会议上与爱因斯坦争论时就将宏观的可动光栅按量子力学来处理，那么在薛定谔猫佯谬中的盖革计数器与联动装置为什么不能这样处理呢？对此，普特南在《哲学家眼中的量子力学》中指出了当时的另一种普遍观点："必须承认，大多数物理学家并不因薛定谔猫案例而烦恼。他们的立场是，猫是否被电死本身也应被看成是一次测量。于是在他们看来，波包塌缩就发生在猫感受到或者没感受到电流击中它的身体的震颤的时刻。"在普特南的薛定谔猫版本里，猫不是被毒死或炸死的，而是被电死的，这里并没有影响。对于这种回应，所面临的困难也类似，因为猫也是由大量微观粒子构成的，为什么它不能和放射性原子、盖革计数器以及联动装置一起按照薛定谔方程演化到叠加态呢？如果猫不能按照薛定谔方程演化到叠加态，正说明量子力学无法恰当地描述宏观物理实在。对于这种回应，薛定谔在构造他的思想实验前就预料到了，这种回应并不能解决薛定谔猫佯谬带来的问题。在他看来，存在宏观上不可叠加的确定状态——如生与死——这个事实，是与量子力学可以给出包括宏观物体在内的完备描述相矛盾的。如果坚持量子力学对宏观物理实在的描述是完备的，就必须从原则上认可任何宏观可区分的状态，生死、爆炸与未爆炸等都可以制备到叠加态上。

（二）冯·诺依曼与魏格纳的回应

冯·诺依曼在《量子力学的数学基础》一书中明确地指出了观察者在测量中的重要性。一个完整的测量过程必须包括观察者对仪器结果的感知。魏格纳给出了一个薛定谔猫佯谬的变体版本来说明这种感知的重要性。即后来被称为"魏格纳的朋友"的思想实验。假设魏格纳的朋友 F 在一间密闭的实验室里做薛定谔猫佯谬实验，而魏格纳待在实验室外面。当他的朋友打开关着猫的盒子时，如果看到猫活着，F 就感到高兴，反之，看到死猫的 F 会感到难过。魏格纳的问题是：在他打开实验室的门之前，他的朋友 F 和猫是否处在叠加态 $\dfrac{|F开心\rangle|活猫\rangle+|F难过\rangle|死猫\rangle}{\sqrt{2}}$ ？魏格纳认为并不会，原因是他的朋友是具有意识的，而具有意识的 F 的开心与难过的状态是不能叠加的。只要 F 打开关猫的盒子，实验室里的整个量子态就塌缩到确定的状态，尽管在实验室外的魏格纳并不知道这个状态，但

该状态依然是确定的。魏格纳论述道:"如果原子换成一个有意识的生物,(叠加态的)波函数就显得荒谬了,因为它意味着我的朋友在回答我的问题之前处于不省人事的状态。由此可见,有意识的生物在量子力学中的作用与无生命的测量装置是不同的。"

冯·诺依曼与魏格纳的这种解释也称为"意识导致波函数塌缩",具有明显的主观性。这种回应不过是把量子力学描述的失效点从盖革计数器推移到猫,再进一步从猫推移到人的意识罢了。由于我们现在对意识产生的机制还没有一个深刻的公认的理解,这种"意识导致波函数塌缩"的假设就像是把所有的糊涂账推给那个最糊涂的人去算。更加糟糕的是,这种解释名正言顺地将观察者放在一个非常特殊的位置上,我们接下来将看到这种做法所带来的灾难。

(三)惠勒的回应

惠勒进一步将观察者在基础物理过程中的地位发挥到极致。他将实在视为由观测而构建出来的。他的一个广为人知的论述是:"一个现象只有被观测到才能成为真实的现象。"(No phenomenon is a real phenomenon until it is an observed phenomenon.)他进一步将观测构建实在这个假设推广到整个宇宙,将整个宇宙考虑为一个供人分享的、自激发的循环。惠勒将其称为参与的宇宙(participatory universe),如图 4-4 所示。从大爆炸开始,宇宙便开始膨胀和冷却;几十亿年之后诞生了可以观察宇宙的人类。惠勒论述到:"观察者参与的活动,反过来将实质性的'现实'赋予了宇宙,不仅是现在,而且可以追溯到开始。"通过观察宇宙背景辐射的光子、大爆炸的回波,我们可能正在创造大爆炸和宇宙。惠勒的结论近乎疯狂,但他实际上不过是将量子力学哥本哈根诠释中观察者在基础物理定律中的特殊地位运用到整个宇宙而已,惠勒的这些思想完全是沿着物理学的逻辑步步深入得出的,却推演到荒谬得难以接受的程度。

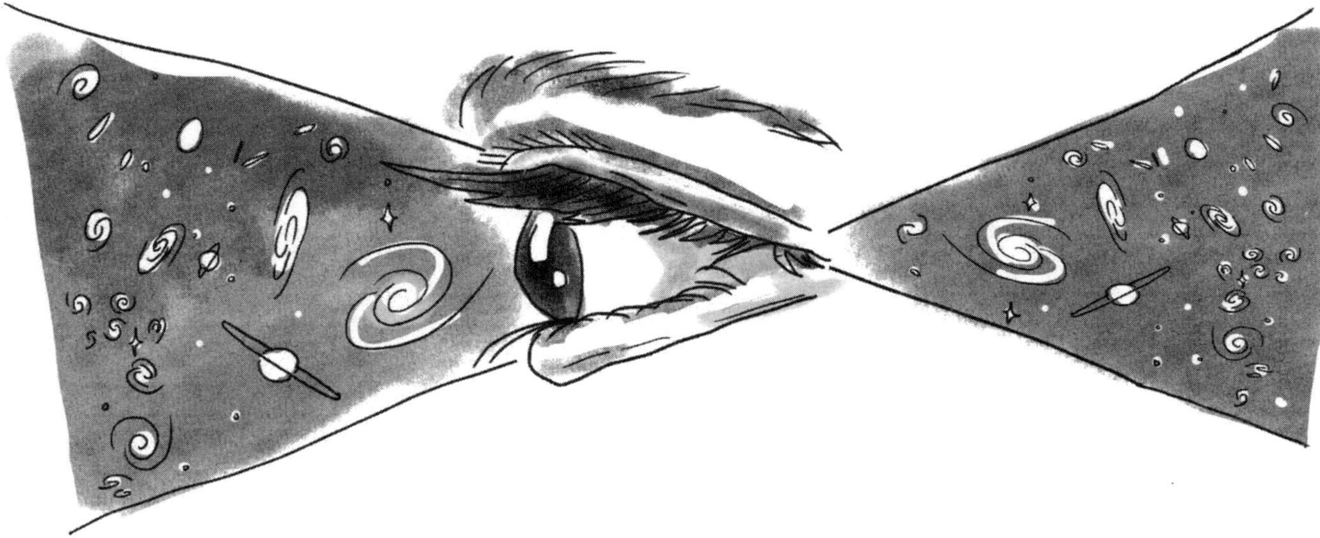

图 4-4 惠勒的观察者宇宙

（四）哥本哈根解释的困境

薛定谔猫佯谬将哥本哈根诠释所面临的严重困难——测量问题及与之相关的量子经典分界问题——直观地呈现出来。哥本哈根诠释中最一般性的回答是，测量导致波函数的塌缩，从而使得一只量子的既死又生的薛定谔猫死亡，而变为或死或生的经典猫。但是这种回答避开了什么是"测量"的问题。怎样的一个物理过程才能被称为测量，为什么测量过程能导致叠加态的塌缩而其他情况就要按照薛定谔方程演化，同样由原子分子构成的测量装置为什么与被测量的系统遵循不同的物理规律。随之而来的办法是强调观察者的特殊地位。正如冯·诺依曼与魏格纳所提及的，其在魏格纳的朋友F的思想实验里似乎不那么难以接受，即魏格纳的朋友F的感知导致猫的叠加态塌缩。但如果魏格纳的朋友F所观测的不是薛定谔猫而是整个宇宙，就很难避免惠勒所得出的荒谬结论了。然而，无论是猫的死活、魏格纳的朋友F的悲喜，还是整个宇宙的状态，都应当具有某种物理实在性。自然界并不是在人诞生后通过测量生成的；反之，人才是自然演化的产物。贝尔在《宇宙学家的量子力学》一文中对这种人的测量确定宇宙状态的观点给出了犀利的批评："看起来这个理论（指量子力学）除了'测量的结果'外不关心任何其他问题。当人们考察的'系统'是整个宇宙的时候，你打算把'观察者'放在哪里？大概只能是'系统'内吧！那么究竟一个怎样的子系统才能承担起观察者的角色呢？难道整个世界就在那儿等着，等到数十亿年后第一个单细胞生物被进化出来？还是说得再等等，等到一个能拿到博士学位的人出现，这样他才能算是一个更加合格的观察者？"

爱因斯坦、薛定谔、贝尔都对物理实在性抱有一种朴素而坚定的信念，认为人们不应当将这种信念简单地视为迂腐过时的。马克斯·雅默曾采访过许多物理学家，他得出的一个结论是："无论理论物理学家们在讲坛上宣讲的观点是多么革命，他们终究是生长在一个经典物理学世界中。有人断言，哪怕是最激进的理论物理学家，他的内心深处也仍然相信一个严格决定论的客观世界，即使他自己对学生的教导绝对否认这样的观点。"正如贝尔所说的："人们希望能获得一个关于这个世界的现实一些的观点，希望能够谈论这个世界，就像它真的在那里一样，即使在没有对其进行观察的时候。我当然相信存在一个世界，在我之前它就在那里，在我之后它仍将在那里。我相信你也是这个世界的一部分。我相信，当物理学家们被哲学家们逼到墙角时，绝大多数物理学家会采纳这种观点。"

三、环境消相干导致薛定谔猫的死亡吗

量子力学哥本哈根解释所面临的这种困境促使人们寻找一种更加合理、自洽的诠释。在寻找过程中一个无法避开的事实是，到目前为止，各种领域中量子力学的预言与实验结果高度相符，因此任何新的解释都要在现有实验范围内与量子力学的结果保持一致。越是偏离量子力学预言结果的解释，在人们看来就显得越激进。从 20 世纪 70 年代开始，一种最温和的理论被许多物理学家接受。说它最温和，是由于它完全基于量子力学的推演，它就是环境导致的量子消相干理论。下面我们来逐一讨论它的理论表述、在实验中的意义以及在解决测量问题上的有效性。

（一）量子相干性与消相干

"相干性"（coherence）一词最早源于对波动现象的研究。水波、声波和光波等都可以通过干涉现象体现出其相干性。在经典光波的干涉现象研究中，相干性被进一步讨论。由于量子力学中波粒二象性的存在，量子相干性成了一种普遍的基本性质。对量子相干性的度量并没有唯一的方案，但是一种好的度量应当具有如下一些性质。

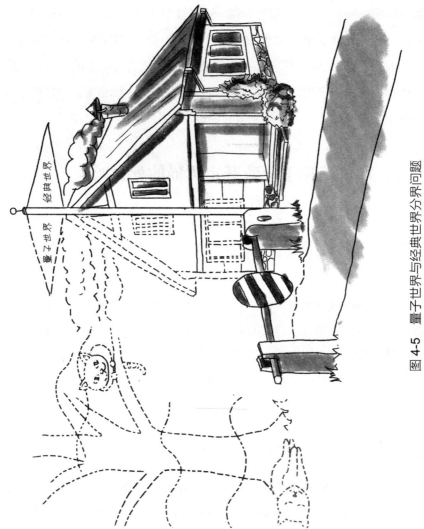

图 4-5　量子世界与经典世界分界问题

（1）量子相干性的度量是针对某一组参考基矢而言的。同一个量子态在某组基下是相干的，但完全有可能在另一组基下是非相干的。

（2）如果一个量子态在某组基表示下的密度矩阵是对角化的，则该量子态在相应基下没有相干性。

（3）任何非相干映射不能增加一个态的相干性，即量子态的相干性在非相干映射下是单调不增的。这里的非相干映射是指物理上可实现的将任一对角态仍然转换成对角态的映射。从量子相干性度量角度来说，根据非相干映射的定义，这些非相干映射都不会使相干性无中生有，因为对角态仍然变成对角态。但是对于有相干性的态（即非对角态）来说，在这些映射下非对角态的相干性是有可能增大的，一个好的相干性度量还要求任何量子态在非相干映射下的相干性不能增加。

满足这些条件的相干性的度量有很多，如利用相对熵的相干性度量，$C_r(\rho)=S(\rho_{diag})-S(\rho)$。其中，$S(\rho)$ 是密度矩阵 ρ 的冯·诺依曼熵。冯·诺依曼熵是经典熵的量子推广，$S(\rho)=-\text{Tr}(\rho\ln\rho)$。$\rho_{diag}$ 表示将 ρ 的非对角元全部删除后的矩阵。此外，还有基于 l_1 模的相干性度量。所谓 l_1 模，就是将各个分量取绝对值再求和，即 $C_{l_1}(\rho) = \sum_{i\neq j} |\rho_{i,j}|$。在这里，相干性直接是所有非对角元的绝对值求和。从直观上来看，一个量子态的相应基矢下的密度矩阵表示记作 ρ。如果 ρ 有非对角元，那么它就是量子相干的，否则就是非相干的。非对角元越多、越大，则其相干性越强。所谓消相干，就是指量子态在某些演化过程中非对角元的变小与消失。

（二）环境导致的量子消相干理论

环境导致消相干（environment-induced decoherence）理论也称为环境致退相干，最早是在 1970 年由德国物理学家海因茨 - 迪特尔·泽贺（Heinz-Dieter Zeh）提出的。他强调，所有的宏观系统都是开放系统，它们不可避免地浸入环境之中，会强烈地与环境相互作用，因此它们的演化并不遵守薛定谔方程。依据量子力学，只有包括全部环境在内的整体系统才按薛定谔方程演化。而相比于实验中所考察的子系统而言，环境往往包含巨大的不可控自由度，这些自由度是一个真实的实验所无法企及的。泽贺的工作在很长一段时间内都没有获得物理学界的关注。对环境致退相干理论开始系统的研究以及激起研究人员的广泛兴趣始于波兰物理学家沃伊切赫·祖瑞克（Wojciech Zurek）的工作。从 1981 年开始，祖瑞克在《物理评论 D》（*Physical Review D*）上接连发表了两篇关键性论文。他指出，通常人们所谓的经典系统自然而然地将内在的量子相干性泄漏至环境，因而导致所考察的系统量子退相干的后果。在处理波函数塌缩问题时，不能忽略这个后果。祖瑞克的这两篇论文使得量子退相干逐渐成了研究热点。1984 年，祖瑞克推导出估算量子退相干时间的公式。通过该公式，人们可以轻易地对一般量子系统进行估算。次年，泽贺与埃里希·朱斯（Erich Joos）给出一个消相干模型。该模型能够详细地描述因环境粒子散射而产生量子消相干后果的过程。1991 年，祖瑞克在《今日物理》（*Physics Today*）上发表了一篇论文，将量子消相干理论进一步介绍给学术界，从而引起更多物理学者的关注。现在，量子消相干理论对量子力学测量问题、量子世界与经典世界的分界问题以及实验中制备宏观叠加态、延长相干时间都具有重要意义。下面我们对其做一些简单的讨论。

先让我们来考察不涉及环境的测量过程。所有的物理观测都是在一个具体的实验条件设定的测量过程中完成的，因此一次测量包含待测量的系统 S（通常是微观粒子）以及设定好的实验仪器 A，系统 S 的状态由其基矢 $\{|s_n\rangle\}$ 描述，仪器则由 $\{|a_n\rangle\}$ 描述，这里 $|a_n\rangle$ 表示的是对应系统测得 $|s_n\rangle$ 时的仪器的宏观可区分态，也称为指针态。测量前，系统处于 $\sum_n c_n|s_n\rangle$，仪器处于它的预备状态，记为 $|a_r\rangle$。测量时，S 与 A 相互作用，由 S 和 A 构成的整体按照薛定谔方程演化，经过时间 t 后：

$$\left(\sum_n c_n \, |s_n\rangle \right) |a_r\rangle \xrightarrow{\ t\ } \sum_n c_n \, |s_n\rangle |a_n\rangle \qquad\qquad (4\text{-}1)$$

这个演化过程通常被称为"前测量"，因为它的末态并不是某个确定的指针态 $|a_n\rangle$，而仍然是一个叠加态。这就留下了两个困难。首先，我们在每次测量中都会得到某个具体的 $|a_n\rangle$，而不是上式中的叠加态，究竟如何确定出一个具体的 $|a_n\rangle$ 被称为测量中的确定性问题。另外，式（4-1）右端是一个两体的纯态，可以被拆分成不同的基矢来表示 $\sum_n c'_n \, |s'_n\rangle |a'_n\rangle$。例如，自旋单态可以写成 $\dfrac{|0\rangle|1\rangle - |1\rangle|0\rangle}{\sqrt{2}}$，也可以写成 $\dfrac{|+\rangle|-\rangle - |-\rangle|+\rangle}{\sqrt{2}}$。这里 $|\pm\rangle = \dfrac{|0\rangle \pm |1\rangle}{\sqrt{2}}$。而在实际测量中，只要仪器设定好了，就对应于一个明确的可观测量。"前测量"过程无法解释应当按哪种基矢展开，这个问题被称为测量基偏好问题。因此，冯·诺依曼的测量理论中还需要一个观察者 O 对仪器 A 的状态 $|a_n\rangle$ 的感知才能完成整个测量。而环境导致退相干理论考虑的是任何真实的测量过程都是"浸泡"在环境之中的，环境对系统的演化起到不可忽视的作用。测量前，环境 E 的初态记作 $|e_0\rangle$；测量后，对应于指针态 $|a_n\rangle$ 的环境态记作 $|e_n\rangle$，则一个考虑到环境的"前测量"过程变成了：

$$\left(\sum_n c_n \, |s_n\rangle \right) |a_r\rangle |e_0\rangle \xrightarrow{\ 1\ } \left(\sum_n c_n \, |s_n\rangle |a_n\rangle \right) |e_0\rangle \xrightarrow{\ 2\ } \sum_n c_n \, |s_n\rangle |a_n\rangle |e_n\rangle$$

这里由之前的两体系过程变成了一个三体系过程，似乎没有什么太大差别。但是对于由 S 和 A 构成的系统而言，由于斯密特分解，对终态总有一种对角的分解，可以写成 $\sum_n c_n \, |s_n\rangle |a_n\rangle$。但是，一个三体系统通常不一定有形如 $\sum_n c_n \, |s_n\rangle |a_n\rangle |e_n\rangle$ 的分解，因此对应于这种终态的总的哈密顿量就不能随便选取。另外，任何可观测量必须局限于系统仪器分组 S 和 A 中，而包含大量自由度的环境 E 的信息则无法观测到，将环境剔除后的 S 和 A 系统对应的约化密度矩阵才是实验真正可观测到的部分。由

于环境巨大的自由度，对于许多退相干模型而言，这个约化密度矩阵的对角元将随着时间演化而迅速消失。因此其量子相干性也就消失了。值得注意的是，对于整个系统 S、A、E 来说，量子相干性并没有减少，只不过 S 和 A 中的相干性泄漏到不可控的环境中去了。

如果假定出具体的哈密顿量，还可以估算出消相干时间的尺度。通常而言，相干度随时间呈指数衰减。依据具体的消相干模型，人们可以估算出不同尺度的物体在不同环境下的消相干时间。马克西米利安·A. 施洛斯豪尔（Maximilian A. Schlosshauer）考察了系统与环境的相互作用是热光子及空气分子对系统碰撞散射的情况。假定相干距离与系统尺度相当，则估算出特征相干时间。如表 4-1 所示，当系统与环境的作用是光子与系统的随机碰撞散射时，一个灰尘颗粒在宇宙微波背景辐射的影响下的相干时间可达 1 秒，在室温下光子辐射影响下的相干时间只有 10^{-18} 秒，而同样在室温下光子辐射的环境中，大分子的相关时间有 10^6 秒。从表 4-1 中还可以看出，空气分子碰撞导致的消相干的情况也类似，即环境影响越小，相干时间越长，而在同样的环境下，尺度越大，相干时间越短。随着系统尺度的增加，系统的相干时间快速缩短，在以光子随机碰撞作为环境的模型中，系统尺度增加 3 个数量级导致相干时间缩短 24 个数量级；在空气分子碰撞作为环境的模型中，系统尺度增加 3 个数量级，导致相干时间缩短了 12 个数量级。[1]

表 4-1　不同消相干模型下系统的相干时间

消相干模型	环境	灰尘颗粒（10^{-5} 米）	大分子（10^{-8} 米）
光子随机碰撞	宇宙微波背景辐射	1 秒	10^{24} 秒
	室温下光子辐射	10^{-18} 秒	10^6 秒
空气分子随机碰撞	实验室中最佳真空	10^{-14} 秒	10^{-2} 秒
	标准大气压的空气	10^{-31} 秒	10^{-19} 秒

[1] 参考施洛斯豪尔的书《消相干以及量子到经典的转换》。

（三）实验中的量子消相干

尽管环境导致量子消相干理论的出发点是为了解决量子力学测量问题，它是否彻底解决了测量问题还没有得出确切答案。但是，它已经在实验中被广泛应用，并且一个量子体系受到环境的作用导致其相干度降低的结论已经被实验证实。1996年，阿罗什等的实验不仅制备出介观薛定谔猫态，还观测到环境导致消相干的过程，观测结果与量子消相干理论的预言相符。更加普遍的情况是，量子消相干是目前在实验中制备包括薛定谔猫态在内的各种量子叠加态的主要障碍，也是在研发和应用各种量子器件时面临的主要障碍。例如，在量子信息的传输过程中，由于环境引起的消相干使得原本的量子信息摧毁或部分丢失，因此必须通过量子纠错等手段弥补这种不利影响。在量子计算中的情况也类似，消相干会造成计算结果出现干扰误差，因此需要利用量子编码或者拓扑量子计算等方法来克服消相干。

总之，环境导致的消相干如果只是作为一种在量子力学框架下描述的物理过程，那么是已经被实验证实了的。就目前的实际情况而言，环境导致的消相干也是各种人造薛定谔猫死亡的主要原因。但是，当人们讨论环境导致量子消相干理论的时候，往往是针对量子力学测量问题以及量子经典分界问题而言的，人们并不质疑环境导致的消相干过程的存在，人们所质疑的是这种过程的普遍存在能否完全解决测量问题和分界问题。

（四）环境导致量子消相干理论解决了薛定谔猫佯谬吗

下面我们在环境导致消相干的框架下来分析薛定谔猫佯谬，看这个理论是否完全解释了薛定谔猫的死亡。由于消相干过程的普遍性，所有制备薛定谔猫的实验都要防止外界环境的干扰，以及在极高的真空环境和极低的温度下进行。我们在日常生活中从未见过处在生与死的叠加态的猫的原因是，在日常生活环境下，任何宏观叠加态都会以极快的速度消相干，退化为经典的确定状态。从这层意义上来说，环境导致消相干理论解释了为什么日常生活中从未见过量子叠加态。

但是薛定谔质问的并不是为什么从来没有人见过处在生与死叠加态的猫，他讨论的是生与死的叠加在逻辑上的荒谬性而不是在现实中的荒谬性。他显然明白，一个理论所允许发生的情况不一定在日常生活中发生。这种情形并不是量子力学所特有的。正如统计物理预言，只要经过足够长的时间，一间密封房间的空气分子会全部聚集在一个角落。这种预言具有实在上的荒谬性而在逻辑上却是恰当的。薛定谔所质问的是，如果按照他的思想实验的构想，将猫与联动装置等放到盒子里密封，此时的系统状态究竟会怎样。而环境致退相干的回答则是，盒子在实验技术上是无法真正密封起来的。这种依赖于具体实验环境设定的回答显然无法满意地解决薛定谔猫佯谬。所有思想实验都有一些实验中无法实现的理想化假设。正因为如此，它们才被称为思想实验而不是实验方案设计。例如，爱因斯坦在构建狭义相对论时假想了一个与一列电磁波以同样速度并行运动的观察者。如果按照牛顿力学，这时电磁波在这个观察者看来将成为静止不动的电磁场而引出困难（违反麦克斯韦方程的描述）。对此，我们显然不能说因为我们在实验技术上无法达到光速运动，所以这个思想实验所带来的问题就被解决了。

另外，从环境退相干的数学形式上看，它实际给出的是系统的约化密度矩阵具有对角化的特点。但是一个约化密度矩阵是对角化的一点也不奇怪。以贝尔态 $\frac{|0\rangle|0\rangle+|1\rangle|1\rangle}{\sqrt{2}}$ 为例，将粒子 2 剔除后，粒子 1 的约化密度矩阵也是对角化的。这时，我们通常不会认为粒子 1 的状态就从量子变成经典的，因为所有量子信息仍然在两粒子体系的整体量子态中，并且实验上依然可以获取这两粒子的整体量子态信息。而环境消相干不过是将两粒子的情况变成更多粒子而已。这时，实验上必然总有大部分粒子是无法操

控的，同样还是将这些粒子剔除掉。为什么这时粒子 1 的对角化了的密度矩阵就可以认为是经典的呢？

对于环境致退相干理论是否解决了测量问题，在学界仍然没有得到公认，各种观点分歧严重。乐观派认为，所谓测量问题已经完全被解决了。例如，布勃（J. Bub）在《量子世界的解释》一书中就认为，环境导致消相干理论应当作为"新正统诠释"（new orthodoxy）来看待。人们仍然对测量问题有困惑，这只是一种"历史偶然"罢了。按照祖瑞克的说法："大概是因为在经典力学中封闭系统的想法被过分强调，以至于长久以来人们对'开放性'在量子向经典的转换中的重要作用被忽视了。"祖瑞克比较乐观地认为，消相干解决了波函数塌缩的问题，"'塌缩'现在看起来是不必要了，通过消相干过程导致'客观存在'的涌现，使得态矢的塌缩所扮演的角色的重要性被大大降低甚至是完全消除。"然而，消相干理论的奠基人泽贺与朱斯在内的许多物理学家都持有更加谨慎的态度。朱斯在《消相干：理论、实验以及概念上的问题》一书中论述道："消相干解决了测量问题吗？显然没有。消相干理论告诉我们的是，某种客体被观测时将显现出经典性。但是究竟什么是观测？终归在某一步上，我们不得不运用量子力学的概率法则。"泽贺也认为："尽管这种（消相干解决了测量问题）论述广泛地被各种文献所提及，但是单凭消相干是无法解决测量问题的。看起来，要想解决测量问题的唯一办法是在薛定谔动力学下再附加一种非么正的塌缩。"

四、薛定谔猫的自然死亡

如前所述，在实验制备薛定谔猫态的过程中，一个主要的挑战就是消除环境对猫态的干扰。随着猫态制备得越来越大，对环境的要求也越来越高。一个微观粒子的叠加态可以保持很长时间的相干性，而一个介观系统或宏观系统则会更容易与环境相互作用，快速消相干。直观地说，就是一个微小的猫态可以在盒子里密封得很好（将环境与猫隔离），使其处于量子叠加状态。随着它逐渐变"肥胖"后，盒子将被它"撑破"而无法再将所有信息密封起来（无法避免环境与猫态的作用），从而将叠加的相位信息泄露到环境中，导致一只叠加的量子猫死亡而转化成经典猫。这种过程是实际中发生的，但是它并不能解决薛定谔猫佯谬。包括泽贺和朱斯在内的许多物理学家认为，要想完全解决测量问题，必须在薛定谔方程外附加一种塌缩过程。

这类附加了波函数塌缩的理论被称为"客观塌缩理论"（Objective Collapse Theory）。它将波函数的塌缩视为一个与观察者无关的客观物理过程，只要满足一定条件，无论是否有人测量，系统的波函数都会塌缩。因此，薛定谔方程对物理过程的描述是不完备的，只在微观系统中适用。人们需要加入新的物理原理。

哥本哈根学派用观察者的测量来解释塌缩而无法定义什么是测量。客观塌缩理论则反过来用客观的塌缩来解释什么过程可以被称为"测量"。从而也可以划定量子世界与经典世界的界线。这种界线与观测无关、与人无关，是纯粹的物理过程的结果。如果客观塌缩理论是正确的，那么它将告诉我们，即便盒子密封得很好、完全屏蔽了环境的影响，只要薛定谔猫达到一定条件，就会自然死亡而成为一只要么死要么生的经典猫。下面我们来简单介绍几种客观塌缩理论。

（一）GRW 自发塌缩理论

1985 年，吉安卡洛·吉拉尔迪（Gian Carlo Ghirardi）、阿尔贝托·里米尼（Alberto Rimini）和图里奥·韦伯（Tullio Weber）发表了一篇题为"宏观和微观系统统一的量子描述模型"的文章，首次提出一种波函数自发塌缩的理论（GRW 自发塌缩理论），用来解释测量问题及对宏观系统和微观系统的客观状态进行统一描述。这个理论后来被称为 GRW 自发塌缩理论。为表述简便，下面只考察粒子的坐标，GRW 自发塌缩理论有如下几条公设。

（1）一个 N 粒子系统的状态由希尔伯特空间中的波函数 $\Psi(x_1, x_2, \cdots, x_N)$ 表示。

（2）在一个随机时刻 t，系统自发地发生一次塌缩：

$$\psi_t(x_1, x_2, \cdots, x_N) \longrightarrow \frac{L_n(x)\psi_t(x_1, x_2, \cdots, x_N)}{|L_n(x)\psi_t(x_1, x_2, \cdots, x_N)|}$$

式中，$L_n(x) = \frac{1}{(\pi r_c^2)^{3/4}} e^{\frac{-(q_n - x)^2}{2r_c^2}}$ 是一个线性的局域化算子。它的物理意义是，由于系统中第 n 个粒子的自发塌缩，在原来的波函数 $\psi(x_1, x_2, \cdots, x_N)$ 上强行加一个尺度为 r_c、位于 x 处的包络，这样 $\psi(x_1, x_2, \cdots, x_N)$ 的非零项几乎都集中在 x 处，因此实现了波函数局域化的过程。r_c 是一个全新的物理参数，限定了局域化后波函数的空间大小，一个通常的数值估计为 $r_c \approx 10^{-7}$ 米。q_n 是第 n 个粒子的坐标算符，x 表征了局域化后波函数的位置。第 n 个粒子局域化到 x 处的概率为 $p_n = |L_n(x)\psi_t(x_1, x_2, \cdots, x_N)|^2$。

（3）塌缩的概率按照泊松过程分布，相应的塌缩频率为 λ_{GRW}，通常的数值估计为 $\lambda_{GRW} \approx 10^{-16}$ 赫兹。这意味着粒子各自独立的自发塌缩，单个粒子自发塌缩所需的平均时间为 $1/\lambda_{GRW}$。

（4）在两次塌缩之间的时间段内，系统按照薛定谔方程演化。

我们从这几条公设中可以看到，该理论并没有出现任何"测量""仪器""宏观""环境"这样的表述。而是出现了 r_c 和 λ_{GRW} 这两个新的参数，意味着新物理原理的出现。当 r_c 和 λ_{GRW} 的赋值比较恰当时，GRW 理论可以满足如下三个优点：

（1）在系统粒子数较少的情况下，系统的行为与传统的量子力学类似。GRW 理论的预言与已有的所有实验结果相符合。这是因为 $\lambda_{GRW} \approx 10^{-16}$

赫兹。对于一个单粒子系统而言，由 GRW 自发塌缩所引起的消相干时间长达亿年量级，因此几乎完全符合传统量子力学的描述。

（2）当系统粒子数达到一定数目时，系统几乎必然塌缩，自发的局域化后，其动力学符合牛顿力学。当粒子数增加时，由于每个粒子都独立地自发塌缩，而粒子之间具有相互作用，使得只要一个粒子自发局域化后，整个系统就局域化了。因此一个宏观系统的局域化是很快的，时间约为 10^{-7} 秒。这种宏观系统位置的自发消相干与环境和测量没有关系。原则上只要使一个足够大的系统的叠加态保持足够长时间的相干性，就可以观测到 GRW 自发塌缩。这种塌缩理论对薛定谔猫死亡的解释是，由于猫具有相互作用的粒子数足够多，其中一个粒子的自发塌缩导致了薛定谔猫的死亡。

（3）最重要的是，在传统量子力学中模棱两可的测量过程在这里是完全清楚的，所谓的仪器只是一个有足够多粒子相互作用的物理体系而已，它与被测量的系统满足完全一样的规律，测量中粒子与仪器相互作用，满足 GRW 的公设，玻恩的概率规则及所谓的测量导致波函数塌缩的现象都可以由公设推导出来。

GRW 理论尽管有以上显著的优点，但是也有自身的问题。首先，它是一个完全唯象的理论，并没有解释为什么会出现自发塌缩，塌缩的内在机制是什么。从它的表述来看，GRW 理论有明显的基于标准量子力学修改的人工痕迹。这种人工痕迹在唯象的理论中是常见的，不能算很大的缺点。但是，如果有人能够从某种第一性原理出发，推导出与 GRW 理论的公设类似的结果，那么人们对这种理论的信心无疑会大大增加。另外，GRW 理论也存在与相对论不相容的问题以及一些技术上的问题。受到 GRW 工作的激励，许多类似的新的客观塌缩理论被提出，如 1989 年丢席（L. Diosi）提出的全局坐标局域化量子力学（quantum mechanics with universal position localization，QMUPL）、1990 年吉拉迪等给出的GRW 理论的更新版本——连续自发局域化模型（continuous spontaneous localization，CSL）等。

随着实验技术的进步，对这类理论的实验检验逐渐成了可能。除了直接观测自发塌缩过程外，还有观测电子自发塌缩导致的异常光子的辐射及自发塌缩导致系统温度与量子力学预言的微小偏差等手段。一旦在实验上观测到某种超出量子力学预言的现象，将成为继 20 世纪量子力学革命以来基础物理领域最重大的事件。

（二）引力诱导塌缩理论

在考察测量问题与量子经典分界问题时有两个明显的对应关系：一是量子客体通常比较小，宏观客体通常比较大，而在讨论系统的引力效应时，较小系统的引力效应通常忽略不计而较大系统的引力效应则很明显；二是无论涉及的是何种系统，量子客体到经典客体的转变是普遍的，而引力效应也是普遍的。这两个对应使得人们猜测，系统自身的引力效应可能是解释量子世界向经典世界转变的关键。于是，引力诱导塌缩理论应运而生，其中一种是由英国数学物理学家彭罗斯于 1996 年提出的。他考察了薛定谔方程中时间的绝对性所引起的与相对论的冲突。假设 $|\alpha\rangle$、$|\beta\rangle$ 都是薛定谔方程的定态解，由于其线性特征，$|\psi\rangle = a|\alpha\rangle + b|\beta\rangle$ 也是薛定谔方程的定态解——$i\hbar \dfrac{\partial |\psi\rangle}{\partial t} = \mathrm{E}|\psi\rangle$。这里的问题在于，量子力学中对应于状态 $|\alpha\rangle$、$|\beta\rangle$ 及 $|\psi\rangle$ 的时间演化算子都是一样的，而 $|\alpha\rangle$ 和 $|\beta\rangle$ 所对应的波函数的空间分布是不同的。不同的分布对应的时空曲率或引力是不相同的，因此当考虑到相对论后，薛定谔方程里时间的意义是无法恰当给出的。彭罗斯尝试给出的一种调和矛盾的办法是，在时空中逐点比对 $|\alpha\rangle$ 和 $|\beta\rangle$ 所引起的不同。这种差异对应于薛定谔方程中的一个微小的能量差别 E_G。由于量子力学给出的时间能量不确定性关系，这种能量差异允许存在的时间为 $\dfrac{\hbar}{E_G}$。彭罗斯认为，一旦超过这个时间，叠加态 $|\psi\rangle$ 将

自发塌缩。更进一步，他将传统量子力学中定态的观念修正到包含自身引力时的情况。对引力做牛顿近似后，他认为一个自由粒子真正的定态应该是如下薛定谔-牛顿方程（式4-2）的解（这个方程由丢西于1984提出）：

$$i\hbar\frac{\partial\psi}{\partial t}=-\frac{\hbar^2}{2m}\nabla^2\psi-Gm^2\int\frac{|\psi(t,y)|^2}{|x-y|}d^3y\psi \qquad（4-2）$$

式中，G是引力常数，等式右边第二项是质量为m按照$|\Psi(t,y)|^2$密度分布的物质波的引力自能。利用一些近似的数值分析手段，可以估算出其基态能级E_0约为$-\frac{G^2m^5}{8\hbar^2}$与基态特征尺度a_0约为$\frac{2\hbar^2}{Gm^3}$。由此可以给出一个质量为m的系统。如果要保持位置叠加态，其距离的极限不能超过的a_0量级。例如，如果实验上将薛定谔猫态制备为相距0.5微米的位置叠加态，则当这只量子猫的质量超过10^9原子量单位时将自然"死亡"，其自身引力引起的对薛定谔方程的修正将使其自发塌缩到波函数更加局域化的状态。

（三）小结

薛定谔猫究竟是怎么死亡的？最合理的解释是它是自然死亡的。至于导致它自然死亡的物理机制究竟是什么，迄今尚未完全弄清楚，而这正是下一章将要介绍的第二次量子革命的任务之一。

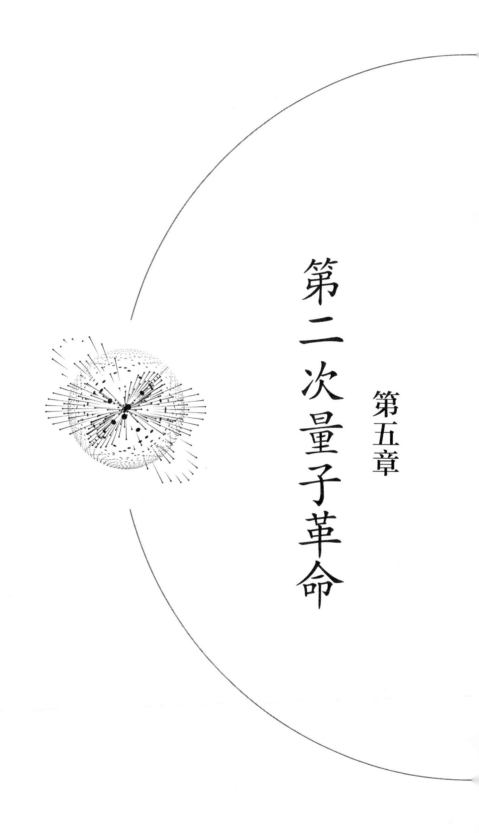

第五章

第二次量子革命

路漫漫其修远兮，吾将上下而求索。

——屈原

一、第二次量子革命是什么

量子力学的诞生，不仅从根本上改变了人类对自然的认识，而且为人类社会带来了天翻地覆的变化。爱因斯坦的光受激辐射理论促成激光的诞生，促使互联网出现；量子的能带理论促使半导体晶体管的诞生，进而研制成功电子芯片，才有今天人人都离不开的手机、计算机。尽管量子力学已造福人类社会半个世纪，但人们对量子力学的基础仍然争论不休，争论的焦点就在于量子力学中用来描述量子系统状态的波函数 $|\psi\rangle$（或称概率幅）上。而量子世界的种种奇异特性却恰恰隐含在这个 $|\psi\rangle$ 之中。正如费曼所言，量子力学的最精妙之处就是引进了这个概率幅。可见，$|\psi\rangle$ 既是量子力学的精髓所在，又是量子学术界争论的焦点。正所谓"成也萧何，败也萧何！"

尽管量子力学从其诞生之日起就备受争议，但迄今未有任何实验违背量子力学的预言。在这个巨大成功面前，尽管人们心里很不情愿，但仍不得不承认它的正确性。前面几章我们已经描绘了这场堪称学术界最轰轰烈烈的争论。EPR 佯谬使这场争论达到高峰，争论的结果似乎是玻尔的哥本哈根学派胜利了，但爱因斯坦从未放弃自己的观点。据说在费曼提出"路径积分"理论后，他的老师惠勒异常兴奋，认为费曼的成果可以解答爱因斯坦对量子力学的质疑。他兴冲冲地来到爱因斯坦在普林斯顿大学的办公室，但爱因斯坦并未被他说服，只说这也许是一种可能的选择而已。惠勒尽兴而来，败兴而归！怪不得费曼上"量子力学"课时总是告诫学生，学量子力学，只需弄清量子力学允许我们去"做什么"，而不要去追问"为什么"。

人们不再去追问"为什么"，不表示人们不关心这个问题，而是认识到这个问题暂时得不到解决，因此学术界只好接受玻尔的哥本哈根学派对量子力学的诠释。大学教科书中通常将它作为量子力学传统诠释介绍给学生。尽管哥本哈根诠释的争议之处甚多，远不能令人信服，但它很实用，即使有解释得不妥当的地方，也不影响量子力学本身的正确性和应用。当然也有人提出别的诠释，但它们同样漏洞百出，还不如哥本哈根诠释。这就是量子力学诞生后近百年的现状：量子力学取得巨大成功，但人们对它的奥秘却了解甚少。我们称这个时期为"第一次量子革命"，这个时期的主要成功之处就是"解薛定谔方程"，从中获悉量子力学能让我们"做什么"。

近二十年，量子信息诞生了。量子信息是量子力学与信息科学交叉的新产物，开拓了量子力学在信息领域的应用，促进信息科学的发展从"经典"迈进"量子"的新时代。迄今人类社会所使用的器件和技术均是"经典"的，因为它们的工作原理是受经典物理支配的。用于互联网等的激光虽然是基于爱因斯坦的光辐射量子理论诞生的，但实际应用的激光束却遵从经典电动力学的规律；计算机和手机的核心器件是芯片，芯片的基本单元是晶体管。虽然晶体管是基于量子力学的能带理论研制出来的，但是晶体管的运行原理却遵从欧姆定律。由此可见，这些器件均诞生于量子力学，但却运行于经典物理规律之中。量子信息的诞生为人类开辟了新的领域，量子信息技术的器件都是遵从量子力学规律运行的，所以我们称之为量子器件。量子器件呈现量子的特性，如量子相干性、非局域性、不可克隆性等。作为信息器件，量子器件比经典器件具有更强大的信息功能，性能可以突破经典器件的物理极限，将信息处理速度、传送信息的容量、信息感知的灵敏度和精度等提高到前所未有的水平。

因此，量子信息的应用将促使人类社会的生产力进入新的发展阶段。当然，量子器件是一种人造的宏观量子器件，其最大的脆弱点在于，量子特性在宏观环境下不可避免地会遭受破坏，如不能有效地保护其量子特性，量子器件会不可避免地演化为经典器件，其优异的性能会消失殆尽。科学家已研究出保护宏观器件量子相干性的各种方案，因此量子信息技术的最终实现不存在原理性障碍。当然，如何在技术和工程层面将这些方案付诸实现仍然困难重重。因此，当我们说量子信息的诞生使人类社会从"经典时代"迈向"量子时代"时，指的是人类社会生产力发展到新阶段的这种必然趋势，而不是说"量子时代"已经到来了。量子技术将随着研究水平的不断提高而逐渐应用到人类社会的各个领域，但不会一夜之间就变天，也不可能在短时间内就走进千家万户。

量子信息的诞生，不仅将促进人类社会的发展，而且将有助于揭开量子世界的奥秘，深化人类对自然规律的理解。量子世界的运行规律与我们熟知的经典世界迥然不同。我们采用经典观念无法理解量子世界的性质，这就是人们总感到量子世界神秘无比的根源。采用经典技术无法揭开量子世界的真实面貌。经典钥匙打不开量子大门！这也是量子理论诞生100多年来人们争论不休的原因所在。量子信息的诞生将使人类对量子世界的理解产生深刻的变化：一方面，量子信息为人们展现了许多新的理念，如量子纠缠、量子非局域性等；另一方面，量子信息提供了强有力的研究量子世界的新工具，如量子技术、非局域技术等，采用这些新工具，人们有可能推开量子世界的大门，从而窥探到量子世界的奥秘。

量子技术是打开量子世界大门的钥匙，下面列举几项近年来进展的实例。

（一）关于波粒二象性的实验

微观粒子同时具有波动性和粒子性，是实验证实的客观事实。在经典世界中，物质客体要么只具有波动性，如声波、电磁波等，要么只具有粒子性，即其质量、能量局域于空间某处，决不能同时具有这两种相互排斥的性质。微观粒子的波粒二象性迫使人们去研究它们所遵从的新的物理定律——量子力学。量子力学理论统一描绘了微观粒子的波粒二象性，即服从量子力学规律的粒子或系统都具有波粒二象性。在量子力学框架内再去谈论粒子的波粒二象性没有学术价值，因为量子世界的所有客体本来就应该是这样的。那么，为什么人们还一直对波粒二象性争论不休呢？原因是，人们仍然试图从经典观念去理解量子客体的性质和行为。

正如第一章所述，以玻尔为首的哥本哈根学派提出互补原理来解释波粒二象性。但是量子技术的实现却有力地挑战了玻尔的互补原理！这里将较详细地讲述量子技术是如何揭开这个谜团的。2012 年，中国科学院量子信息重点实验室李传锋研究组设计了一种量子分束器，用来替代以往实验中使用的经典分束器 M_2。经典分束器在实验中要么"在"，要么"不在"，其状态完全是确定的，而量子分束器则处于"在"和"不在"的叠加态上

$$|\psi\rangle = \alpha|在\rangle + \beta|不在\rangle, \quad \alpha, \beta \text{ 为任意数, } |\alpha|^2 + |\beta|^2 = 1$$

因此，这个干涉仪就是量子干涉仪。采用这个干涉仪得到的实验结果完全不同于以往结果，如图 5-1 所示。

当 $\alpha=1$ 时，$|\psi\rangle=|在\rangle$，结果是以往的干涉波形［图 5-1(b)］，测量到的是光子的波动状态 $|波动\rangle$；当 $\alpha=0$ 时，$|\psi\rangle=|不在\rangle$，测量到光子的粒子状态 $|粒子\rangle$［图 5-1(d)］。这两个特殊情况就是经典干涉仪的结果。但在一般场合，实验结果不再是纯波动态或是纯粒子态，而是两态并存的。看一下 $\alpha=\beta=\dfrac{1}{\sqrt{2}}$ 状态，结果是有波动性，但又不是正规干涉的正弦波［图 5-1(c)］。更严格地证明，实验结果确实违背了互补原理，测量到的光

子状态是光子的波动态和粒子态的叠加态

$$|\psi\rangle = \alpha |\,\text{波动}\,\rangle + \beta |\,\text{粒子}\,\rangle \tag{5-1}$$

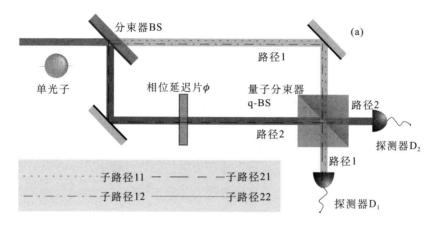

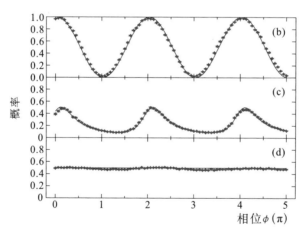

图 5-1　量子干涉仪实验结果

因此，量子干涉仪检测到的才是光子的量子特性，经典干涉仪无法观测到光子的真实状态，只能将它的状态投影到粒子或波动的状态，只见一隅而无法看到全景。可见，玻尔的互补原理并不能正确地阐明波粒二象性。后续各国学者采用不同的方案相继在实验上同时观察到光子的波动性和粒子性。玻尔的互补原理是哥本哈根学派传统诠释的核心内容，也是量子力学课堂上必讲的内容。

量子技术有力地挑战了哥本哈根学派的这种诠释。诠释只是针对量子力学的理解，即便这个理解完全错了，量子力学本身也仍然是正确的。这种正确性是 100 多年来实验所证实的。常常有人将量子力学的哥本哈根诠释与量子力学的正确性相提并论，似乎哥本哈根诠释不正确，量子力学就不对了，这种思想是大错特错的。

（二）不确定性原理

海森堡提出的不确定性原理在量子力学的创建过程中发挥着至关重要的作用。不确定性原理指出，不对易的力学量不可能同时精确测量。海森堡于 1926 年直观地给出的不确定性关系如式（5-2）所示。

$$\Delta x \Delta p \geqslant \hbar \qquad\qquad (5\text{-}2)$$

式中，x 和 p 分别代表电子的位置和动量。同年，美国物理学家厄尔·肯纳德（Earl Kennard）从数学角度严格证明了不确定性原理，指出 Δx 和 Δp 是位置和动量的方差。

考虑一般的可观测量 R 和 S，推广的不确定性原理——海森堡-罗伯森对易关系如式 (5-3) 所示。

$$\Delta R \Delta S \geqslant \frac{1}{2} |\langle [R,S] \rangle|, \qquad\qquad (5\text{-}3)$$

式中，ΔR 和 ΔS 是相应可观测量的标准差，而 $[R,S]$ 则是两个算符的对易子。如果 $[R,S]=0$，则这两个算符对易；否则，不对易。回头再来看位置算符 x 和动量算符 p，它们是不对易算符且 $[x,p]=i\hbar$，这样就很容易得到海森堡不确定性原理。可以看出，被海森堡看成是约束着量子系统测量的这种关系实际上有更深层次的物理意义，因此后来也被接纳为量子力学的一种原理。从算符的对易关系出发可以看出，在量子测量中，并不是任意的两个可观测量都不能被同时精确测量，只要描述这两个可观测量的测量算符是对易的，就可以被同时精确测量到。例如，电子的水平位置和垂直位置是两个对易的可观测量，在实验中是可以被同时精确测量的。

由于在研究这个原理的初始脱离不了可观测量的概念和对量子测量过程的分析，因此这个原理也被称为测不准原理，这样的称呼更符合讨论量子测量的场景。从研究对系统可观测量进行测量的角度出发尽管也得到了不确定性原理，但却并不能揭示其深层次的物理意义。"不确定性原理"这种概念更多地让人感到可能是因为技术的限制，而不是物理原理上的约束。然而，实际上只要接受德布罗意物质波的假设，也就是所有的微观量子系统具有波动性，反而就很容易理解不确定性原理在本质上是物理原理上的约束，而不是一个技术问题。因此以宏观物体的经典物理量（如位置和速度）测量的例子来说明不确定性原理，严格来讲是不正确的。可以说，不确定性原理是波（经典机械波和物质波）的一种本质属性，而与测量并没有直接关系。

在海森堡提出不确定性原理的时候，信息论还没有建立，人们只有信号处理方面的一些经验。在信息学中，首次将这种信号处理中的不确定性原理提出来的应该是在 D. 盖伯（D. Gabor）发表于 1946 年的论文《通讯理沦》。之前对这个原理有过一些零星的论述，传说 1925 年 N. 维纳（N. Wiener）在一次讲座中对其有所提及但却没有留下文字记录，而赫尔曼·外尔（Hermann Weyl）在 1928 年的论著《群论与量子力学》中也有过证明，不过他当时认为这是泡利不相容原理造成的。1974 年，M. 贝内迪克斯（M. Benedicks）第一次严格地证明了信号在实域和频域确实不能同时集中在一个有限大小的区域。

信息论中的不确定性原理给人带来的启发是巨大的，因为这表明不确定性原理并不是基于测量定义的"不确定性原理"那么简单，其本质似乎也不仅是来自物质的波动属性。看上去，它应该更像是哲学层面的一个定理。信息理论的引入，也为物理上研究不确定性原理带来更进一步的发展，正如下面所述，可以进一步不依赖于体系所处的状态来表述不确定性原理。

新形式的不确定性原理

从定义可以看出，基于海森堡-罗伯森对易子的不确定性原理依赖于系统所处的状态。也就是说，即便两个可观测量 R 和 S 不对易，也有可能找到一些特殊的系统状态，使不等式的右边退化为零。这显然不是一个好的原理应该具有的特征。受信息论中不确定性原理的影响，伊沃·比亚利尼基-比鲁拉（Iwo Białynicki-Birula）和耶日·米切尔斯基（Jerzy Mycielski）于 1975 年提出了基于香农（Shannon）熵的不确定性原理。后经过多伊奇、K. Kraus、H. Maassen 和 J. B. M. Uffink 的发展，形成了比较统一的形式。

$$H(R) + H(S) \geqslant \log_2 \frac{1}{c} \qquad (5\text{-}4)$$

其中 H 代表香农熵，而 $c = \max_{i,j} |\langle r_i | s_j \rangle|^2$ 代表了两个可观测量的重合度（ $|r_i\rangle$ 和 $|s_j\rangle$ 分别为可观测量 R 和 S 的本征态）。从这个定义式可以看出，基于熵的不确定性原理的下界不需要计算对易子的平均值，只和这两个可观测量本身有关，从而避免了不确定性原理中下界对系统态的依赖。

无论是海森堡从测量电子的位置和动量得到的不确定性关系，还是后来逐步建立的基于可观测量算符对易子的一般性不确定性原理，以及引入信息论观点的熵的不确定性原理，考虑的都是孤立量子系统。也就是说，除了以测量算符表示的与外界的联系外，量子系统并不存在和外界的任何其他关联或相互作用。这样的理论处理方式本身无可厚非，因为孤立量子系统就是我们的研究对象，而测量是唯一需要实施的对该对象的接触。可是实际情况却并非如此。对于微观粒子这种极度脆弱的量子系统，任何微弱的扰动都会影响其量子状态。也就是说，从原则上讲，从宇宙中完全隔离出这样的一个孤立量子系统是极其困难的。20 世纪 80 年代建立的量子退相干理论就是一个很好的例子。在对量子系统实施量子测量的过程中，或许不可避免地要考虑无处不在的环境因素。对量子孤立系统的研究逐渐向开放系统发展，而对不确定性原理的研究也是如此。

其中的一个重要案例就是纠缠辅助的不确定性原理。考虑对处于类空间隔但波函数完全关联的两个孪生粒子 A 和 B 进行位置和动量的测量。很显然，因为两个粒子处于类空间隔，即两个粒子之间的信息传递即使使用光速也无法做到，这样对两个粒子的测量可以认为是独立的。言下之意就是，对其中一方，可以精确测量其位置而不关心对动量的扰动，而对另一方只精确测量其动量而不关心对位置的破坏。而两个粒子的波函数完全关联，意味着可以通过其中一方的测量结果来推测另一方的结果。这就导致对于同一个粒子 A 而言，可以精确测量其位置和动量（其中一个可观测量可以通过对 B 粒子的相同可观测量的精确测量推测得到），与不确定性原理相违背。人们发现，量子系统非常奇妙，其波函数不仅可以在局域上相干叠加，还可以非局域地相干叠加（即量子纠缠）。人们开始相信，有了量子纠缠的辅助，是有可能在违背不确定性原理的同时精确确定一个粒子的位置和动量。反之，通过对不确定性原理的违背，人们也可以判断所研究的量子系统是否处于量子纠缠状态（图 5-2）。

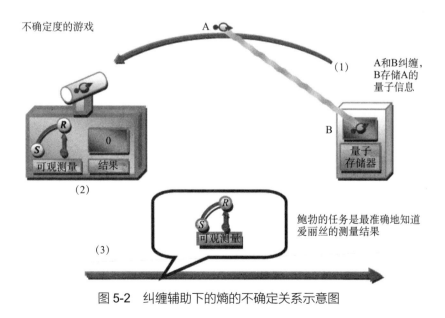

图 5-2　纠缠辅助下的熵的不确定关系示意图

M. 贝塔（M. Berta）等在前期理论研究的基础上，于 2010 年提出了一个升级版的不确定性原理，用于指导开放系统的信息提取和测量扰动之间的权衡问题。他们的研究指出，如果一开始将待观测的粒子 A 和一个辅助粒子 B 纠缠起来，那么关于粒子 A 的两个互补（不对易）可观测量的测量结果不确定度可以同时被无限制地缩小，数学上基于冯·诺依曼熵可以将上述结果表示为

$$H(R|B)+H(S|B) \geqslant \log_2 \frac{1}{c} + H(A|B) \qquad (5\text{-}5)$$

式中 $H(R|B)$、$H(S|B)$ 为条件冯·诺依曼熵，用于表征在已知储存于粒子 B 的量子信息的情况下，可观测量 $R(S)$ 测量结果不确定度。而下限中多出来的一项 $H(A|B)$ 则是 A 和 B 的条件冯·诺依曼熵。而 $-H(A|B)$ 对应于 A 和 B 的单向可蒸馏纠缠的下限，因此这个升级版的不确定性原理给出了在待测量子系统和外界有纠缠的情况下的下界。如果待测系统是完全孤立的，那么这个关系式就退化为传统的形式。

为什么会有这样一个强化的不确定性原理呢？正如前面所述，这是对量子力学的研究从考虑孤立量子系统向开放量子系统过渡的一个必然结果。实际上，传统的不确定性关系关心的仅是量子系统被测量之后获得的经典信息，如位置和动量等。而量子信息理论的发展表明，量子系统不仅具有经典信息（经典关联），还含有量子信息（量子关联）。新形式的不确定性原理，正是考虑量子系统含有的量子信息后对传统不确定性原理的一个推广。贝塔等的论文就是在考虑将 A 粒子的量子信息先储存起来（与 B 粒子纠缠），然后再考虑对 A 粒子的不对易可观测量进行测量。当它们处于最大纠缠态时，两个不对易的力学量可以同时被准确测量，此时传统的海森堡不确定性原理将不再成立。

这个理论提出不久后，中国科学院量子信息实验室就在实验上验证了这个新形式的不确定性原理。图 5-3(a) 是实验装置图。中国科学院量子信息实验室首先通过在非线性晶体中发生的自发参量下转换过程产生一对孪

生光子，并将它们制备到一种特殊的纠缠态——贝尔对角态上。将其中的一个光子作为我们待观测的量子系统 A，而另一个光子 B 作为存储被测光子量子信息的辅助粒子。为了存储光子 B 所携带的量子信息，我们自行搭建基于保偏光纤的自旋回声式量子存储器，存储时间可达 1.2 微秒。这样我们就可以先完成对光子 A 某个可观测量（如 R）的测量，然后再测量其另一个不对易观测量 S。我们在实验中给出了两个不对易可观测量输出结果不确定度的下界，与贝塔等的理论符合得非常好。中国科学院量子信息实验室的实验结果［图 5-3(b)］表明，如果系统和外界有量子关联，在待测系统的量子信息事先被存储的情况下，传统的不确定性原理能够被违背。

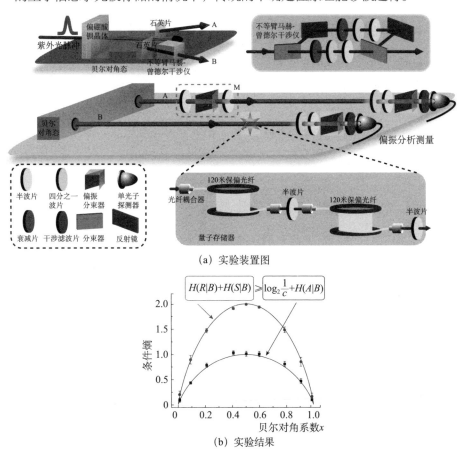

(a) 实验装置图

(b) 实验结果

图 5-3 验证新形式不确定性原理的实验装置图与实验结果

从海森堡考虑对电子进行经典力学量的测量提出不确定性原理至今已经过去快一个世纪了，后来的理论发展极大地超出了人们原先的认知，特别是在量子物理引入信息论之后，不确定性原理似乎是约束人们认识自然的一个基本原理。从数学角度看，它确定了数学方程中成对出现的所谓正则共轭变量必然要受到的限制；从几何角度看，两个体积不为零的几何体的交集是不确定的，如果我们只能观察到交集，那么根据交集是无法推断两个几何体形状的；而在信息论中，它限制了人们对信号的提取，一个事物的动态和静态（状态）信息不能同时被精确获得。不确定性原理似乎更像一个哲学原理——鱼和熊掌不可兼得，顾此而失彼。事物都是彼此制约、互相限制的，不确定性原理反映了自然界的这个本质。机械宿命论认为，若确切地知道现在，就能预见未来。海森堡认识到，我们不能知道现在的所有细节是一种原则性的事情，否则我们就必须接受机械宿命论的观点。

量子信息的诞生并没有推翻量子力学的不确定性原理，而是深化了对这个原理内涵的理解。

（三）宇宙万物源于量子比特吗

维度是物理学中至关重要的一个属性。如果将经典的计算机看成一个物理系统，那么它就是标准的两维系统。在经典计算机中制备、操作和测量只有两种状态——高电平（0）和低电平（1），所以这个物理系统中所有的功能都被限制在两维的状态空间内，我们称这样的系统为比特（bit）系统。作为最简单的状态转换系统，比特系统广泛地应用于各种人造的物理体系中。而在自然界中的物理系统，其状态维度往往高于比特系统。

20世纪著名物理学家惠勒曾经提出一个令人深思的论断——"万物源于比特"（It from bit）。这种观点认为信息是非常基本的，宇宙万物（包括任何粒子、场甚至时空）都源于信息的基本单元——比特。量子信息兴起以后，这个论断升华为"万物源于量子比特"（It from qubit）。以信息为基础重新构建量子理论是当前重要的研究方向。那么这类研究就触及了其中至关重要的一个问题：只考虑比特或量子比特（即二值理论）来构建量子理论就够用了吗？

这个问题的答案是否定的。随着量子理论的深入发展，科学家们发现高维系统与两维系统有本质不同。

我们来看测量问题。量子测量是量子力学中的基本问题之一。在经典理论中，复杂的多值问题测量可以拆解成二值测量来完成。例如，对一个三值问题（设输出结果分别为1、2、3），可以通过两步二值测量完成：第一步判定测量结果是不是1，如果不是，则进行下一步二值（2，3）测量来确定测量结果是2还是3。然而对量子理论的测量却没有这么简单。由于量子理论的测量是一种塌缩测量，所以当我们判定上述第一步测量结果的时候，整个量子态已经塌缩，实际上我们已经无法完成第二步的量子测量，即使完成，也会得到一个经典的测量结果而非量子理论的测量结果。

所以从测量的角度来看"万物源于比特"的论断就存在一些问题，也就是说在量子理论中高维系统的多出口测量和比特系统的二值测量有本质不同。但是在经典世界中，我们完成的是经典的测量过程，看起来一个高维的多出口测量总能分解成许多比特的二值测量。例如，总是可以利用二值比特经典计算机来完成多出口的经典测量任务。换句话说，在经典世界中，"万物源于比特"是对的，这也是"数码时代"的基本依据。那么在量子世界中如何观测高维系统的多出口测量与二值测量的不同呢？

科学发展过程的本质是一个证伪的过程。由于物理世界是无限的，所以我们无法遍历宇宙中所有的粒子，证明理论的正确性。但是我们可以做到的是找到实验反例，证明与我们相对立理论的错误，从而间接证明现有理论的正确性，这就是著名的不可行定理（no-go theorem）。前面介绍的贝尔不等式就是一个非常成功的不可行定理。

1964 年，贝尔首次指出："如果我们可以找到一些特殊的量子态和力学量，构造一个不等式，而这个不等式的上界为遍历局域隐变量理论得到的最大值。那么一旦我们在实验室中观测到这个不等式的违背，我们就可以确定局域隐变量理论的错误，间接证明了量子力学的正确性，实验上也确实是这样做的。"

按照贝尔的这个思路，想要证明"万物源于比特"论断错误，我们只需要找到一个反例能证明高维系统并不能由二维比特系统完全构成就行。

2017 年，西班牙、德国和匈牙利的理论物理学家在理论上证明了任意的 $n+1$ 出口的测量会产生比 n 出口的测量更强的量子关联，并且利用三维量子纠缠态基于二值理论构造出一个特殊的不等式。如果在实验中观测到这个不等式的违背，则意味着量子力学中强于二值关联的存在，或者说多值问题的测量是不能通过拆解成二值测量来实现的。

这个不等式的构造与贝尔不等式的构造非常类似。他们首先假设了特殊的量子态 { 三维纠缠态 $[\dfrac{\sqrt{2}|00\rangle+|11\rangle+|22\rangle}{\sqrt{2}}]$ } 和一些测量基，如果我们按照二值的理论来解释测量的话，上述式子就存在一个最大值 1。但是我们用三出口的测量可以得到上界的值为 1.089，违背了基于二值理论的不等式。

想要在实验中观测到这个现象，就需要构造三出口的测量装置。这如何解决？

中国科学院量子信息实验室李传锋研究组设计和制造了一套保真度非常高的三维量子纠缠光源（量子态的保真度高达 0.98）。实验上，李传锋研究组把处于三维纠缠的两个光子分发到两个相距 8 米的实验室中，完全随机地选择测量基进行测量（图 5-4）。实验观测到对二值理论预言的明显违背，违背量超过了 9 个标准差，从而首次实验观测到量子力学中强于二值关联的存在。

李传锋研究组的实验结果不支持"万物源于比特"的论断。

这些例子显示，量子信息技术确实是研究量子世界本质最有力的工具，它不仅可用于判断某些猜想或诠释正确与否，还可加深人们对量子世界的理解。

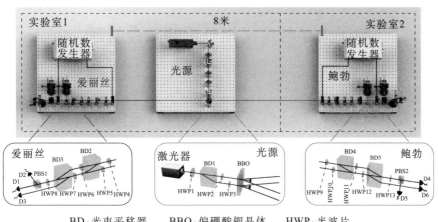

BD：光束平移器　　BBO：偏硼酸钡晶体　　HWP：半波片
PBS：偏振分束器　　D：单光子探测器

图 5-4　观测强于二值关联的实验光路图

总之，量子信息的诞生开启了第二次量子革命。第一次量子革命的主流是探索量子力学如何造福于人类社会，实际上是求解各种类型的薛定谔方程，这 100 多年来确实取得了辉煌的成果，开创了人类社会繁荣昌盛的信息时代。在这个时代，人们对量子力学的争论暂时被搁置在一边。也就是说，在第一次量子革命中，人们只能问量子力学可以让我们"做什么"，而不去问"为什么"。那么第二次量子革命究竟要做什么？有两件事情要做，其一是继续问"做什么"，其二是追问"为什么"。本书后四章将介绍第一件事——量子信息技术，它不同于第一次革命所开创的经典技术，而是应用到量子性质的更强大的技术，促使人类迈进量子技术的新时代。

第二件事要追问的是量子世界的奥秘，量子纠缠、非局域性究竟源于何处。当前我们面临的若干重大问题有：①量子力学与相对论如何融合？②传统的量子力学还有发展的空间吗？③量子真空究竟是什么？

对这些问题的研究将极大地加深对量子力学本质的认识。研究量子力学与其他理论（如引力理论）的矛盾是理解量子力学基础的有效手段，每次矛盾的解决都会伴随着量子理论认识上新的飞跃。

二、量子力学与广义相对论的融合问题

（一）量子理论的巨大成功

20世纪20年代，玻尔、海森堡、薛定谔和玻恩等经过努力建立了自洽的量子力学系统。后经狄拉克（1935年）和冯·诺依曼（1932年、1935年）的公理化整理，量子力学已经成为一个完整的理论体系。这个理论体系在随后的应用中取得了惊人的成果，成为人类有史以来最成功的物理理论。

统一是物理学家最朴实的信仰，物理学家们相信整个宇宙最后可以用同一套理论加以解释。而且这种信仰还一次又一次地被物理学家们证明是正确的。可以说，整个物理学的发展史就是一部波澜壮阔的物理理论统一史。正如爱因斯坦所言："宇宙最让人不可理解的事就是它可以被理解。"（The most incomprehensible thing about the world is that it is comprehensible.）爱因斯坦是量子力学的主要奠基人之一，又独立地建立了广义相对论理论，他本人就坚信存在一个能统一所有物理理论的终极理论，并将自己的后半生投入这个伟大的事业中去。

牛顿在1687年提出的牛顿三定律和引力理论是最早的一次物理学统一。这个理论统一了当时观察到的天上的星星和地上物体的运动，极大地推动了当时科学和技术的发展。1873年，麦克斯韦在《电磁通论》中提

出的电磁学理论不仅统一了电学和磁学，而且统一了光学。

　　自然界中有电磁相互作用、弱相互作用、强相互作用和引力相互作用四种基本力。人们期望这四种力可以统一到量子力学的框架下。经过狄拉克、费米、朝永振一郎、费曼、施温格和戴森等的努力，他们建立了一门叫作量子电动力学的理论。这个理论实际上完成了量子力学与电磁学理论的融合（也称为电磁场的量子化）。这为朝永振一郎、费曼和施温格赢得了 1965 年的诺贝尔物理学奖。量子电动力学也成为迄今最精确的物理理论。康奈尔大学的木下东一郎教授利用量子电动力学计算的数值与实验结果可以在小数点后 12 位保持一致。这个惊人的精度，强烈地暗示量子力学可能是上帝构造宇宙的基石。

　　量子电动力学取得的巨大成功，激励人们沿着这条路继续前进。量子电动力学的成功使得人们在 20 世纪的 50～60 年代开始去发展新的量子化方法来统一弱、强相互作用和引力。事实表明，对于弱、强相互作用，这也是一条硕果累累的道路。

　　谢尔登·格拉肖（Sheldon Lee Glashow）、斯蒂芬·温伯格（Steven Weinberg）和萨拉姆证明弱相互作用和电磁相互作用（尽管表现形式完全不一样）可以通过量子场论[①]统一起来，这也为他们赢得了 1979 年的诺贝尔物理学奖。值得注意的是，萨拉姆教授是第一位获得诺贝尔科学类奖项的穆斯林，也是发展中国家科学院的建立者。这也可能是迄今唯一没有实验证据就获得诺贝尔奖的理论工作。同样是利用量子化的方法，在南部阳一郎（Y. Nambu）[②]、戴维·格罗斯（David Gross）、戴维·波利策（David Politzer）和弗兰克·维尔切克（Frank Wilczek）[③]等的努力下，建立了强

---

① 准确地说是一套现在称为规范场论的理论，杨振宁和米尔斯于 1954 年在这方面做了先驱性的工作。
② 因发现亚原子物理学的自发性对称破缺机制而获得 2008 年的诺贝尔物理学奖。
③ 因发现强相互作用的渐进自由而获得 2004 年的诺贝尔物理学奖。

相互作用的量子色动力学，将强相互作用也纳入量子力学的框架。看起来离建立完全的大统一理论只差"临门一脚"了。但是，当人们乘胜追击，希望将最后一种相互作用——引力——也纳入量子力学的框架时遇到了麻烦。

（二）广义相对论的巨大成功

如果说量子力学是有史以来最成功的理论，那么广义相对论可以说是有史以来最优美的理论。1916 年，爱因斯坦提出的广义相对论只基于两个最简单的假设——等价原理和光速不变原理。从奥卡姆剃刀原理"如无必要，勿增实体（假设）"来说，就是最优美的理论了。广义相对论的正确性也受到各种严格的实验检验，特别是激光干涉引力波天文台（Laser Interferometer Gravitational Wave Observatory，LIGO）实验装置在 2016 年直接探测到引力波，更是给了广义相对论理论最直接的支持。这个突破性成果也使索恩、巴里·巴里什（Barry Clark Barish）和雷纳·韦斯（Rainer Weiss）获得了 2017 年的诺贝尔物理学奖。引力波的探测是科学史上最伟大的篇章，是 1000 多位来自 16 个国家和地区的科学家近 40 年一无所获的坚持之路。麻省理工学院（MIT）的校长赖夫（Reif）给全校的教师发的信中表示：

> 今天的这项发现、这场科学的胜利，正是人类探索基础科学的悖论的象征：基础科学研究的路途是痛苦的、枯燥的，进程是缓慢的，但同时，它又是激动人心的、有革命和启迪意义的。如果没有基础科学，我们的预测就会没有根据，任何"创造"就像时刻驻足在悬崖边上一样摇摇欲坠。随着基础科学的胜利，社会也将进步。

量子力学和广义相对论是近代物理学的两大独立支柱。前面已经谈到，以量子力学为基础，我们已经可以将除引力以外的三种力统一起来，只要我们再将引力与其统一起来，一个大统一理论就可以建立起来了。爱因斯坦的后半生就致力于融合量子力学和广义相对论，但是直到他 1955 年去世也没能取得成功。他的思想激励着他的追随者们继续前进，但到目前为止仍然没有成功。

人们可能会认为这两个理论适用于完全不同的领域——广义相对论主要运用于大尺度的宏观系统（如宇宙学），而量子力学主要运用于原子尺度的系统。这两个理论会有交集吗？如果没有交集，它们不相容的问题就不会产生任何的物理效果。然而，人们在致密星体中发现这两个理论都是必不可少的，黑洞[①]的霍金辐射就是这两个理论都起作用的典型效应。传奇的明星科学家斯蒂芬·威廉·霍金（Stephen William Hawking）在 1974 年发现，如果将量子力学引入黑洞的研究中，根据海森堡不确定性原理，在黑洞的视界附近可以瞬时地产生一对正、反粒子，如果其中一个粒子进入黑洞，而另一个粒子逃逸，那么从黑洞外看来就像是黑洞在对外辐射粒子。利用霍金辐射和热力学第一定律还可以直接导出 1973 年惠勒的学生贝肯斯坦提出的黑洞熵的结果。在这种情形下，融合这两个理论对理解致密星体（特别是黑洞）物理就显得极重要了。

那么，为什么这两个理论不相容呢？它们的根本分歧在哪里呢？这可以通过海森堡不确定性原理来进行简单说明。如果我们要融合这两个理论，融合理论的典型空间尺度（或者等价的能量尺度）可以通过 3 个无量纲常数——光速（c）、引力常数（G）和普朗克常数（h）获得，我们称为普朗克长度（数值大概是 10^{-35} 米量级）。根据海森堡不确定性原理，我们关注的空间尺度越小，引力场的量子起伏就会越大。很显然，当我们关注的空间尺度是普朗克长度时，因为它非常小，引力场就将剧烈地起伏，

---

① 黑洞的概念是惠勒在 1967 年的一次会议中提出的。

惠勒将这种状况称为"量子泡沫"（1955 年）。在这个尺度上，广义相对论的核心概念——黎曼几何的光滑性——遭到彻底的破坏。这两个理论不相容性的直接表现就是，我们用两个理论融合计算出来的物理结果总是包含不可重整的无穷大。重整化概念最早是在量子电动力学中被施温格、费曼和戴森等提出来的。为了解决理论中的积分发散问题，实践证明这是一套处理发散积分的有效方法。这个思想后来被威尔逊发扬光大，并被应用于研究多体系统的相变，并表明它在多体系统中的强大作用，威尔逊也因此获得了 1982 年的诺贝尔物理学奖。一个自洽的物理理论必须是一个可重整化的理论。

（三）融合广义相对论和量子力学的弦理论尝试

虽然量子力学和广义相对论都经历了各自领域的严格检验，但他们的不相容性表明我们需要对其中的一个理论进行某种形式的修改。弦理论一度被认为是最有希望的大统一理论。它最早（1968 年）是被加布里埃尔·维尼齐亚诺（Gabriele Veneziano）在理解原子核的强相互作用时引入的数学形式（其实是欧拉贝塔函数）。随后，南部阳一郎、尼尔森和苏斯金等发现了这个数学形式背后的物理——把基本粒子换成一根振动的琴弦。他们的这个解释在当时并未引起大家的注意，但却在 20 世纪 80 年代以后引起了两次所谓的超弦革命。

1984～1986 年是所谓的第一次超弦革命时期。首先是在 1984 年，格林和施瓦兹证明弦理论可以容纳四种基本的相互作用。前面我们已经提到，海森堡不确定性原理在普朗克尺度上会破坏广义相对论所要求的几何光滑性，当我们利用弦理论的基本假设将所有的基本粒子[1]都换成一条振动的弦（弦具有空间延展）时，这个矛盾可以被抹平。而且，弦的众多共

---

① 在标准模型中，基本粒子都是没有空间延展的点粒子。

振模式之一与引力子的性质相同，因而引力也天然地可以成为弦理论的一部分。这个里程碑式的发现，使得激动的物理学家们燃起了对弦理论的热情，1984 ～ 1986 年的 1000 多篇研究论文表明标准模型的很多特征都可以在弦理论中自然地呈现。然而，人们很快发现，作为弦理论核心结构的超对称可以 5 种不同的形式进入该理论，而这 5 种不同的弦理论之间又表现出巨大的差异。很显然，我们追求的终极理论只有一个。那么，哪一个才是我们寻求的大统一理论呢？这就要等到第二次超弦革命了。

提到超弦革命，就不得不提到被称为"当代牛顿"的爱德华·威滕（Edward Witten）。他 1951 年生于美国马里兰州的巴尔的摩，本科学习的是艺术和历史，还短暂地参与过民主党候选人乔治·麦卡文的总统竞选工作，在 1973 年才转学物理和数学。由于他创造性地将量子场论的技术运用于研究数学中的低维拓扑问题，因此于 1990 年获得了被誉为 40 岁以下数学家最高奖的菲尔兹奖。他于 1995 年在南加利福尼亚大学举行的弦理论年会中宣布可以将 5 种不同的弦理论统一到一个 11 维的新理论中，该理论被称为 M 理论，由此点燃了超弦的第二次革命。至此，超弦理论形成了一个非常完美的结构。这个优美的数学结构是否就是我们苦苦追求的大统一理论呢？这需要实验来检验。很遗憾，至今还没有任何实验证据支持超对称的存在，相关的实验努力还在继续。

（四）量子纠缠与时空

随着量子信息科学的深入发展，在其中提出的新概念、新方法为重新认识物理学提供了一些新的思路。1935 年，爱因斯坦等提出的量子纠缠是量子信息的核心概念和资源。最新的研究指出，量子纠缠可能是构建时空几何的关键因素。量子纠缠与时空的关系最早是由马克·范·拉姆斯东克（Mark van Raamdonk）在 2009 年发现的。当年他将自己的这个发现投稿给《高能物理杂志》，结果直接被拒稿了，还被审稿人认为是个怪人。

随即，他把这篇文章重新投给引力方面的著名杂志《广义相对论和引力》。很遗憾，他再次被拒稿了，编辑建议他彻底重写该文章才有可能在某个杂志上发表。在投稿给《广义相对论和引力》杂志的同时，他参加了引力研究基金会的年度论文竞赛并获得了一等奖。有意思的是，这个一等奖的奖励之一就是可以在《广义相对论和引力》杂志上发表该成果。

解决量子力学和引力理论不相容的问题理论有不同的路径，而量子化是迄今一条主要的路径，它在统一除引力以外的其他三种力的时候显示了巨大的威力，但在量子化引力的时候遇到了麻烦。而拉姆斯东克选择了另一条路——通过量子力学来构造空间和时间。利用胡安·马尔达西那（Juan Maldacena）于1997年提出的全息原理（又称 Ads/CFT 对应），拉姆斯东克证明量子纠缠在时空的产生中起着决定性作用。全息原理告诉我们可以在一个三维的反德西特（Antide Sitter）空间中的量子引力理论（如弦理论）的粒子和一个二维的量子共形场论中的粒子之间建立对应关系（duality）。因而，三维反德西特空间中的引力问题就可以转化为它的边界上的二维空间中的量子态性质来研究。基于此，拉姆斯东克得出结论，当边界态的纠缠等于零时，对应的空时会被撕裂。换言之，纠缠对空时的形成至关重要。

纠缠是时空（或几何）黏合剂的发现很快得到来自其他研究的支持。2012年，来自麻省理工学院的布莱恩·斯温格尔（Brian Swingle）利用张量网络的办法直接建立了边界量子态与体状态之间的对应关系，明确地得到与拉姆斯东克一致的结论（即纠缠在空时的形成中起关键作用）。更进一步，2013年，苏斯金[1]和马尔达西那提出了著名的 EPR=ER[2] 的猜想用以解决黑洞中的火墙悖论。EPR 表示我们前面提到过的 EPR 量子态，此处就是纠缠态的意思；而 ER 表示虫洞。在这个猜想中，他们认为两个纠

---

[1] 前文我们已经提到，他在超弦理论的发展中起过关键作用。
[2] 爱因斯坦和罗森的名字的首字母缩写。

缠的黑洞之间是由一个虫洞联系的。更进一步猜想，两个纠缠的粒子之间也许是由一个虫洞联系的。换言之，虫洞和纠缠是等价的。这个猜想的确可以解释一些与纠缠相关的神奇特性，如纠缠中幽灵般的"超距作用"和信息不能超光速传输。显然，这个猜想的进一步研究将极大地增加我们对量子纠缠和量子引力的理解。

三、传统量子力学向何处发展

如前面讲述，科学家试图将量子力学与广义相对论融合起来，但几经努力仍未成功。究竟能否找到修改的广义相对论使之可以融合量子力学，或者找到可以兼容广义相对论的新量子力学，迄今尚不可知。可能的结局是此路不通，因为两者水火不容。

这里将换个角度来探索这种"统一理论"的思想。我们将从传统的量子力学出发，探讨沿什么路径可能实现"量子-经典"的统一。自然界是独立于人类而客观存在的，人类科学研究活动的目的是寻找对自然规律的认识，各种科学理论就是这种努力的结晶。人类在认识自然的征途中已发现了若干自然界的"秘钥"，如普朗克常数、光速和引力常数等。这些"秘钥"隐含着自然界深刻的含义，有助于我们更好地了解自然规律。在物理学层面，普朗克常数是划分量子世界和经典世界的关键常数，借助这个常数，我们可以将自然界在物理层面上划分为三层结构，如图5-5所示。

普朗克常数是量子效应的度量。在经典世界中，量子效应可以忽略不计，经典物理理论足以完美地描述该世界的运动规律。而在量子世界中，量子力学成功地描述了已经发现的所有量子现象。当然，对于亚量子世界，我们迄今仍一无所知，因为人类的能力尚不足以研究这个世界的现象，当下只能提出一些无法验证的猜想。例如，亚量子世界中时间和空间中不再是连续的，而是"量子化"的。

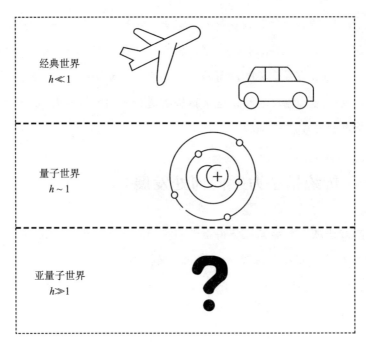

経典世界
$h \ll 1$

量子世界
$h \sim 1$

亚量子世界
$h \gg 1$

图 5-5　自然界在物理层面上划分为三层结构

宇宙是真空大爆炸后诞生的，自然界的演化路径是亚量子世界→量子世界→经典世界。人类诞生在经典世界中，因此人类理解宇宙便从自己身处的世界出发，一步步向前迈进：经典世界→量子世界→亚量子世界→……

当人类成功地建立了经典物理理论和量子力学后，自然会去寻找一种更广泛而深刻的理论来统一描述这两个世界的运动规律。自然界本来就是一体的，划分不同的物理世界是人为的，是在人类认识自然界的初级阶段不得已而为之的。所以当科学发展到新的阶段，科学家必然会研究"统一理论"。然而，试图将自然界四种不同的力统一起来的努力虽然取得了重大进展，但仍因迈不过"引力量子化"这个坎而修不成正果。既然如此，我们可以先着眼于将"量子世界"与"经典世界"统一起来的小目标，即寻找一种"统一理论"，它能描述 $0 \leqslant h \leqslant 1$ 范畴的所有物理现象，改变目前量子力学和经典物理各自为政的状况，这应当是第二次量子革命的任务之一。至于如何将"亚量子世界"也纳入"统一理论"中，那将留待第三次量子革命去解决，当下我们鞭长莫及。

事实上，传统量子力学的巨大成功从未阻止人们去寻找更令人满意的新理论的努力，学术界时不时会涌现出形形色色的新思想，当然其中有些理论本身就很难自圆其说，更谈不上有任何实验的支持，最终已被抛弃。目前学术界大致沿着三条不同路径来发展传统量子力学。

（一）路径一：玻姆的非局域隐参数理论试图将量子世界重新纳入经典物理的范畴

在1927年举行的第五次索尔维会议上，德布罗意报告了一种基于导引波的隐变量理论，但他在哥本哈根学派的泡利等的质疑下放弃了这套理论。直到1952年，玻姆才重新发现并定义了这套框架，建立了德布罗意-玻姆理论，也称为玻姆力学。玻姆力学的核心思想仍然是经典力学，电子被视为粒子，它的运动有"量子势"伴随，后者蕴含着非局域性。玻姆力学能解释所有量子力学的预言，但它无法给出新的预言，实验上也无法证实"量子势"的存在。当然贝尔不等式的违背虽然排除了局域隐变量的描述，但"非局域隐变量"理论仍然吸引着人们的研究。我们知道，关于局域隐变量的争论最终导致人们揭示量子世界非局域的特性，或许对非局域隐变量的研究有可能深化人们对量子世界的认识。

（二）路径二：寻找比传统量子力学更普适的理论以揭示自然界更深层次的物理现象

典型的有空间时间反演对称理论（PT对称理论）和波佩斯库-罗尔利希盒（PR-Box）。

1. PT 对称理论

什么是 PT 对称性？经过宇称对称和时间反演之后仍然与原来一样的体系就具有 PT 对称性。

传统的量子力学是建立在一系列假定之上的，其中哈密顿量的厄米性假定是比较重要的一条。1988 年，美国华盛顿大学的卡尔·本德尔（Carl Bender）等认为，这个假设要求过高，提出可以将厄米性替换为哈密顿的 PT 对称性假定以拓展量子力学，传统量子力学只是新理论的特例。哈密顿量的厄米性条件确保系统的能量为实数和总概率守恒，PT 对称性能满足相同的物理要求。而且，厄米性要求比较数学化，而 PT 对称性具有物理意义，在特定参数下可坍缩为传统量子力学，PT 对称性假定比厄米性假定的要求更低。因此，PT 对称理论被作为传统量子力学的一种推广而建立起来。

PT 对称理论预言该系统可能出现若干新的现象。① 瞬时的量子态变换。传统量子力学中从一个量子态演化到它的正交态需要有限的时间，而 PT 对称理论可以用任意短的时间从一个量子态演化到它的正交态。② PT 对称理论单次测量可以区分非正交态，而传统量子力学单次测量只能确定性地区分两个相互正交的态。③ 超光速传输。传统的量子力学中信息的传播速度受限于光速。PT 对称理论预言，如果能找到封闭的 PT 系统，则超光速传输将有可能发生。④ 减缓量子退相干。传统量子力学中的量子态受环境影响而量子退相干，而 PT 对称系统中的量子退相干演化可以被减慢甚至停止。

迄今尚无法制备出遵从 PT 对称理论的物理系统，因此难以对此理论进行验证。当然，人们在经典物理领域应用 PT 对称理论制备的耗散系统确实呈现许多新奇的特性，因此引起学术界的兴趣。尽管实验上无法制备 PT 对称理论的量子系统，但是提出 PT 对称理论的初衷是寻找比传统量子力学更广泛的替代理论。我们可以采用量子模拟来研究 PT 对称性量子系统的性质。图 5-6 是实验室开展超光速现象的实验模拟装置。

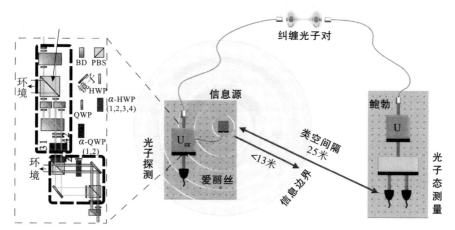

BD-光束平移器　PBS-偏振分束器　HWP-半波片　QWP-四分之一波片

（a）实验模拟

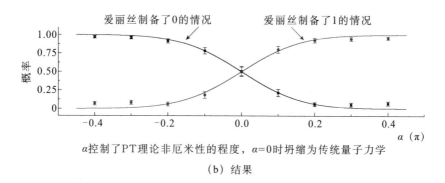

α控制了PT理论非厄米性的程度，$\alpha=0$时坍缩为传统量子力学

（b）结果

图 5-6　超光速现象的实验模拟

爱丽丝和鲍勃共享一对纠缠光子，爱丽丝采用后选择的方法构造 PT 对称模拟系统，只有 50% 的概率可以成功制备出 PT 系统。爱丽丝将 0 或 1 编码到她的光子上，然后使之进行 PT 演化，随后进行探测；鲍勃在爱丽丝探测的同时也测量他的光子在左旋态上的坍缩概率。实验中从爱丽丝编码到探测光子的时间间隔中，信息可以传递的距离小于 13 米，而鲍勃的

实验装置距离爱丽丝的实验装置有25米远。如果没有超光速的信息传输，鲍勃测量的概率始终为50%，他无法获得任何关于爱丽丝编码的信息。如果信息传输超光速，则鲍勃在爱丽丝编码0或1时测到的概率会出现差别，且差别越大，得到的超光速信息量就越大。图5-6(b)是实验的结果，是一个模拟成功的事件。

两种情况下鲍勃测量到的概率差异说明，在被模拟的PT世界中有超光速现象的可能性。在该实验中，信息的传输速度为1.9倍光速。当然，现实世界中需要同时考虑50%的成功事件和另外50%的失败事件，此时鲍勃测量到的概率始终是50%，说明现实世界中没有超光速，与传统理论不冲突。

这个实验表明，如果自然界存在按照PT对称理论运行的物理实在系统，那么该系统必然允许超光速现象存在。如果自然界不允许超光速，那么PT对称理论就无法替代传统量子力学。

2. PR-Box 的故事

量子力学是迄今最成功的理论，这已被所有实验事实所证实。然而，从公理化角度来看，建立量子力学的公理有5条，且非常数学化，缺少自然与物理的意味。相比之下，相对论更简洁明了，它建立在相对性和光速不变两个公理上。因此，寻找量子力学更简明扼要的物理原理解释就成为物理学家的一个心结。

量子力学满足信息不可超光速这个原理，那么在这个基础上，是否还有别的简单的物理原理能够建立量子力学理论呢？我们已经认识到，量子非局域性是量子物理的一个独特现象，那么将光速不变与非局域性结合起来能否得到量子力学呢？罗马尼亚裔英国物理学家桑杜·波佩斯库（Sandu Popescu）和以色列物理学家丹尼尔·罗尔利希（Daniel Rohrlich）对此问题进行了细致研究。PR-Box就是这两位物理学家从信息论角度研究量子力学基本原理时提出来的一个思想实验。其基本过程如图5-7所示。

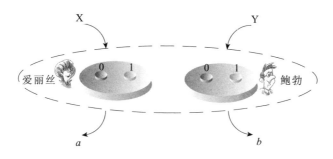

图 5-7　PR-Box 假想实验

　　考虑两粒子体系，爱丽丝和鲍勃各有一个粒子。爱丽丝和鲍勃之间相隔甚远，以至于他们之间无法通信。爱丽丝和鲍勃各自有独立的实验装置，分别记为 X、Y，每个实验装置有红色和绿色两个按钮（分别记为 0、1）；按下每个按钮，都会输出结果 a、b；假设输出的结果有两个值（0 或 1），分别通过记录输入、输出的情况就可以得到联合概率分布 $P(ab|XY)$，即 X 输出 a 的同时 Y 输出 B 的概率。爱丽丝不必管鲍勃如何操作，她自己独立操作时输出为 a 的概率称为边缘概率分布，记为 $P(a|XY)$，可由联合概率分布 $P(ab|XY)$ 得到，公式为 $P(a|XY)=\sum_b P(ab|XY)$。因为爱丽丝与鲍勃互相独立，鲍勃对爱丽丝没有影响，因而有 $P(a|XY)=P(a|X)$。类似地，鲍勃的边缘概率分布为 $P(b|XY)=\sum_a P(ab|XY)$，$P(b|XY)=P(b|Y)$。假定爱丽丝与鲍勃相隔很远，无法通信，他们各自在当地的行为不会影响对方。换句话说，无论爱丽丝和鲍勃如何选择自己的按钮，都不会改变对方的边缘概率分布，即 $P(a|X)=\sum_b P(ab|XY)$、$P(b|Y)=\sum_a P(ab|X'Y')$，其中，X′ 和 Y′ 分别代表 X 和 Y 的任意操作。这就是所谓的 no-signaling 条件，或者说不可超光速条件。

　　现在我们考虑一个概率和式：

$$P(00|00)+P(11|00)+P(00|01)+P(11|01)+P(00|10)+P(11|10)+P(01|11)+P(10|11)$$

实际上这是 CHSH 不等式的概率形式。我们将发现一个十分有趣的现象，即在不同情况下，它给出不同的结果（图 5-8）。

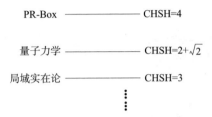

PR-Box ————————— CHSH=4

量子力学 ————————— CHSH=$2+\sqrt{2}$

局域实在论 ————————— CHSH=3

图 5-8　特殊概率分布下，CHSH 不等式的值超过量子力学预言的最大值

（1）用局域实在论描述爱丽丝和鲍勃（即其概率分布是由确定性事件的概率混合得到的），那么上述概率和的最大值为 3。

（2）爱丽丝和鲍勃处于量子力学框架下（如爱丽丝和鲍勃处于纠缠态，其概率分布是对量子态测量得到的），那么上述概率和的最大值是（ $2+\sqrt{2}$ ），大于上述定域论的最大经典值 3。这表明，采用局域实在论不能完全解释量子力学的结果，因而量子力学具有非局域性。

（3）存在下列一种特殊的概率分布：

$$P(ab \mid XY) = \begin{cases} \dfrac{1}{2} & (\text{当 } a+b=XY) \\ 0 & (\text{其余情况}) \end{cases}$$

此时上述概率和就是 4。这个值超过量子力学预言的最大值（ $2+\sqrt{2}$ ）。

可见，这个概率分布不可能在量子力学框架内产生，更不能由局域实在论得到。所以这个概率分布具有比量子力学预言的更大非局域性。产生这种概率分布的装置就叫作 PR-Box，有时也将这个概率分布叫作 PR-Box。由此可见，PR-Box 的关联是非局域的，但传统的量子力学无法给出这种关联。这表明，建立在光速不变和非局域性基础之上的理论具有比传统量子力学更广的适用范围，有更强的非局域性预言。那么，自然界是否存在对应于这种更强非局域关联的物理实在呢？换句话讲，自然界中是否存在超越量子力学的关联？如果存在的话，那么这个理论应当是什么？如果不存在，那么在上述两个原理的基础上应当附加什么样的物理原理才能将自然界中的非局域性限制在传统量子力学限制的范围之内？这些问题都是量子力学的基本问题，对这些问题的深入研究和探索有助于更深刻地认识自然界。

读者或许会问，如果确定存在超越量子力学的 PR-Box，将会出现什么新现象呢？我们以通信复杂度问题为例：设想爱丽丝和鲍勃各自掌握 n 个比特的数据 X 和 Y，为了计算一个乘积函数 $f(X, Y) = \sum_i^n X_i Y_i$，爱丽丝需要发送最少多少比特的信息给鲍勃？研究发现，利用经典资源，必须发送 n 个比特的信息，而若 X 与 Y 处于最大纠缠态，则需要最少发送 $\sqrt{n}$ 个比特信息。但是如果通信双方共享很多 PR-Box，那么将数据 X_i 和 Y_i 分别通过第 i 个 PR-Box 并记录其输出值 a_i 和 b_i，则爱丽丝只需要发出 $\sum a_i$ 的结果给鲍勃就可以确定函数值。换句话说，其通信复杂度为 1，是个常数，与问题所设计的比特数目无关。由此可见，在此情况下，通信近乎免费！那么自然界或宇宙有这样的物理定律吗？迄今尚不可知，因为尚无任何实验事实能支持这个物理定律的存在！

（三）路径三：寻找量子世界演化为经典世界的机制，筑建完善的物理学大厦

将物理世界人为地划分为经典和量子是人类认识自然界的能力不足所致。事实上，客观世界的物理实在并不存在这种截然分开的明确界线，任何宏观物体都是由分子、原子、电子、原子核等构成的。物体是经典世界的客体，而其组分微观粒子却是量子世界的客体。这两种看似性质截然不同的客体都是浑然一体、不可分离的，我们在研究同一物体时，无法断定在什么范围内应当采用量子力学或经典理论。换句话说，现在的物理学并不完备，它只能成功地描述 $h \sim 0$ 和 $h \sim 1$ 的两个极端情况，

而对 0<h<1 的物理现象却无能为力，物理学大厦实际上远不完美（图 5-9），这正是许多物理现象（如波包塌缩等）无法得到完美解释的原因。

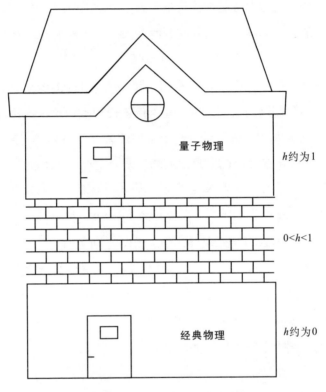

图 5-9　物理学大厦远不完美

　　我们知道，激光的发明是基于爱因斯坦受激辐射理论。当一个光子入射到处于激发态的原子，会诱导其发射另一个光子，两个光子处于相同状态。将粒子数反转（即上能级粒子数多于下能级粒子数）的介质（称为增益介质）置于合适的光腔中，原子自发辐射在光腔中往返传输，不断经由增益介质相干放大，当光强达到某个阈值时会引起雪崩式放大，从而形成激光。激光束具有高度的光子简并度，即同一模式中的光子数目巨大。激光强度越大，其量子效应越微弱，完全可遵从经典物理的运动规律。激光形成的初始阶段遵从量子力学规律，激光器输出的激光却服从经典物理。

可见，激光的产生过程从本质上说就是从量子世界演化为经典世界的过程（图 5-10）。

图 5-10　激光的产生过程在本质上就是从量子世界演化为经典世界的过程

20 世纪 70 年代，我们研制过氮分子激光器。这种激光器的增益很高，无需光腔就能产生激光，所以又称为无腔激光器或放大的自发辐射（ASE）。我们在实验上研究过激光功率与增益介质长度的关系，发现存在阈值，只有当介质的长度大于此阈值时才有可能有激光输出。可见，在该阈值附近经历了从量子到经典的演变。

我们要关注的是能否找到描述激光形成全过程的方法。在低于阈值的阶段为量子力学方程，超过阈值之后自动演变成经典物理的方程。

这个问题与第四章所讨论的"薛定谔猫究竟是怎么死亡的"问题的本质是相同的。即量子的叠加态如何自动地演变为宏观的确定态？其物理机制究竟是什么？迄今有若干猜测，如粒子数、引力等，但都尚未被实验证实。当务之急就是开展深入系统的研究，揭示这种演变的物理机制，然后修改薛定谔方程，使之在这种物理机制主导作用后自动过渡到经典方程。一旦成功，我们就能理解薛定谔猫的死亡和波包塌缩等长期争论不休的问题，物理学大厦将变得更加完善。

如何在实验上判断某物理客体是处于量子世界还是经典世界呢？在量子世界中，它应处于量子叠加态；而在经典世界中，它则处于宏观确定态。1985 年，安东尼·列格特（Anthony J.Leggett）与阿努帕姆·加格（Anupam Garg）提出了 Leggett-Garg（LG）不等式，可用于区别量子叠加态和宏观确定态。如果 LG 不等式成立，则该客体为经典世界的确定态；

而如果 LG 不等式被违背，则意味着其处于量子叠加态。然而 LG 不等式有个漏洞，即它要求实验上要确保非破坏性测量，这在实际中是难以满足的。因而实验结果的正确性备受争议。1995 年德国科学家苏珊娜·韦尔加（Susana Huelga）教授提出基于静态假设的新型 LG 不等式，可以避开非破坏性测量假设的困难。中国科学院量子信息重点实验室李传锋、周宗权等在实验上验证了这个新型不等式。他们制备了两个相距 2 毫米的固态量子存储器（尺度为 3 毫米）单个光子入射到这两个偏振有关的宏观存储器中，因而两个偏振器处于宏观尺度下的量子叠加态（图 5-11）。实验结果违背了 LG 不等式。这表明，该宏观尺度的量子存储器仍然处于量子叠加态。这个结果很容易理解，因为该系统只存储单个激发，因此仍然属于量子力学范畴。如果入射的是相干态，那么结果将如何呢？有人预言，如果相干态的平均光子数足够大，则 LG 不等式将成立，系统会演变为宏观确定态，因而我们就能找到量子与经典的界线。这类实验正在进行中。

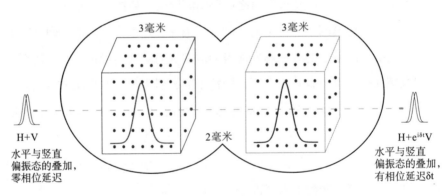

图 5-11　毫米尺度下 LG 不等式的检验

四、万物源于真空

原则上讲，整个宇宙可用单一波函数描述，它的最低能量状态所对应的波函数（基态）就是真空态，当前的宇宙波函数正是真空大爆炸后演化而成的。真空是宇宙万物的共同基石。因此，为深刻地理解量子世界的各种特性，必须弄清真空态的量子本质。对真空的研究是物理学中最深刻也最令人困惑的根本性问题之一。

19 世纪中期，麦克斯韦建立了经典电动力学。物理学家普遍认为，既然电磁波能够在整个空间传播，整个宇宙空间都应当弥漫一种特殊的媒介，叫作"以太"，即真空中充满着以太。19 世纪末，著名的迈克尔孙 - 莫雷实验否定了这种以太的存在。1905 年，爱因斯坦提出了狭义相对论，认为电磁波本身就是一种物质，无须依赖以太这种媒介就可以在空间中传播，于是经典以太论便被人们摒弃，真空似乎是空空如也。

量子力学的发展加深了我们对真空的认识，真空并非一无所有，而是充满了各种量子客体。1927 年，狄拉克提出了满足相对论协变性的量子力学方程——狄拉克方程。这个方程成功地融合了量子力学与狭义相对论。狄拉克方程预言了一个有趣并令人困惑的结果：真空有负能量的状态，而且每个负能量的状态都由一个电子占据着，真空可以看成填满了所有负能量状态的电子而形成的大海，而带有正能量的电子则在这个海面上运动。此时，真空是狄拉克的电子海！

在量子电动力学的世界中，看似电子在真空中运动，实质上真空中存在着大量的光子和正负电子对。形象地说，电子似是穿着一件衣服，而这件衣服就是真空涨落形成的，它引起电子自身能量的微小变化，成为兰姆位移。因此，此时的真空便是虚的光子和正负电子对的海洋。基于真空涨落所预言的电子能级移动的电子反常磁矩已经在极高的精度上得到证实。量子真空的直接可观测的效应是 1948 年荷兰物理学奖获得者亨德里克·卡西米尔（Hendrik Casimir）提出的所谓的卡西米尔效应，即真空中两块平行放置的中性导体之间存在微弱的吸引力。卡西米尔效应是一种真空的量子效应，不过它的信号很微弱，实验观测难度极大，一直到 2011 年才获得突破。瑞典的研究组将超导微波腔的两个镜面作为两个平板，利用微波光子的测量技术精密测量了其中的卡西米尔效应。

格拉肖、温伯格和萨拉姆利用满足 SU(2)×U(1) 的规范不变性建立了弱相互作用和电磁相互作用统一的量子理论钟，"真空不空"的概念再次为解决"规范不变性导致粒子无质量"的矛盾提供了突破。

1961 年，美籍日裔理论物理学家南部阳一郎提出，拉格朗日量具有某种对称性，但是系统的基态或激发态不具有这种对称性，称为真空对称自发破缺。如图 5-12 所示，一个大的磁体中有很多个小的磁针。当温度很高时，这些小磁针的去向是任意的，整个磁体有空间旋转不变性，即表现为没有任何特殊的方向性。但是当温度降到居里温度以下时，这些小磁针会沿着某个方向排列，出现了自发磁化，因此整个磁体的空间旋转不变性破缺。如果用理论的语言来概括描写磁体的拉格朗日量具有空间转动的不变性，但是由于最低能量的基态或真空态变成了自发磁化的状态，所以整个系统的对称性破缺了。

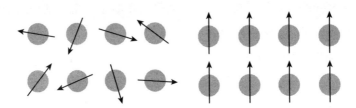

图 5-12　磁体中基态或真空态发生自发磁化，对称性破缺

在此基础上，英国理论物理学家彼得·希格斯（Peter Higgs）等于1964 年提出：如果存在一个复标量场（希格斯场），并与规范场耦合，那么当真空态发生自发对称破缺时，就可以使规范场粒子获得质量，这个复标量场中的粒子被称为希格斯玻色子（图 5-13）。

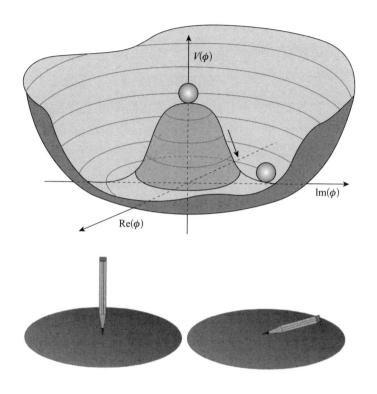

图 5-13　希格斯标量场的势阱

　　由于真空对称自发破缺的机制对粒子物理学起到非常重要的作用，因此寻找希格斯玻色子就成为实验物理学家一直梦寐以求的目标。2012 年，欧洲核子中心的科学家宣布在大型强子对撞机上发现了希格斯玻色子，终于为这个问题画上了完美的句号。温伯格等获得 1979 年的诺贝尔物理学奖，南部阳一郎获得了 2008 年的诺贝尔物理学奖，而希格斯等也获得了 2013 年的诺贝尔物理学奖。

　　规范场粒子质量的起源本来是物理学最根本的问题之一。我们惊奇地发现，真空在这里起到根本性的作用。正是宇宙中充满着希格斯场，通过真空自发对称性破缺，带来了规范场粒子的质量，也许"无中生有"是对这个真空最好的概括。

20 世纪 70 年代，美国理论物理学家维尔切克、格罗斯、波利策等人利用 SU(3) 的规范对称性建立起强相互作用的量子理论——量子色动力学。这个量子理论预言，当原子核内部的两个夸克距离很近时，它们就像是自由粒子，称为渐进自由。这个现象成功地解释了高能区的核物理实验，获得了巨大的成功，也使这三位理论物理学家获得 2004 年的诺贝尔物理学奖。

夸克是带有分数电荷的基本粒子，被完全束缚在原子核内部，这个现象被称为夸克禁闭。如何解释这个现象被认为是 20 世纪物理学悬而未决的两个重大疑难问题之一。有很多模型或理论尝试来解决这个问题，其中一个普遍的看法是夸克禁闭是由于核子中"真空不空"的特性造成的。

一个有启发性的例子是大家比较熟悉的超导。超导中有电和磁两个自由度，如图 5-14 所示。在低温条件下，超导体中的电荷发生配对并凝聚，超导体的基态或真空态是这些电荷的凝聚相。此时，磁场不能穿透超导体，称为完全抗磁性，即迈斯纳效应。

类似的，夸克有色电和色磁两个自由度。如图 5-15 所示。在低能下，核子中的夸克的磁自由度发生凝聚，核子的基态或真空态是这些磁自由度的凝聚相。此时，电场不能穿透核子，称为完全抗电性，即电力线都被挤压在核子内部，不允许电荷自由地释放出来，于是夸克被完全束缚在核子的内部。

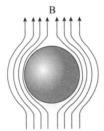

图 5-14　超导中基态或真空态发生凝聚，有完全抗磁性

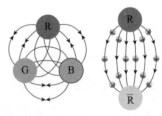

图 5-15　核子中基态或真空态发生凝聚，有完全抗电性，即夸克禁闭

进一步，正如水有固、液、气等几个相，通过温度变化可以发生相变，如图 5-16 所示。可以想象，夸克禁闭是由于在较低能量下真空处在凝聚相，而当原子核以极高速对撞（相当于处在极高能）时，真空可能发生相变，形成夸克-胶子等离子体的新相。观测到这种真空相变过程，正是美国布鲁克海文国家实验室（Brookhaven National Laboratory，BNL）的相对论重离子对撞机的目标。

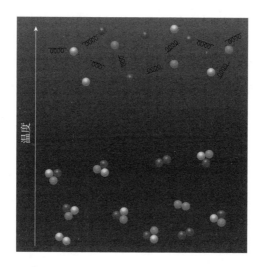

图 5-16　随着温度升高，从夸克禁闭的真空态，发生真空相变，
形成夸克-胶子等离子体

目前，关于量子色动力学中真空的研究正如火如荼地开展着，如果能够在实验中看到真空相变的明确证据，将是真空概念乃至物理学的一个重大突破。

量子世界的本底真空充满虚粒子和虚过程。虚粒子不携带任何信息，虚过程可以瞬时发生。这是宇宙波函数基态的物理内涵，也是宇宙万物之源。当实物粒子诞生后，宇宙波函数便处于某种激发态，真实粒子永远伴随着本底真空态，亦即粒子的波函数描述的是真实粒子与本底真空的整体过程，而不是孤立的粒子。此波函数弥散在整个空间，不存在离开本底真空的孤立粒子，这便是量子世界非局域性的根源。粒子必然以概率形式分布于整个空间。

粒子的波函数应包括粒子的所有自由度。通常的量子测量只限于探测其中某个自由度所对应的力学量，测量后粒子的自由度会处于该力学量算符的某个本征态上，但描述粒子其他自由度的函数并不发生改变。量子测量提取了粒子某个自由度（力学量）的信息，改变了该分量的状态，但粒子的量子特性在本质上并不会改变。只有当该粒子在相互作用过程中被转化为其他粒子或称为其他粒子的内态时，该粒子的波函数才完全消失，其量子性质融入其他粒子的状态之中。

两个或多个粒子的宇宙波函数更复杂，但他们仍然伴随着统一的本底真空。当粒子处于纠缠态时，正是本底真空的虚过程维系着粒子之间的量子关联。

量子世界的种种奇异特性均源于量子真空，而迄今人们对量子真空的物理本质尚缺乏更深刻的了解，因此弄清量子真空的物理内涵便成为揭开量子世界奥秘的关键所在。

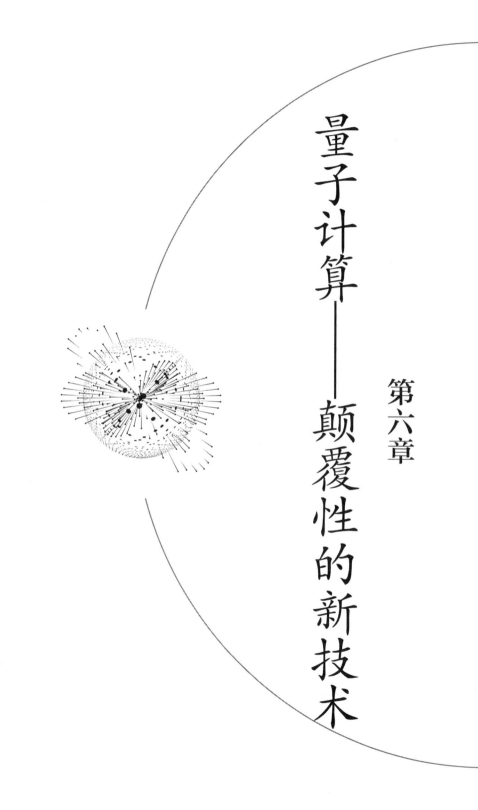

量子计算——颠覆性的新技术

第六章

使用量子比特的计算机的性能将远超经典计算机，然而要实现它，我们仍然面临重重困难。[①]

——弗兰克·维尔切克

一、从摩尔定律的终结到量子计算的诞生

人们日常使用的电子计算机（简称计算机，俗称电脑）是一种根据一系列指令来对数据进行处理的机器，既可以进行逻辑计算，又具有存储功能。计算机利用电路中的高低电平编码二进制信息，再通过逻辑电路对它们进行处理，从而形成最基本的"与、或、非"逻辑门。这些逻辑门进而可以被用来构成一系列数据处理单元，最终形成我们见到的计算机。

自 1946 年第一台电子数字积分计算机（ENIAC）被制造出来至今，计算机的发展可谓日新月异。虽然基本原理没有变化，但是受益于技术进步，计算机的体积变得越来越小，数据处理速度越来越快。最初的ENIAC 占满一间房子，足足有 80 吨重。1958 年，德州仪器公司基尔比（Kilby）与仙童公司诺伊斯（Noyce）分别发明了集成电路，开创了微电子学历史，从而将巨大的计算机变成一块小小的芯片。之后，通过不断提升集成电路的密度，计算机就能获得越来越快的数据处理速度。现在我们不仅可以轻易地把计算机拿在手上，数据处理速度也比之前有了成千上万倍的提升。

---

① 英文原文 New systems using "qubits" instead of classical bits will be vastly more powerful—but they still face important obstacles…于 2019 年 3 月 14 日发表于《华尔街日报》。

1965 年，《电子学》（*Electronics*）杂志上刊登了英特尔公司创始人之一戈登·摩尔（Gorden Moore）的一篇文章。摩尔在文中预言芯片上集成的晶体管和电阻的数量将每年增加一倍。这便是最初的摩尔定律。1975 年，摩尔根据实际情况将这个说法修正为每两年增加一倍，而这个说法在接下来的约 30 年间都被证明是有效的。摩尔定律揭示了芯片发展和信息技术进步的速度。究其根源，则是表明半导体工艺的进步速度。在同样的芯片上集成成倍数量的晶体管意味着我们需要成倍地减少一个晶体管的面积，因此芯片的工艺尺寸在 1995 年以后从 0.5 微米一直发展到现在的 14 纳米、10 纳米甚至 7 纳米。芯片工艺尺寸能不能一直减小呢？毫无疑问，答案是不能。当芯片工艺尺寸减小到一定程度时，芯片单元会出现一些无法避免的量子效应，导致芯片不能工作，摩尔定律将终结。

既然量子效应无法避免，那么是否能够利用量子特性呢？量子计算是基于量子力学而非经典物理学的思想进行计算的，特别是对某些特定算法，量子计算机相对经典计算机能实现指数加速，会对人类社会的发展产生深远影响。近些年来，量子计算机受到研究人员的广泛关注，越来越多的国家和机构加大了对其的研究力度。

二、量子计算机的工作原理

（一）量子计算机的结构

20 世纪是物理学界风起云涌的 100 年，物理学在很多领域都取得了辉煌的成果，而量子理论的建立则是其中最显著的成果之一。量子理论是复杂的。为了更直观地研究量子理论，人们自然会想着模拟量子理论给出的一些规律来验证其正确性。例如，尝试模拟量子力学系统来观测量子态的演化，但这种模拟需要耗费巨大的资源。20 世纪著名物理学家费曼就意识到这个问题。他指出，在经典计算机上模拟量子力学系统似乎存在本质上的困难。为此，费曼提出了一个大胆的想法。他指出，如果想要模拟量子系统，完全可以构建一种以量子体系为架构的装置来实现量子模拟，这个装置可以大幅度减少量子模拟所用的时间。紧随其后，另一位物理学家多伊奇提出了量子图灵机模型，把建立一台普适量子计算机的任务化解为建立量子逻辑门所构成的逻辑网络。1995 年，人们发现量子计算机的逻辑网络可以由结构更简单的单量子比特的普适逻辑门和两量子比特的CNOT 门（受控非门）组合而成。这就是量子计算机标准模型。

　　不同于现在使用的经典计算机，量子计算机处理和计算的信息是量子信息，运行的是量子算法。量子计算机主要由两部分组成。一部分是量子处理器（量子芯片），接收、处理量子信息和量子指令，并返回我们所需要的信息。量子芯片是当前量子计算研究的核心，目前主要研究的物理体系包括超导约瑟夫森结、半导体量子点、离子阱等。另一部分是控制量子处理器并接收量子处理器所发送的信息的装置，这个部分可以用经典计算机来实现。图 6-1 为量子计算机数据处理示意图，虚线方框中的过程由量子处理器完成，外部流程则可通过经典计算机来处理。

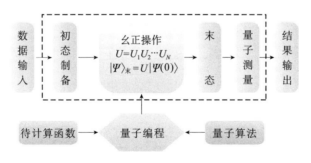

图 6-1　量子计算机数据处理示意图

（二）量子信息

　　在经典计算机中，信息的基本单元是比特，一个比特只有 0 和 1 两种状态。例如，传递 9 这个信息，可以将四个比特分别置为 1001 来实现。

在物理上是利用电平的高低来分别表示比特 0 和 1 两种状态，并通过传输电信号来传递信息。在量子计算机中，信息的基本单元是量子比特，一个量子比特也有 0 和 1 两种状态，这使得能用经典计算机表达的信息也能用量子计算机表达。

量子信息的特殊之处在于，它可以处于 0 和 1 两种状态的叠加态，这是经典比特做不到的。这种叠加性使量子计算机能保存的信息随着量子位数的增加而呈指数增长。这是因为对 n 个量子比特来说，它可以处在 $\overbrace{000\cdots000}^{n}$ 到 $\overbrace{111\cdots111}^{n}$ 状态之中的所有任意状态的叠加。这种叠加使得量子计算机本身就是一种并行装置，每次运算会对全部的叠加态进行同步处理。这种并行度随着量子比特的增加而呈指数增长，从而使量子计算机对某些特定问题具有惊人的超大规模数据处理能力。

然而这种并行性是藏在量子信息内部的，我们并不能直接提取出来，所以需要利用量子理论的另外一个特征——量子纠缠来解决。量子纠缠预示着一点：多个量子比特的信息并不是独立存在的，而是神奇地纠缠在一起。例如，在三个量子比特中，第一个量子比特和第二个量子比特可以纠缠，第二个量子比特和第三个量子比特可以纠缠，甚至这三个量子比特本身又能进行更高层次的纠缠。这些纠缠及它们的纠缠度共同构建了一个海量的数据库。

在一个量子体系中，叠加是单量子比特的自有信息，纠缠是多量子比特之间的互信息，所以我们可以利用量子态的叠加性和量子纠缠对体系进行精细操作，构建出我们理想的量子态，然后通过测量最后的态来提取我们所需要的经典信息。

一个量子比特是通过构建二能级体系来实现的，两个能级分别表示 $|0\rangle$ 态和 $|1\rangle$ 态，用特定的操作可以使其处于不同的态 $|\psi\rangle = \cos(\frac{\theta}{2})|0\rangle + \sin(\frac{\theta}{2})e^{i\phi}|1\rangle$。$\theta$ 决定了对 $|\psi\rangle$ 测量时处于 0 或 1 的概率，而 $e^{i\phi}$ 则是 $|\psi\rangle$ 的相对相位项。

量子态可以用布洛赫球来表示。布洛赫球是一个单位球面，是二能级量子力学系统纯态空间的一种几何表示方法。如图 6-2 所示，其上面极点表示 $|0\rangle$ 态，下面极点表示 $|1\rangle$ 态，球面上其他点表示 $|0\rangle$ 态和 $|1\rangle$ 态的叠加态。

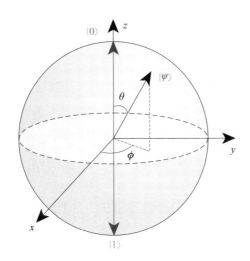

图 6-2　量子比特在布洛赫球面上的表示示意

我们可以从布洛赫球上直观地看到量子比特与经典比特的区别。通常而言，球的两个极点相当于经典比特的 0 态和 1 态。换句话说，经典比特只能处于布洛赫球上的两个点。而一个量子比特可以位于布洛赫球面上的任意一点，所以量子比特相对于经典比特可以包含更多的信息。

一个体系若含有多个单量子比特，则称为多量子比特。由于量子叠加特性，多量子比特态空间维度与量子比特数目是呈指数相关的，如两量子比特态的空间维度是 4，三量子比特态的空间维度是 8，n 量子比特态的空间维度是 2^n。所以，量子比特包含的量子信息随着量子比特数目的增加呈指数增加。

（三）量子逻辑门

在经典计算机中，逻辑电路由逻辑门组成，常见的经典逻辑门包括与门、非门、与非门、或非门等。类似地，量子线路是由量子逻辑门组成的，量子逻辑门会对目标量子比特执行特定的操作，根据目标量子比特的数目，量子逻辑门分为单量子比特门、两量子比特门和多量子比特门。

我们以单量子比特为例来说明量子逻辑门。单量子比特态 $|\psi\rangle$ 可以用一个列向量 $\begin{pmatrix} \alpha \\ \beta \end{pmatrix}$ 来表示，其中 α 表示 $|0\rangle$ 态的系数，β 表示 $|1\rangle$ 态的系数。作用在 $|\psi\rangle$ 上的单量子比特门相当于对向量 $\begin{pmatrix} \alpha \\ \beta \end{pmatrix}$ 做幺正变换。在变换前后，量子比特态 $|\psi\rangle$ 仍然保持归一性，即 $|\alpha|^2 + |\beta|^2 = 1$ 不变。所以这个变化可以看作是一个二阶幺正矩阵作用在 $\begin{pmatrix} \alpha \\ \beta \end{pmatrix}$ 上。换句话说，单量子比特门可以用一个二阶幺正矩阵来表示。比如，一个简单的单量子比特门——量子非门的作用是将 $\begin{pmatrix} \alpha \\ \beta \end{pmatrix}$ 变为 $\begin{pmatrix} \beta \\ \alpha \end{pmatrix}$。很容易看出，量子非门可以用矩阵表示为：

$$X = \begin{bmatrix} 0 & 1 \\ 1 & 0 \end{bmatrix}$$

同理，多量子比特门也可以被看作一个幺正矩阵，其阶数与量子比特数目呈指数关系，如一个 n 量子比特门可以用一个 2^n 阶幺正矩阵表示。例如，一个常见的 CNOT 门是一个两量子比特门，包含一个控制量子比特和一个目标量子比特，效果是当控制量子比特为 $|0\rangle$ 时，对目标量子比特不做操作；当控制量子比特为 $|1\rangle$ 时，目标量子比特翻转。CNOT 的线路符号及矩阵表示如图 6-3 所示，其中 $|A\rangle$ 是控制量子比特，$|B\rangle$ 是目标量子比特。

|（a）CNOT门翻转示意图|（b）CNOT门数学矩阵表达|

图 6-3　CNOT 门翻转示意图及数学矩阵表示

理论上，任意多个量子比特逻辑门的演化均可以由一个么正矩阵表示，但我们并不需要专门针对每种多量子比特的演化都设计一个门操控。正如在拼图游戏中，我们可以用简单的几种模块来组合拼成各种各样的图案。量子计算与经典计算机类似，我们只需要构建一组通用量子门，其他任意复杂的多量子比特门操控和量子计算任务均可由这组通用量子逻辑门组合而成。在量子计算中，单量子比特门和两量子比特 CNOT 门能组成通用量子门。

（四）测量

量子信息寄存在量子态上，一个 n 位量子比特量子态的空间维度是 2^n，其中包含的信息量巨大。然而，由于量子逻辑门都是么正矩阵，因此量子比特的演化是么正的，量子比特在量子逻辑门的作用下是封闭的，并不会与外界相互作用。我们从量子信息中提取一部分自然会使量子信息不再完整，即量子态在信息提取的过程中不再服从么正演化，这个过程就是量子计算中一种特殊的操作——测量。测量是将量子信息转化为经典信息的方式，也是目前所知的唯一方式。

测量是由一组测量算子来描述的，这些算子作用在被测系统状态空间上，我们从中提取所需要的信息。这些算子就像刀一样，从量子信息的不同位置切取我们感兴趣的一部分。作为经典世界与量子世界的接口，测量的作用是多方面的。首先，测量最常见也最重要的应用是把量子态中的信息转化为我们需要的经典信息。其次，在量子比特态的演化过程中，测量过程的介入会影响量子态的演化。另外，在实现量子纠错编码的方案中，利用测量可以完成差错检验的任务。

三、量子编码

（一）量子计算的障碍——退相干

量子计算机是用量子态的基态和激发态编码信息的，但是激发态是不稳定的，会缓慢地演化到基态上，这称作量子比特的"弛豫"过程。另外，量子信息受到外界噪声的影响后，会导致量子态的相干叠加受到破坏，相位信息出现丢失，这称作量子比特的"退相位"过程。"弛豫"过程和"退相位"过程会破坏量子信息，所以量子信息的寿命是有限的，我们把这个寿命称作"退相干时间"。退相干是量子计算道路上的一个难题，会使量子比特状态发生不可控的变化，从而失去量子特性。如果没有解决这个问题的方法，那么量子计算就像空中楼阁，永远无法实现。

（二）量子纠错码

为了解决退相干问题，研究人员一方面不断优化物理系统，包括提高比特性质、降低环境噪声、提高操控和测量技术等，另一方面也尝试着从经典信息理论中寻找解决退相干问题的方法。在经典信息论中，信息处理系统也无法避免噪声的干扰，许多广泛应用的系统都需要考虑怎么处理噪声。比较通用的技术是用纠错码保护信息免受噪声影响。其具体思路是，如果想要避免噪声的影响来保护一条信息，可以添加一些冗余信息来编码需要的信息。采用这种方法，即使编码信息中的某些信息被噪声污染，在编码信息中仍将有足够的冗余度来恢复我们需要的信息。例如，假设通过噪声经典信道从一个位置发送一个比特到另一个位置。信道中传输比特的出错概率是 p，针对这种错误来保护比特的一个简单手段是，把想保护的比特替换为其自身的三份备份：

$$0 \rightarrow 000$$

$$1 \rightarrow 111$$

比特串 000 和 111 扮演了 0 和 1 的角色。通过信道发送所有这三个比特，并在接收端接收。如果一个比特出错的概率 p 很小，则当信道输出为 001 时，相比于前两个比特全部发生错误，更可能是仅仅第三个比特出错了，因此判定原始的信息为 000。这种类型的解码被称为多数判决。当信道发送的比特错误个数多于 1 个时，判决失败，失败的概率是 $p_e=3p^2-2p^3$。当 $p_e<p$ 时，这种编码会更可靠。由于这种编码方式是通过重复原码来对其编码的，所以这类纠错码称为重复码。

在量子信息领域，可借用经典信息中保护经典比特的原理来引入量子纠错码以保护量子态。但量子信息和经典信息有本质区别。首先，由于量子不可克隆定理，我们无法将未知量子状态复制三次或多次，以量子力学方式实现重复码。其次，量子态从布洛赫球上的某一点跳到布洛赫球上的其他任意地方，都可以定义为一种错误，所以单量子比特的错误模型是无穷且连续的。精确确定这样一个差错需要无穷多的资源。还需要注意的一点是，在经典纠错中，我们会观测来自信道的输出，并决定采取与输出对应的解码步骤，但在量子信息中，测量会破坏所观测的量子态且测量后不能恢复。幸运的是，量子纠错巧妙地处理了这几个问题，发展出针对不同噪声的多种量子纠错码。

我们先介绍一种简单的量子纠错码——三量子比特翻转码。其编码方式及编码线路如图 6-4 所示。

$$\alpha|0\rangle+\beta|1\rangle \rightarrow \alpha|000\rangle+\beta|111\rangle$$

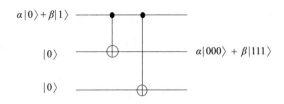

$$\alpha|0\rangle+\beta|1\rangle$$

$$|0\rangle \qquad \alpha|000\rangle+\beta|111\rangle$$

$$|0\rangle$$

图 6-4 三量子比特翻转编码线路

对于三量子比特，假定量子比特在比特翻转信道中有一定的概率发生翻转，并且信道中翻转的量子比特不超过一个，那么就可用量子纠错的方法来恢复和纠正编码的量子态。量子纠错方法分为两个步骤，第一步是差错检验。与经典纠错方法类似，检验的方法还是执行一次测量，根据测量结果得到具体的差错症状。经过比特翻转信道后，比特有四种差错症状，可以用四种测量来分别检验，数学上对应于四个投影算子。

$$P_0 \equiv |000\rangle\langle000| + |111\rangle\langle111| \qquad\qquad 无差错$$

$$P_1 \equiv |100\rangle\langle100| + |011\rangle\langle011| \quad 第一个比特翻转$$

$$P_2 \equiv |010\rangle\langle010| + |101\rangle\langle101| \quad 第二个比特翻转$$

$$P_3 \equiv |001\rangle\langle001| + |110\rangle\langle110| \quad 第三个比特翻转$$

当比特翻转出现在第一个量子比特上时，态演化为$|\psi\rangle=\alpha|100\rangle+\beta|011\rangle$。在这种情况下，$\langle\psi|P_1|\psi\rangle=1$，所以测量结果的输出肯定为 1。我们注意到，差错症状测量不会引起态的任何改变。在差错症状测量前后的$|\psi\rangle$并没有发生变化。也就是说，差错症状包含的只是出现什么差错的信息，并不包含任何有关α或β的值的信息，即不包含被保护状态的任何信息，这是差错症状测量的一个普遍特征。我们得到差错症状后，便进行第二步——差错恢复，即通过差错症状的值来恢复初态。举例来说，如果差错症状为 1，则表示第一个量子比特翻转，那么我们只需要再一次翻转那个量子比特，就可以准确地恢复到原状态$\alpha|000\rangle+\beta|111\rangle$。这四种可能的差错症状和每种情况的恢复方法为：$P_0$（无差错）——无操作；$P_1$（第一

个量子比特翻转）——再一次翻转第一个量子比特；P_2（第二个量子比特翻转）——再一次翻转第二个量子比特；P_3（第三个量子比特翻转）——再一次翻转第三个量子比特。整个纠错线路如图 6-5 所示。

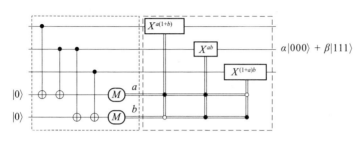

图 6-5　纠错线路示意图

　　这种纠错方法，只要三个量子比特中翻转的比特不超过一个，就可以完美地工作。类比经典重复码，当量子比特翻转信道中单比特翻转概率为 p 时，纠错失败的概率为 $3p^2-2p^3$；当 $p<0.5$ 时，编码和解码会改善量子状态的存储可靠性。

　　在噪声的影响下，量子态会出现很多类型的差错，比特翻转只是其中之一，另外一种典型的差错是相位翻转差错。在相位翻转差错模型中，量子比特 $|0\rangle$ 和 $|1\rangle$ 的相对相位会以概率 p 发生翻转，量子态会从 $\alpha|0\rangle+\beta|1\rangle$ 变为 $\alpha|0\rangle-\beta|1\rangle$。相位翻转信道对应的量子纠错码称为三量子比特相位翻转码，其构建方法类似，我们考虑两个新的量子态：

$$|+\rangle=\frac{|0\rangle+|1\rangle}{\sqrt{2}}$$

$$|-\rangle=\frac{|0\rangle-|1\rangle}{\sqrt{2}}$$

$|+\rangle$ 和 $|-\rangle$ 将相位翻转差错转化为比特翻转差错，接下来只需对 $|+\rangle$ 和 $|-\rangle$ 进行比特翻转码编码即可实现在相位翻转差错下对量子比特的保护功能。

　　以上介绍的两种纠错模型只适用于特定的差错，但真实情况下信道的噪声不止一种。当噪声比较复杂时，就需要一种更有效的编码方式，如一种更通用的量子码——肖尔（Shor）码。肖尔码是一种 9 量子比特纠错码，是三量子比特相位翻转码和三量子比特翻转码的组合，所以可以用来纠正比特翻转差错、相位翻转差错及比特翻转和相位翻转复合差错，而任意单量子比特差错都可以分解为肖尔码能纠正的差错集合，所以肖尔码能在任意单量子比特差错下保护量子比特。

以上给出的是几种比较直观的量子纠错码。但量子信息是复杂多变的，量子比特的差错模型是无穷的。另外，一种量子差错模型对应的量子纠错码也不是唯一的，需要更强大的量子纠错理论才能真正高效地在噪声影响下保护量子比特。常见的复杂量子码是卡尔德班克－肖尔－斯特恩码（Calderbank-Shor-Steane Code，简称 CSS 码）和稳定子码。其中，CSS 码是把经典线性码向量子信息方向延伸构建出来的高效量子纠错码；稳定子码是从稳定子体系来描述量子比特的编码过程。稳定子体系的思想是，在描述量子状态时，有时可通过它们的算子来间接描述，而且这种方法在一些情况下更有效，所以稳定子码是用一系列算子来描述编码方式的。由于 CSS 码和稳定子码比较复杂，需要涉及一些更深入的概念，这里不再做过多介绍，感兴趣的读者可以参考《量子计算和量子信息》(*Quantum Computation and Quantum Information*, Michael A.Nielsen）等著作。

（三）容错量子计算

量子纠错不只是用来保护存储或传输过程中的量子信息，也可以在量子计算过程中动态地保护量子信息。不寻常的是，就算我们使用会出错的逻辑门，只要每个门的差错概率低于某个阈值，我们仍能实现任意精度的量子计算，这就是容错量子计算。

量子纠错编码是为了在噪声的干扰下保护量子比特。但不可忽略的是，每个量子逻辑门都会有错误率，所以量子纠错编码本身就携带噪声。量子逻辑门的错误率会沿着量子线路传播，量子容错计算的思想就是在各个方面都存在噪声影响的前提下保护量子比特，同时避免错误沿着线路串行传播。要想避免错误串行传播，单量子比特的保真度需要高于某个阈值，使得被纠正的错误多于纠错过程中所产生的错误，即量子纠错编码起正面作用。一旦达到那个阈值，扩展线路规模就会呈指数减小编码信息的错误率，从而允许在装置噪声影响下实现任意规模的量子线路。

可以利用串联码来扩展线路，如图 6-6 所示，串联码可以用来进一步减小实际的计算差错率。其思想是，迭代地对电路进行编码，编码后线路构成分层的量子线路 C_0（我们所希望模拟的原电路），C_1，C_2，……这种线路的失效概率会随着编码层数的增加而呈指数减小，所以我们可以用这种线路实现任意规模的量子线路。

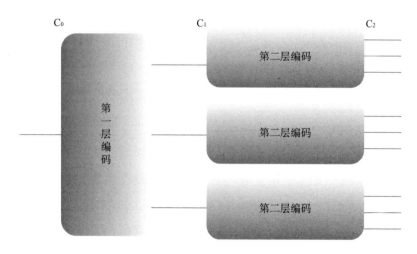

图 6-6　一种扩展线路结构示意图

经过上面一系列的讨论，我们可以看出，对于量子计算，噪声在原则上不是一个很严重的问题。我们从阈值定理得到一个很吸引人的结论，就是当单独的量子门中的噪声低于某个阈值后，就有可能有效地执行任意规模的量子计算。可以说，量子纠错和容错理论将量子计算"从垃圾堆中捡了回来"。

四、量子算法

量子算法是运行在理想的量子计算模型上的算法，最常用的模型就是量子线路模型。一个经典算法是，一个有限的指令序列在经典计算机上运行来解决问题。类似地，量子算法也是量子计算机上运行的有限量子指令序列。由于量子逻辑门能实现经典逻辑门的功能，所以理论上所有的经典算法都能在量子计算机上实现。对于很多问题，量子算法并不一定比目前已知的最优的经典算法更有效，但量子算法研究的重要意义是寻找某些经典计算机无法有效解决的问题，然后尝试找出用量子计算机快速解决此类问题的算法，从而极大地推动社会科技发展和变革。目前，已经发现一些优于经典算法的量子算法，如多伊奇－乔萨（Deutsch-Jozsa）算法、肖尔（Shor）算法、格罗夫尔（Grover）算法等。下面简单介绍几种算法。

（一）多伊奇－乔萨算法

多伊奇－乔萨算法是用于经过设计的特殊情形，并证明量子算法相对于经典算法有指数级别的加速能力。多伊奇－乔萨算法的问题场景为：假设有一个黑盒子，黑盒子里面是一些逻辑门，则这个黑盒子可以接受 n 位的输入，并且产生一个 1 位的输出。我们已知黑盒子有两种可能性：①对于所有的输入，它只输出 0 或者 1——我们称为常数；②恰好对于一半的输入，输出为 0；对另一半输入，输出为 1——我们称为平衡。问题是：对于一个随机的盒子，如何区分盒子到底是平衡的还是常数的？注意，我们不考虑这两种情况之外的输出分布情况。例如，对于一个 2 位输入的黑盒子，输入 00 输出 0，而输入 01、10、11 都输出 1，此时它既不属于平衡也不属于常数，故被排除。

如果从经典计算的角度看，我们要一个一个地检查输出的情况。因为输入是 n 位的，所以一共具有 2^n 种情况（每位都是 0 或 1 两种可能）。虽然我们不需要检查所有的情况来验证它到底是哪种盒子，但是在最坏的情况下，如果检查了一半的情况（2^{n-1}），得到了一样的结果，如全为 0，则需要再检查一种情况。如果它是 0，那么一定是"常数"的；如果它是 1，那么一定是"平衡"的。

然而，利用多伊奇 - 乔萨算法，量子计算机只需要通过一步运算就可以得到结果。多伊奇 - 乔萨算法新线路如图 6-7 所示。

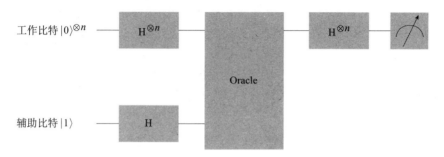

图 6-7　多伊奇 - 乔萨算法线路图

图中的 H 代表阿达马（Hadamard）门，其定义如下：

$$H = \begin{bmatrix} \dfrac{1}{\sqrt{2}} & \dfrac{1}{\sqrt{2}} \\ \dfrac{1}{\sqrt{2}} & -\dfrac{1}{\sqrt{2}} \end{bmatrix}$$

Oracle 就是这个黑盒子。整个多伊奇 - 乔萨算法运算的基本思想可以简单理解：考虑一个长度为 1 的向量，第一步把这个向量切成 2^n 个相同的向量，这一步对应的操作是在工作比特上加阿达马门。第二步 Oracle 的作用是：如果 $f(x)$ 是常数函数，那么将切割的 2^n 个向量同时转到相反方向 [$f(x)$=1] 或不变 [$f(x)$=0]，总之经过 Oracle 后 2^n 个向量方向还是一致的。然而，如果 $f(x)$ 是平衡函数，那么 2^n 个向量中会有一半转到相反方向，而另一半不变。第三步是用阿达马的共轭操作将 2^n 个向量加起来。需要注意的是，阿达马门的共轭是其本身，所以第三步还是在工作比特上加阿达马门。因此很容易发现，经过第三步后，如果 $f(x)$ 为常数函数，向量长度还是 1，而 $f(x)$ 为平衡函数时，则向量长度变为 0。最后对工作量子比特进行测量就可以确定这个向量的长度，进而验证出 $f(x)$ 是常数函数还是平衡函数。

需要说明的是，多伊奇 - 乔萨算法解决的只是一个假想的问题，而且这个问题既不实用，又有很大的限制。我们换个角度考虑这个问题，经典算法在最坏的情况下需要 $2^{n-1}+1$ 次检验才能得出结论，但如果考虑置信度的话，经典算法在最坏情况下也只需 7 次就能得到置信度大于 99% 的结论。所以说，多伊奇 - 乔萨算法目前并没有太大的实用价值，但我们能够从中体会量子算法的思维模式。

（二）Oracle

在介绍其他新的量子算法前，我们先介绍一下 Oracle 这个概念。

最早在艾伦·麦席森·图灵（Alan Mathison Turing）的博士论文中 [1] 提到了一种新的计算模型："假定我们拥有某种解决数论问题的未知方法，如说某种'谕示'。除了它不可能是机器这一点，我们不深究这个'谕示'的本质。通过'谕示'的帮助，我们可以构筑一种新的机器，它的基本过程之一就是解决某个给定的数论问题。"

图灵这段话描述的谕示即为 Oracle。当然我们可以更形象地称之为黑盒子，因为 Oracle 本身就能解决某种问题。在我们不深究 Oracle 本身时，可以通过 Oracle 扩展我们的计算能力。上文中提到的多伊奇 - 乔萨算法就用到了 Oracle。在多伊奇 - 乔萨算法中，Oracle 是一种幺正变换。下面是两个具体的例子：

---

[1] 艾伦·麦席森·图灵毕业于普林斯顿大学，在 1938 年发表的博士论文《基于序数的逻辑系统》（*Systems of Logic Based on Ordinals*）中提出了新型计算模型。

Oracle：　　$|x\rangle|y\rangle \rightarrow |x\rangle|y + f(x)\rangle$

　　　　　　$|x\rangle|y\rangle \rightarrow |x\rangle|y \cdot f(x)\rangle$

需要注意的是，第一，这里的乘法是普通乘法。第二，在讨论这里的 $|x\rangle$、$|y\rangle$ 代表的量子态时，并没有指定它们的位数。但是无论是加法还是乘法，它们的运算也是要做取模运算的（不存在溢出的情况）。不论是哪种形式，都是在一组量子态为 $|x\rangle$ 时将函数 $f(x)$ 的值引入另一个和它并列的一组量子态中。在讨论包含 Oracle 的算法时，都会假定 Oracle 能在一个单位时间内输出"黑盒子"内容——就像多伊奇－乔萨算法中描述的那样，我们并不关心其内部构造。

但是也有另外一种情况——我们要通过函数的解析表达式将一个函数用量子线路表示出来。这种就像是分析 Oracle 的内部构造。虽然它一般具有和 Oracle 相同的幺正变换形式，但是不能被看作一个单位时间内告诉你"黑盒子"内容的黑盒子，所以它的构造方式决定了它的执行时间。我们称这种构造为量子函数。

接下来介绍两个相对实用的量子算法，即肖尔算法和格罗夫尔算法。肖尔算法是用量子线路构建量子函数，解决质因数分解问题的算法；格罗夫尔算法是用了一个代表数据库的 Oracle 后进行搜索的算法。

（三）肖尔算法

质数是很神奇的一种数，数学界有一些著名的与质数相关的难题，如哥德巴赫猜想、孪生素数问题、梅森素数问题等。质数的个数是无穷的，如果给定任意一个自然数 N，怎么判断 N 是不是质数呢？也许直觉上会认为这是一个很简单的问题，只要遍历不大于 $\sqrt{N}$ 的所有质数，检查里面有没有 N 的质因子即可结束。如果有的话，就能判定 N 不是质数；反之，判定 N 是质数。然而问题就出在遍历过程中。当 N 的位数很大时，$\sqrt{N}$

有可能已经超过了当前发现的最大质数，而且需要的遍历次数随着 N 的位数增大呈指数增长。这意味着，N 很大时，无法用经典计算机在有限时间内判定 N 是不是质数或者对 N 进行质因数分解。这也是当前流行的 RSA 密码体系的安全性保障。在经典领域，人们也许找不到大数分解问题的有效算法，但在量子领域就是另一种情况了。这就好像二维世界的物种无法理解三维世界一样。1994 年提出的一种有效的质因数分解量子算法可以在多项式时间复杂度完成质因数分解任务，这就是经常听到的以其发明者名字命名的肖尔算法。

肖尔算法是一个很有价值的量子算法。首先，肖尔算法彰显了量子算法的优越性。在质因数分解问题上，最优的经典算法的时间复杂度与要分解数的位数 n 是指数相关的，而肖尔算法的时间复杂度是 n 的多项式函数，所以肖尔算法指数地提升了质因数分解任务的执行速度。其次，肖尔算法会使 RSA 密码体系失效，给密码学领域一次有力的冲击，促使其向前发展。最后，肖尔算法会使人们对复杂度理论产生新的认识。

肖尔算法分为经典部分和量子部分。经典部分将质因数分解问题转化为求一个模指函数 $f(x) = a^x \bmod N$ 的周期问题。量子部分的工作则是求 $f(x)$ 的周期问题，其思想是先用量子线路构造出 $f(x)$ 的模指线路，然后用 n 量子比特叠加态来控制构造出 $f(x)$ 的线路。这个过程可以理解为同时将 $0 \sim 2^n - 1$ 范围的整数当作自变量同时代入 $f(x)$ 中。这个时候，量子态已经包含 T〔T 表示 $f(x)$ 的周期〕的信息。我们要做的就是想办法提取出与 T 相关的信息。具体的做法是，对 n 量子比特做量子傅里叶变换，然后对其进行测量，就可以得到和 T 有关的信息，最后用数学方法求出 T，从而完成质因数分解的任务。

肖尔算法的量子线路是复杂的，特别是模指函数的构造线路。例如，当 N 是一个 512 位二进制数时，构造整个线路需要的量子比特数目在 3500 个左右，线路包含的量子逻辑门数目在 3 万亿量级，这还是在不考虑纠错编码的情况下。现在量子计算机芯片的量子比特数目远不到 100，所以在大数分解问题上，由于硬件的限制，肖尔算法远比不上经典计算机。但不可否认的是，肖尔算法是量子计算机超越经典计算机的一个体现，展现了量子计算的巨大潜力，揭开了量子计算神秘面纱的一角。我们要做的就是从中发掘更多量子计算的奥秘，探索更多新的量子算法。

（四）格罗夫尔算法

在生活中经常会遇到这样一种情况——在某个总体中搜寻想要的目标。例如，工作中需要去很多城市拜访客户，为了提高效率，我们很自然地想选择一条经过所有目标城市的最短路线。一般的做法是，算出每条可能路线的总距离并从中找到最短路线。当城市数目非常多且城市位置分布没有规律的时候，这种做法听起来就很麻烦。假如我们是孙悟空就好办了，拔一撮毛，召唤千千万万的猴子猴孙，每只猴子猴孙计算一条路线，然后从中选取最短路线。这时也许有人会说，他也可以找一堆人帮他计算，但这样也许会得不偿失，特别是在城市数量急剧增加的时候，有限的人力资源便不够用了。在这个话题中，经典计算机就像是一个普通人。我们也许会用并行计算的方式召集一堆普通人，而量子计算机就像孙悟空，可以分身，具有天生的并行计算能力。在搜索问题上，量子计算机也许就拥有经典计算机所无法比拟的优势。下面我们介绍一种典型的量子搜索算法——格罗夫尔算法。

格罗夫尔算法是一种完成搜索任务的量子算法。对于上面的最短路线问题，假设路线总数有 n 种，那么经典算法需要遍历所有路径才能找到最短路径。也就是说，经典算法需要的操作次数为 $O(n)$。$O(n)$ 表示 $C(n)$ 范围内的数，其中 C 是一个常数。而格罗夫尔算法需要的操作次数为 $O(\sqrt{n})$。这里大家也许会问，既然格罗夫尔算法能一次遍历所有路线，那么操作次数为什么不是 $O(1)$ 呢？因为从量子信息中提取经典信息也是一项技术活，也就是前面提到的测量操作。在量子世界中，虽然可以形象地理解为所有的路线都同时遍历了，但这个时候体系处于叠加态，这个叠加态中隐含我们需要的信息。在搜索问题中，我们要想找到目标，需要做一系列操作使得态演化到有很大概率能测量到目标信息的态，$O(\sqrt{n})$ 就是我们需要付出的代价。但不管怎么说，格罗夫尔算法还是大幅度加快了搜索的速度。

下面我们简单介绍一下格罗夫尔算法的实现过程。我们假设系统初态为 $|\psi\rangle$，这个可以分解为两个正交的分量 $|\alpha\rangle$ 和 $|\beta\rangle$ 的叠加态。其中 $|\alpha\rangle$ 表示非搜索问题的解，$|\beta\rangle$ 表示搜索问题的解，具体表示如图 6-8 所示。

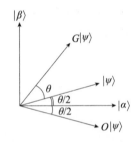

图 6-8　格罗夫尔算法示意图

在搜索问题中，一般搜索目标数远少于数据总量，也就是说初始状态 $|\psi\rangle$ 很靠近 $|\alpha\rangle$。格罗夫尔算法的操作分为两步。第一步是对 $|\psi\rangle$ 做关于 $|\alpha\rangle$ 轴的对称操作，$|\psi\rangle$ 变为 $O\,|\psi\rangle$；第二步是对 $O\,|\psi\rangle$ 做关于 $|\psi\rangle$ 的对称操作，$O\,|\psi\rangle$ 演化为 $G\,|\psi\rangle$。从图 6-8 可以看出，这两步操作等效于将 $|\psi\rangle$ 向 $|\beta\rangle$ 旋转 θ 角度。我们称这两步操作为格罗夫尔迭代。只要进行一定次数的格罗夫尔迭代，就可以将 $|\psi\rangle$ 旋转到特别靠近 $|\beta\rangle$ 后进行测量，能有很大概率测到 $|\beta\rangle$，即得到搜索问题的解。其中需要的格罗夫尔迭代次数可以计算出来，而且迭代次数处于 $O(\sqrt{n})$ 量级。也就是

说，格罗夫尔算法比最优的经典算法有平方加速能力。

格罗夫尔算法是一种有实用价值的量子算法。由于很多问题都包含搜索的环节，因此搜索速度的提升会使很多算法得到优化。另外值得一提的是，大数分解问题在本质上也可归结为一种搜索问题，所以格罗夫尔算法可以完成大数分解的任务。虽然其加速性能比不上肖尔算法，但也胜过最优的经典算法。

（五）扩展延伸

上文中介绍的几种量子算法是量子算法研究领域的典型代表。随着研究的进一步深入，未来完全可能发展出更多超越经典计算的量子算法，从而对未来社会变革产生更广泛的影响。总体来说，目前量子算法大体分为三类。第一类量子算法涉及代数、数论理论的算法，典型的算法有大数分解算法、离散对数算法等；第二类量子算法是 Oracle 算法，形式通常是将问题的某个方面用 Oracle 代替后求解问题的算法，如前面提到的多伊奇-乔萨算法、格罗夫尔算法等；第三类量子算法是近似和模拟算法，世界的本质是量子的，我们无法用经典计算机有效模拟一些过程，如物理领域某个复杂体系的哈密顿量的演化、化学领域大分子的形成过程等。而量子计算机可以很自然地模拟这些现象，我们称之为量子模拟。可以预期，当量子计算机发展到能有效进行量子模拟的程度时，一定会极大地推动基础学科领域的研究，我们也能对量子理论有更直观的认识。

之前已经提到过，量子计算的两个关键点是量子态的叠加和纠缠。叠加赋予量子计算天生的并行能力，纠缠使我们能够从叠加态中找到想要的分量。由于我们的直觉往往局限在经典世界，而叠加和纠缠与我们的常识不符，所以量子算法的发展充满了挑战，也需要进一步摆脱经典思维的束缚才能发现更多量子世界的奥秘。

五、量子计算的物理实现

2000年，迪温琴佐（Di Vincenzo）等提出了量子计算实现的五条标准并逐渐发展成七条的判据：①能够构建可扩展的可控量子比特系统。②量子比特能够初始化到基态。③能够实现量子普适逻辑门操作。④该系统的末态能够被测量。⑤系统有足够长的相干时间，使得量子操作和测量能够在退相干时间内完成。⑥飞行量子比特与静止量子比特间能够相互转换。⑦能够实现飞行量子比特在两地间传播。围绕这些判据，量子计算的研究蓬勃发展，各种不同的量子计算物理体系如雨后春笋般涌现出来，量子计算进入"春秋战国时代"。目前研究的体系主要包括超导量子计算、半导体量子计算、离子阱量子计算、原子量子计算、核自旋量子计算和拓扑量子计算等。

（一）超导量子计算

超导量子计算的研究始于2000年前后，后来在美国耶鲁大学罗伯特·舍尔科普夫（Robert Schoelkopf）和米歇尔·德弗雷特（Michel Devoret）研究组的推动下，将超导比特和微波腔进行耦合，实现了量子比特高保真度的读出和纠缠，加速了超导量子比特的研究。微波腔是一种能够容纳微波光子的谐振腔，比特的两个能级会对微波腔的光子产生扰动，这个信号的扰动就可以用来实现比特信号的读出。比特和比特之间还可以通过微波腔相连。当两个比特和腔是强耦合状态时，两个比特就会通过腔发生相互作用。2009年，物理学家通过这个相互作用实现了两比特操作并完成了两比特的高保真度量子算法，使得超导量子计算受到世界的广泛关注。

从2014年开始，美国企业界开始关注超导量子比特的研究，并加入研究的大潮中。2014 年 9 月，美国谷歌（Google）公司与美国加利福尼亚大学圣塔芭芭拉分校合作研究超导量子比特。他们使用十字形超导量子比特（X-mon qubit）。图 6-9(a) 所示为一个九比特量子芯片。这个超导芯片的单比特和两比特保真度均可以超过 99%。在该架构中，近邻的两个比特（两个十字）可以直接发生相互作用。2016 年，他们基于这个芯片实现了对氢分子能量的模拟，表明了他们对量子计算商用化的决心。2017 年，他们发布了实现量子计算机对经典计算机的超越——"量子霸权"（quantum supremacy）的发展蓝图。2019 年，他们在 54 比特的量子芯片进行实验，证明了量子计算机对于传统架构加算计的优越性，踏出了"量子霸权"的第一步。在谷歌公司加入量子计算大战的同时，美国国际商用机器（IBM）公司于 2016 年 5 月在云平台上发布了他们的五比特量子芯片，如图 6-9(b) 所示。他们采用扁长形设计的超导量子比特（transmon qubit），其单比特保真度可以超过 99%，两比特保真度可以超过 95%。在该结构中，比特和比特之间仍然用腔连接，使得其布线方式比十字形超导比特更加自由。2017 年，他们制备了 20 比特的芯片，并展示了用于 50 比特芯片的测量设备。同时，他们也公布了他们对氢化铍（BeH_2）分子能量的模拟，表明他们在量子计算的研究上紧随谷歌公司的步伐。不仅如此，他们还发布了名为奎兹（Quiss-Kit 或 Qiskit）的量子软件包，促进人们通过经典编程语言实现对量子计算机的操控。

除了美国谷歌公司和 IBM 公司外，美国英特尔公司和荷兰代尔夫特理工大学合作设计了 17 比特和 49 比特超导量子芯片，并在 2018 年的国际消费类电子产品展览会（International Consumer Electronics Show）上发布，不过具体的性能参数还有待测试；美国初创公司里盖蒂（Rigetti）也发布了他们的 19 比特超导量子芯片，并演示了无人监督的机器学习算法，使人们见到利用量子计算机加速机器学习的曙光。美国微软公司也开发了名为量子发展配套工具（Quantum Development Kit）的量子计算软件包，通过他们传统的软件产品可视化工作室（Visual Studio）就可以进行量子程序的编写。他们同时也声称正在进行拓扑量子计算的研制，这在后文会进行介绍。

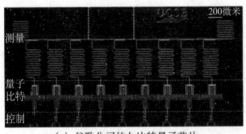

(a) 谷歌公司的九比特量子芯片

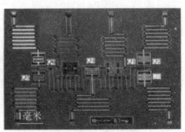

(b) IBM公司的五比特量子芯片

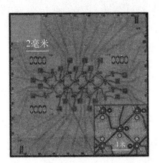

(c) 里盖蒂公司的十九比特量子芯片

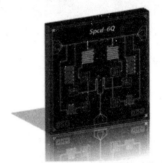

(d) 本源量子公司的六比特量子芯片

图 6-9　不同公司的超导量子芯片

国内中国科学技术大学、南京大学、浙江大学及合肥本源量子计算科技有限责任公司等先后开展超导量子计算方面的研究。

（二）半导体量子计算

由于经典计算机主要基于半导体技术，基于半导体开发量子计算也是物理学家研究的重点领域。相比超导量子比特微米级别的结构大小，形成半导体量子比特的结构所占的空间是纳米级别，就像现在的大规模集成电路一样，更有希望实现大规模的量子芯片。现在的主要方法是在硅或砷化

镓等半导体材料上制备量子点来编码量子比特。编码量子比特的方案多种
多样，但在半导体系统中主要是基于电子的电荷或自旋量子态。

电荷量子比特利用电子的位置状态编码。图 6-10 是中国科学技术大
学郭国平研究组在砷化镓/砷化镓铝异质结上制备的三电荷量子比特的样
品。图中 Q_1、Q_2 和 Q_3 作为探测器可以探测由 U、L 电极形成的量子点中
电荷的状态。六个圆圈代表六个量子点，每组相连的圈代表一个电荷量子
比特。以下方的两个圈为例，当电子处于右边量子点中时，它处于量子比
特的基态，代表0；当电子处于左边量子点时，它处于量子比特的激发态，
代表 1。这三个量子比特的相互作用可以通过量子点之间的电极调节，因
而可以用来形成三比特控制操作。不过这种三比特操作的保真度较低，需
要进一步抑制电荷噪声来提高保真度。

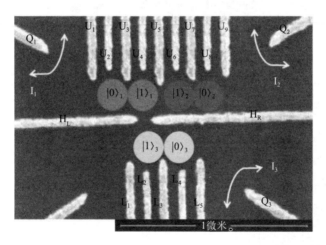

图 6-10　中国科学技术大学郭国平研究组研制的三电荷量子比特半导体芯片

自旋量子比特则通常利用电子的自旋状态来编码。图 6-11 是各研究
组在硅 / 锗化硅异质结上制备的两自旋量子比特芯片结构。图 6-11(a) 中
带箭头的圆圈代表不同自旋方向的电子，自旋在磁场下劈裂产生的两个能
级可以用于编码量子比特。这两个量子比特之间的耦合可以通过中间的电

极 M 进行控制,实现两比特操作。由于自旋量子比特对电荷噪声有较高的免疫效果,自旋量子比特的退相干时间非常长。截至 2018 年年初,已经有包括澳大利亚新南威尔士大学安德鲁·杜拉克(Andrew Dzurak)研究组、美国普林斯顿大学佩塔(Petla)研究组和荷兰代尔夫特理工大学范德塞彭(Vandersypen)研究组实现了半导体自旋量子比特的两比特操控,他们的单量子比特操控保真度已经可以超过 99%,两比特操控保真度可以达到 80% 左右。2017 年,日本樽茶清悟(Tarucha)研究组报道了保真度达到 99.9% 的单量子比特,证明了自旋量子比特的超高保真度。

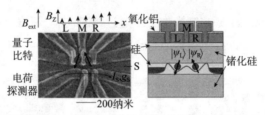

(a)美国普林斯顿大学佩塔研究组

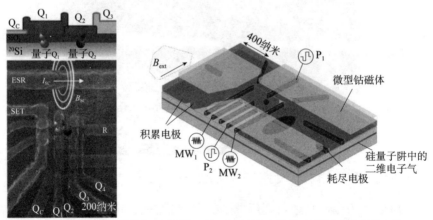

(b)澳大利亚新南威尔士大学杜拉克研究组　(c)荷兰代尔夫特理工大学范德塞彭研究组

图 6-11　不同研究组的两自旋量子比特半导体芯片

与超导量子计算类似,半导体量子计算也正在从科研界转向工业界。2016 年,美国芯片巨头英特尔公司开始投资代尔夫特理工大学的硅基量子计算研究，目标是在 5 年内制备出第一个二维表面码结构下的逻辑量子比特。2017 年，澳大利亚也组建了硅量子计算公司，目标是在 5 年内制备出第一台 10 比特硅基量子计算机。

在国内，中国科学技术大学的郭国平研究组在传统的砷化镓基量子比特方面积累了成熟的技术，实现了多达 3 个电荷量子比特的操控和读出，并基于电荷量子比特制备了品质因子更高的杂化量子比特。同时，该组从 2016 年开启了硅基量子比特计划，计划 5 年内制备出硅基高保真度的两比特量子逻辑门，实现对国际水平的追赶，并为进一步的超越做准备。

（三）离子阱量子计算

离子阱量子计算在影响范围方面仅次于超导量子计算。早在 2003 年，基于离子阱就可以演示两比特量子算法了。离子阱编码量子比特主要是利用真空腔中的电场囚禁少数离子，并通过激光冷却这些囚禁的离子。以囚禁 Yb^+（钇正离子）为例，图 6-12(a) 是离子阱装置图，20 个 Yb^+ 连成一排，每个离子在超精细相互作用下产生的两个能级作为量子比特的两个能级，标记为 $|\uparrow\rangle$ 和 $|\downarrow\rangle$。图 6-12(b) 表示通过合适的激光可以将离子调节到基态，然后图 6-12(c) 表示可以通过观察荧光来探测比特是否处于 $|\uparrow\rangle$。离子阱的读出和初始化效率可以接近 100%，这是它超过前两种比特形式的优势。单比特的操控可以通过施加频率等于比特两个能级差的激光实现，两比特操控可以通过调节离子之间的库仑相互作用实现。

2016 年，美国马里兰大学的门罗（Monroe）研究组基于离子阱制备了 5 比特可编程量子计算机，其单比特和两比特的操作保真度平均可达 98%，运行多伊奇－乔萨算法的保真度可达 95%。他们还进一步将离子阱的 5 比特量子芯片和 IBM 公司的 5 比特超导芯片在性能方面进行了比较，

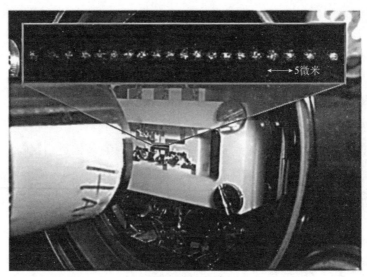

(a) 离子阱装置

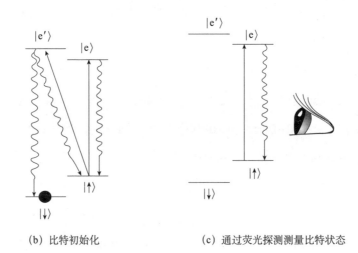

(b) 比特初始化   (c) 通过荧光探测测量比特状态

图 6-12　离子阱实验平台与比特测控示意图

发现离子阱量子计算的保真度和比特的相干时间更长，而超导芯片的速度
更快。在比特扩展方面，两者都有一定的难度，不过要达到约 100 个比特
的规模，二者在不久的未来可能都有一定的突破。除了量子计算，离子阱
还能用来进行量子模拟，如图 6-13 所示。2017 年，门罗组利用 53 个离子

实现了多体相互作用相位跃迁的观测，读出效率高达99%，是迄今比特数目最多的高读出效率量子模拟器。该实验虽然不能单独控制单个比特的操作，但是证明了离子阱量子计算的巨大潜力。

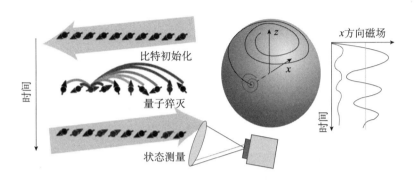

图 6-13　利用 53 个离子实现多体相互作用观测的量子模拟器示意图

有关两比特操控速度问题一直是限制离子阱量子计算的发展的主要因素。之前的两比特门操作速度最快也需要 100 微秒，远远高于超导量子比特和半导体量子比特的 200 纳秒。2018 年，牛津大学的卢卡斯（Lucas）研究组通过改进激光脉冲，达到最快为 480 纳秒的操作速度，在 1.6 毫秒的操作时间内两比特门保真度达到 99.8%，展示了离子阱量子计算的丰富前景。

2015 年，马里兰大学和杜克大学联合成立了量子离子（IonQ）量子计算公司。2017 年 7 月，该公司获得 2000 万美元的融资，并于 2018 年 12 月发布了首款面向市场的离子阱量子计算机。这是继超导量子计算之后第二个能够面向公众的商用量子计算体系。

国内的离子阱量子计算也于近几年发展起来。清华大学的金奇奂研究组和中国科学技术大学的李传锋、黄运锋研究组已经实现了对一个离子的操控，做了一些量子模拟方面的工作。这说明，中国也已经加入了离子阱量子计算的竞赛中。

（四）原子量子计算

除了利用离子，较早的方法还包括直接利用原子来进行量子计算。不同于离子，原子不带电，原子之间没有库仑相互作用，因此可以非常紧密地连在一起而不相互影响。原子可以被磁场或光场囚禁，用后者可以形成一维、二维甚至三维的原子阵列，如图 6-14 所示。

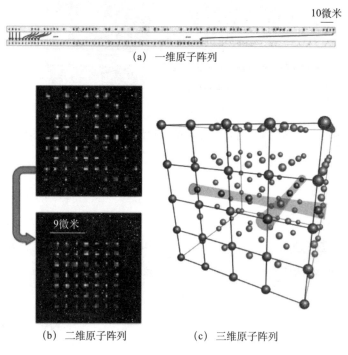

10微米

(a) 一维原子阵列

9微米

(b) 二维原子阵列　　(c) 三维原子阵列

图 6-14　用光场囚禁的多原子阵列

原子可以通过边带冷却的方式冷却到基态，然后同样可以通过激光对比特进行操控，比特的读出也类似离子阱的方法。由于没有库仑相互作用，两比特操控在原子中较难实现。它们必须首先被激发到里德伯态，这时原子的能量升高，波函数展宽，再通过里德伯阻塞机制实现两比特操控。迄今，原子量子比特的两比特纠缠的保真度只有 75%，远远落后于离子阱和超导比特。但是，2016 年的一篇理论文章中提到，经过波形修饰，它的保真度可以达到 99.99%。

基于原子的量子模拟可能比量子计算更受科研界的关注。利用光晶格中的原子，可以研究强关联多体系统中的诸多物理问题，如玻色子的超流态到莫特（Mott）绝缘体的相变和费米子的费米哈勃德（Fermi-Hubbard）模型、经典磁性（铁磁、反铁磁和自旋阻挫），拓扑结构或者自旋依赖的能带结构、巴丁 - 库珀 - 施里弗（BCS）超导理论与玻色 - 爱因斯坦凝聚（BEC）交叉等问题。现在的前沿焦点主要是量子磁性问题、量子力学中的非平衡演化问题和无序问题。在基于原子的量子模拟方面，国外有着深厚的积累。2017 年，哈佛大学米哈伊尔·卢金（Lukin）研究组甚至利用 51 个原子对多体相互作用的动态相变进行了模拟。

（五）核自旋量子计算

1997 年，斯坦福大学的庄（Chuang）等提出利用核磁共振来进行量子计算的实验。之后，基于核自旋的量子计算迅速发展，格罗夫尔算法和七比特肖尔算法相继在核自旋上实现。到现在为止，它的单比特和两比特保真度可以分别达到 99.97% 和 99.5%。

这种方法一般是利用液体中分子的核自旋进行实验。由于分子内部电子间复杂的排斥作用，不同的核自旋具有不同的共振频率，因而可以被单独操控；不同的核自旋通过电子间接发生相互作用，可以进行两比特操作。图 6-15 是一种用于核磁共振实验的分子，里面的两个碳（C）原子（用 ^{13}C 标记）加上外面 5 个氟（F）原子构成实验用的 7 个比特，表中的 ω、T、J 分别是比特频率、相干时间和相互作用能。

i	$\omega_i/2\pi$	$T_{1,i}$	$T_{2,i}$	$J_{7,i}$	$J_{6,i}$	$J_{5,i}$	$J_{4,i}$	$J_{3,i}$	$J_{2,i}$
1	−22 052.0	5.0	1.3	−221.0	37.7	6.6	−114.3	14.5	25.1
2	489.5	13.7	1.8	18.6	−3.9	2.5	79.9	3.9	
3	25 088.3	3.0	2.5	1.0	−13.5	41.6	12.9		
4	−4 918.7	10.0	1.7	54.1	−5.7	2.1			
5	15 186.6	2.8	1.8	19.4	59.5				
6	−4 519.1	45.4	2.0	68.9					
7	4 244.3	31.6	2.0						

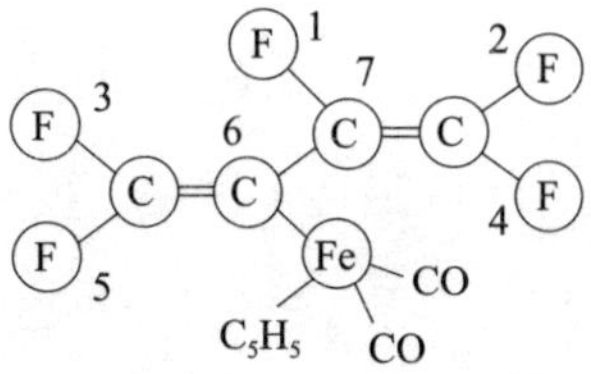

图 6-15　用于肖尔算法的核磁共振实验的分子结构及相关参数

（六）拓扑量子计算

拓扑量子计算是一种被认为对噪声有极大免疫的量子计算形式，它利用的是一种叫作非阿贝尔任意的准粒子。为了实现量子计算，我们首先要在某种系统中创造出一系列任意子－反任意子，然后将这些准粒子的两种熔接（fusion）结果作为量子比特的两个能级，再利用编织（braiding）进行量子比特的操控，最后通过测量任意子的熔接结果得到比特的末态。这一系列操作对噪声和退相干都有极大的免疫，因为唯一改变量子态的机制就是随机产生的任意子－反任意子对干扰了比特的编织过程，但这种情况在低温下是罕见的。和其他量子比特系统常见的电荷等噪声相比，它的影响是非常小的。

现在国际上进行拓扑量子计算研究的实验组主要是荷兰代尔夫特理工大学的莱奥·考恩霍文（Leo Kouwenhoven）研究组和丹麦哥本哈根大学的查尔斯·马库斯（Charles Marcus）研究组。他们尝试通过制备马约拉纳费米子来获得任意子。当 S 波超导体和一条具有强烈自旋－轨道耦合效应的半导体纳米线耦合在一起时，在纳米线的两端就可以产生马约拉纳费米子，并可以在实验中观察到马约拉纳费米子引起的电导尖峰。当这

些纳米线可以很好地外延生长成阵列的时候，就有望进行比特实验了。从
2012 年首次在半导体－超导体异质结中观察到马约拉纳零模的可能特征
开始，科学家们在铝－氟化铟（Al-InSb）和铝－磷化铟（Al-InP）两种半
导体－超导体耦合的纳米线体系开展了系列实验（图 6-16），但结果仍需
进一步接受学术界的检验。

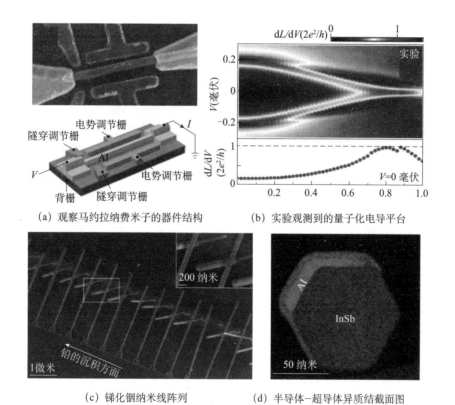

(a) 观察马约拉纳费米子的器件结构　　　(b) 实验观测到的量子化电导平台

(c) 锑化铟纳米线阵列　　　(d) 半导体-超导体异质结截面图

图 6-16　寻找马约拉纳费米子

　　除了利用半导体－超导体异质结探索马约拉纳费米子，其他的获得
方式还包括量子霍尔效应、分数量子霍尔效应、二维无自旋超导体和超
导体上的铁磁原子链。最近在量子反常霍尔绝缘体－超导结构中发现的
一维马约拉纳模式也被认为可以用于拓扑量子计算。值得一提的是，基

于马约拉纳费米子进行的拓扑量子计算仍然不能满足单比特任意的旋转，它仍然需要和其他形式的量子比特互补或通过某种方法进行近似的量子操作。不过，对高质量量子比特的追求仍然推动着科学家研究拓扑量子比特。

不同于其他美国巨头公司，微软公司在量子计算方面将资源押注在拓扑量子计算。他们认为，现在的量子比特的噪声仍然太大，发明一种保真度更高的量子比特将有助于量子比特的高质量扩展，进而更容易实现量子计算。他们与荷兰代尔夫特理工大学、丹麦哥本哈根大学、瑞士苏黎世联邦理工大学、美国加利福尼亚大学圣塔芭芭拉分校、普渡大学和马里兰大学在实验和理论上展开了广泛的合作，目标是在 5 年内制备出世界上第一个拓扑量子比特，其拓扑保护的时间可长达 1 秒。中国在拓扑量子计算方面也开始发力。2017 年 12 月 1 日，中国科学院拓扑量子计算卓越创新中心在中国科学院大学启动筹建，我国正式加入拓扑量子计算的竞争行列。

（七）体系展望

从目前量子计算的发展脉络来看，各种体系有先有后，有的量子计算方式现在已经让其他方式望尘莫及，有的量子计算方式却还有关键技术亟待突破，也有的量子计算方式正在萌芽之中。这就像群雄逐鹿中原，鹿死谁手，尚未可知。也有观点认为，未来的量子计算机的实现可能是多种途径混合的，如利用半导体量子比特的长相干时间做量子存储、超导量子比特的高保真操控和快速读出做计算等。也有观点认为，根据不同的量子计算用途，可能使用不同的量子计算方法，就像中央处理器（CPU）更适合任务多而数据少的日常处理，但是图形处理器（GPU）更适合图像处理这种单一但数据量大的任务。

六、量子计算的发展现状与前景

（一）"量子霸权"

研究量子计算的主要目的是利用量子计算机解决某些经典计算机无法处理的问题。当利用量子计算机处理某问题的能力超过利用经典计算机处理某问题的能力时，人们称之为"量子霸权"。

当考虑"量子霸权"时，我们并不关心其计算任务是否有实用价值，但很自然地，我们会尝试着从中寻找新的量子算法。目前已经有很多提案用来实现"量子霸权"。一般而言，任何"量子霸权"实验的提案至少包含四个成分：①明确定义的计算任务。②一个可行的量子算法。③比起任意经典解决方案，其在时间/空间上的优越性。④复杂度理论假设。当前比较流行的"量子霸权"提案包括大数分解问题、量子模拟、玻色采样、量子随机线路等。大数分解问题对应的量子算法是肖尔算法，前文中已经讨论过，不再赘述。这里以经典计算机模拟量子随机线路为例来阐述"量子霸权"。

量子随机线路是一种标准量子线路模型，它是在超导量子芯片架构下构建的线路。在随机线路中，两比特门的分布是固定的，单比特门的分布也有一定要求，因此整个线路由一些特定的量子门按照一定的规则组成。由于量子随机线路的结构是有规律的，所以用经典计算机模拟这种线路可以找到一些优化算法。但不可避免地，经典计算机模拟这种线路需要的时间/空间资源随着量子比特的增加呈指数增长。近些年来，量子随机线路的模拟极限不断被突破，从最开始谷歌公司模拟的 49 位量子随机线路，到 IBM 公司模拟的 56 位量子随机线路，再到国内合肥本源量子计算科技有限公司与中国科学技术大学合作完成的 64 位量子随机线路的模拟。从这些结果中可以看出，经典计算能模拟的量子随机线路的规模在一步步扩大，但这种线路的模拟显然有自己的极限，因为模拟这种线路的算法在本质上还是用矩阵相乘的原始算法，对其优化方案也必然有局限，所以无法避免指数增长的资源消耗。IBM 公司的 56 位量子比特随机线路的模拟在超级计算机上才能实现，同样的算法对于更多量子比特的模拟就不太容易了。例如，用双精度浮点型数据格式存储量子态模拟 64 位量子随机线路需要的内存空间是 $2^{64} \times 2 \times 8$ 字节 $=2^{28}$ 太字节。一般情况下，一个经典计算机的内存只有 8 吉字节或 16 吉字节，如果我们用内存为 16 吉字节的经典计算机来模拟，大概会需要 20 亿台经典计算机。这显然是做不到的，所以 64 位量子随机线路的模拟需要对线路进行优化。相比 IBM 公司最高 56 比特量子随机线路的模拟方案，国内本源量子计算科技有限公司与中国科学技术大学的研究人员提出了更有效的方案。该方案的基本思想是将量子随机线路拆分成一系列子线路的叠加，子线路满足这样的条件：每个子线路中量子比特可以划分成两类，且每个子线路的划分结果是一致的，对每个子线路划分得到的两类量子比特之间无纠缠，从而降低模拟线路需要的代价。图 6-17 是对一个 8 位量子随机线路的切分方案，其中线路中 0 号、1 号、2 号、3 号量子比特为一类，4 号、5 号、6 号、7 号量子比特为另一类，最后得到的 4 个子线路中两类量子比特之间无纠缠。

通过这个方案，一台普通的经典计算机就能完成 56 比特量子随机线路的模拟，在超级计算机上实现了 64 比特的模拟。另外，64 位量子随机线路并不是这个方案的极限。理论上，这个方案可以模拟出 72 位量子随机线路。但不管怎么说，在量子随机线路的模拟中，经典计算机要花很大的代价才能增加一个量子比特，所以在模拟量子随机线路的问题上，经典计算机无法与量子计算机相比。换句话说，这个问题的"量子霸权"是存在的。

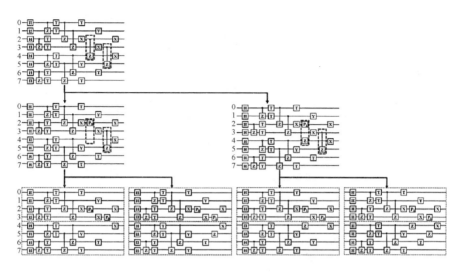

图 6-17　量子随机线路拆分图

　　简单来讲，"量子霸权"实际上体现的是量子计算相对于经典计算的优越性。那么，"量子霸权"何时能真正实现呢？量子计算机拥有经典计算机无法比拟的性能，所以现在很多国家和机构都密切关注量子计算的研究领域，量子计算的研究在坚实地向前迈进。量子芯片的规模也在快速增长，许多国家及公司都宣布了其野心勃勃的量子计算发展计划，量子计算似乎已经进入发展的快车道。2021 年，谷歌公司更是声称他们将在 2029年之前制备出具有 100 万个物理比特的商用量子计算机。

　　科学家们认为，在不考虑保真度的理想情况下，当量子芯片包含的量子比特超过 50 个时，量子计算机就能做到一些经典计算机做不到的事情，即在某些领域会出现"量子霸权"。随着量子芯片的规模进一步扩展，量子计算的发展未来可期（图 6-18）。

（二）量子云平台

　　量子比特极其脆弱，很容易受到外界环境的破坏，因此量子计算机对

(a) IBM公司推出的全球首套商用量子计算机 IBM Q System One

10毫米

(b) 谷歌公司推出拥有53个比特的超导量子芯片

图 6-18　量子计算机的研制取得重大进展

工作环境的要求是苛刻的。例如，超导比特就需要工作在约10毫开[①]的稀释制冷机中，就算量子计算机发展到足够成熟的地步，恐怕也很难像经典计算机一样人手一台。一个可行的方案是把量子计算机放在云端，使普通民众通过网络来使用量子计算机，由此诞生出一个新的概念——量子计算云平台。量子计算云平台是近些年发展起来的普通用户与量子计算机的交互接口。用户可以在用户界面创建量子线路，并在量子计算机上运行自己的量子线路，以此来体验量子计算机的神奇功能。第一个量子计算云平台是由 IBM 公司创建的。随着量子计算越来越受到关注，国外很多机构都开始做类似的工作，如开发量子编程语言、设计能让量子计算更直观展示的界面等。在量子计算的大潮席卷下，国内也出现了量子计算云平台，最

---

① 0 开约为 −273.15℃。

具代表性的有合肥本源量子计算科技有限公司、阿里巴巴集团及清华大学分别推出的量子计算云平台。图 6-19 所示为本源量子计算云服务平台界面。

图 6-19　本源量子计算云服务平台界面

从这个界面我们一眼就能了解到这个云平台的功能。首先，该云平台支持 32 位的量子虚拟机。所谓量子虚拟机，就是用经典计算机来模拟仿真量子计算机，本质上使用矩阵乘法来实现量子逻辑门的功能，从而完成量子计算。本源量子计算科技有限公司也开发了自己的量子语言 QRunes 和量子软件开发包 QPanda，使用户更方便地编写复杂的量子程序。为了帮助大家了解量子计算，云平台也有一些量子计算的科普知识和基础教程及加深理解的量子小游戏。本源量子计算云服务平台支持两种量子芯片架构——半导体量子计算机和超导量子计算机。其量子虚拟机量子线路构建界面如图 6-20 所示。

图 6-20 包含两比特多伊奇-乔萨算法的量子线路，我们可以用云平台定义的一系列量子逻辑门来构建量子算法的量子线路。构建方法很简单，只需要按照量子算法的逻辑将量子逻辑门点击到量子比特对应的运算

线上，就可以构建出对应的量子线路。量子线路构建完毕后，就可以点击运行按钮来运行这个量子线路。两比特多伊奇-乔萨算法的运行结果如图 6-21所示。

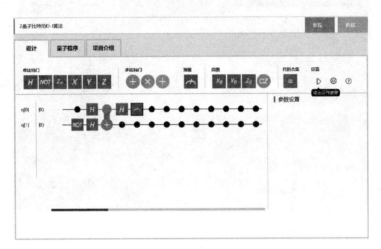

图 6-20　量子虚拟机量子线路构建界面示意图

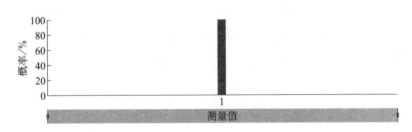

图 6-21　多伊奇-乔萨算法运行结果

因为多伊奇-乔萨算法中 $f(x)$ 是一个平衡函数，所以最后测量到 $|0\rangle$ 态的概率为 0，即测量到 $|1\rangle$ 态概率为 1。

下面我们构建一个格罗夫尔算法的量子线路，其算法线路图和运行结果如图 6-22 所示。

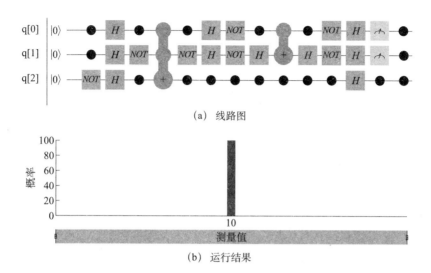

(a) 线路图

(b) 运行结果

图 6-22　格罗夫尔算法的量子线路

　　目前看来，量子计算云平台功能还比较基础，主要是为用户提供一些科普演示及为量子计算领域的研究提供一个测试平台。随着量子计算机的发展，量子计算云平台也会进步发展，从而具备一些实用功能，为未来科研和生活提供帮助。

　　总之，量子计算机研制已从高校、研究所为主力发展为以公司为主力，从实验室的研究迈进到企业的实用器件研制。量子计算机将经历三个发展阶段：

　　（1）量子计算机原型机。原型机的比特数较少，信息功能不强，应用有限，但"五脏俱全"，是地地道道的按照量子力学规律运行的量子处理器。IBM Q System One 就是这类量子计算机原型机。

　　（2）"量子霸权"。量子比特数在 50～100，其运算能力超过任何经典电子计算机。但未采用"纠错容错"技术来确保其量子相干性，因此只能处理在其相干时间内能完成的特定问题，故又称为专用量子计算机。这种机器实质上是中等规模带噪声量子计算机（Noisy Intermediate-Scale Quantum，NISQ）。应当指出，"量子霸权"实际上是指在某些特定的问题上量子计算机的计算能力超越了任何经典计算机。这些特定问题的计算复杂度经过严格的数学论证，在经典计算机上是指数增长或超指数增长，而在量子计算机上是多项式增长，因此体现了量子计算的优越性。目前采用的特定问题是量子随机线路的问题或玻色取样问题。这些问题仅是玩具模型，并未发现它们的实际应用。因此，尽管量子计算机已迈入"量子霸权"阶段，但在中等规模带噪声量子计算（NISQ）时代面临的核心问题是探索这种专门机的实际用途，并进一步体现量子计算的优越性。

（3）通用量子计算机。这是量子计算机研制的终极目标，用来解决任何可解的问题，可在各个领域获得广泛应用。通用量子计算机的实现必须满足两个基本条件：一是量子比特数要达到几万到几百万量级，二是应采用"纠错容错"技术。鉴于人类对量子世界操控能力还相当不成熟，因此最终研制成功通用量子计算机还有相当长的路要走。

七、量子计算机带来的颠覆性影响

量子计算的大门已经逐渐开启，量子计算的强大力量已经逐渐显露。已有研究表明，量子计算机可以用于密码破译、大数据处理、数值优化、机器学习、分子模拟和复杂科学问题研究等领域，特别是近年来科学家们在相关领域不断取得系列进展。

肖尔算法和格罗夫尔算法是两个极重要的量子算法，分别用于质因数分解和数据库搜索，即在密码破译和大数据处理方面有重要作用。近年来，某些量子计算体系已经能够对这两种算法进行一定演示。2012 年，英国布里斯托大学的研究者们演示了分解 $21=3 \times 7$ 的肖尔算法。2017 年，美国马里兰大学的研究者们演示了三比特的格罗夫尔算法，并展示了其相对于经典算法效率的优越性。

数值优化、加速问题存在于我们生活的方方面面，包括复杂系统设计、时间安排、路线选择、网络搜索甚至神经网络训练等。2009 年，哈罗（Harrow）、黑斯登（Hassidim）及罗伊德（Lloyd）等提出了求解线性方程组的 HHL 量子加速算法。2012 年，维伯（Wiebe）等基于这个算法提出了用于数据拟合的量子加速算法。而在实验中，目前加拿大迪维弗（D-wave）公司已经利用运行量子退火算法的量子退火机尝试加速部分数值优化方面的问题，包括帮助科学家一起解决蛋白质的折叠问题、和德国大众汽车集团合作解决车流控制的问题、与博思艾伦汉密尔顿控股公司合作研究人造卫星的最优排布问题。

深度学习和人工智能是近些年来备受关注的领域，从谷歌公司的人工智能阿尔法狗（AlphaGo）在围棋上一步步打败李世乭，到阿尔法狗零型（AlphaGo Zero）碾压前辈阿尔法狗，整个世界都被一次次震撼。目前，人工智能仍受限于经典计算机的计算能力。人们尝试从各个方面寻找改进方案，量子计算将是一条充满生机和神奇的路。将经典数据集编码到量子计算中，然后通过量子计算机进行处理，如果这个过程能够利用量子比特的叠加性，就可以实现对机器学习的加速。目前可能用于加速机器学习的算法包括 HHL 算法、格罗夫尔算法、量子增强机器学习算法、量子采样算法、量子神经网络和量子隐马尔科夫模型等。2017 年，美国国家航空航天局（NASA）利用量子机器学习算法训练了一台量子退火机，并使其成功地识别了低像素的手写阿拉伯数字。2018 年，美国里盖蒂（Rigetti）公司用一台 19 比特量子计算机演示了机器学习。由于机器学习在人脸识别、语音翻译和无人驾驶领域应用广泛，能够实现指数级加速的量子机器学习而被寄予厚望。

在分子模拟方面，为了精确计算分子的能量，必须从分子的每个电子出发。按照第一性原理来计算，由于需要考虑电子和电子之间的相互作用，这种算法需要的计算资源随着粒子数目增多而呈指数增加。受经典计算机计算能力的限制，人们对于大分子的计算往往被迫采用一些近似的算法，但这些算法在一些应用场景中却不能满足计算精度的要求。与经典算法不同，量子算法是将分子中电子的波函数和算符映射到量子比特和量子操作上，经过一系列量子操作后再把结果映射回电子的波函数上。由于量子比特与电子波函数一样具有量子的特性，其所需的计算资源只会随着粒子数目增加而呈多项式规律增加。在这个领域，2017 年，美国的 IBM 公司利用 6 个量子比特模拟了氢化铍的分子基态，随着比特数目增加及比特操作保真度的增加，量子计算预计可以在化学模拟、分子制药等方面发挥更大的作用。

除了这些，量子计算机在物理学等领域也有非常大的应用空间。2017年，美国谷歌公司的研究者们通过一台 9 比特量子计算机测量了相互作用的光子能级，并观察了热激发态到多体局域态的相变。2018 年，加拿大 D-wave 公司利用量子退火机模拟了顺磁-反铁磁-自旋玻璃的相变过程和拓扑领域的 KT 相变（Kosterlitz-Thouless phase transition）。

随着研究日益深入，人们对量子计算的态度已从过去的"能不能实现"慢慢转变成"什么时候能实现"。另外，人们真正开始研究量子计算不过短短 20 多年，量子计算这个巨大宝藏仍需要我们去继续挖掘，其强大的计算能力需要我们去进一步开发。现在或许还无法准确预测"量子计算机时代"何时到来，但在科学家看来，已经没有什么原理性的困难可以阻挡这种革命性、颠覆性的产品诞生了。而规模化通用量子计算机的诞生将极大地满足现代信息的需求，在海量信息处理、重大科学问题研究等方面产生巨大影响，甚至在国家的国际地位、经济发展、科技进步、国防军事和信息安全等领域也会发挥关键性作用。可以预期，通用量子计算机的研制将曲折而艰难，但我们不妨大胆畅想量子计算机对国家和人类进步的颠覆性影响。

（一）国家影响力

信息是当今世界最重要的战略资源，计算机技术是现代信息技术的核心。信息处理能力是信息时代的基本生产力，是国家的核心竞争力，是体现国家综合实力的重要标志。第二次世界大战结束以来，美国一直处于超级计算机研发的尖端地位，最初超级计算机主要用于计算导弹弹道及模拟核武器等军事活动当中，后来逐步应用到科研、产品研发、金融等各个领域。随后，计算机和互联网技术在美国迅速发展壮大，在世界范围内扩展并加速了全球化进程，美国在这个过程中积累了强大的国际影响力。量子计算科技革命给了我国一个从经典信息技术时代的"跟踪者""模仿者"转变为未来信息技术"引领者"的伟大机遇。量子计算技术是一种颠覆性技术，关系到一个国家未来发展的基础计算能力，一旦突破，会使掌握这种能力的相关国家迅速建立起全方位战略优势，引领量子信息时代的国际发展。

（二）经济影响力

量子计算机能克服经典计算机发展所遇到的能耗和量子效应问题，从而摆脱半导体行业摩尔定律失效的困境，同时突破经典极限，利用量子加速、并行特性解决经典计算机难以处理的相关问题。作为经典计算机的继承和补充，量子计算机未来会像经典计算机一样形成庞大的技术产业链，在国民经济生活中产生重大影响。量子计算机相关技术的突破必将带动包括材料、信息、技术、能源等一大批产业的飞跃式发展，成为"后摩尔"时代和"后化石能源"时代人类生活的技术依托。量子计算机强大的并行计算和模拟能力，将为密码分析、气象预报、石油勘探、药物设计等的大规模计算难题提供解决方案，从而提高国家整体经济竞争力。

（三）科技影响力

近 50 年，半导体及信息行业的技术发展经历过数次突破，从处理器的运算速度到存储器容量，再到网络带宽，每次突破后都能带来巨大的社会进步。目前，海量数据处理已成为急需攻克的壁垒。当前计算机处理海量数据的能力有限，传统计算机已经远远无法满足信息量爆炸式增长的需求，迫切需要从原理上突破超大信息容量和超快运算速度的瓶颈，而量子计算机正好能有效满足这个需求。量子计算机在科学研究领域具有广泛应用前景。学术界一般认为，在通用量子计算机出现之前，具有特定功能的专用量子计算机（量子模拟机）将首先出现并实现对量子体系的模拟。量子计算机利用其特殊的量子力学原理，将为强关联等物理学问题提供完美的检验平台。同时，量子计算对生物制药、机器学习、人工智能领域将产生深远影响，并对提高国家科技影响力起到积极的促进作用。

（四）军事影响力

量子物理与计算科学第一次大规模结合的直接原因就是研制核武器的需求。在计算技术的发展历程中，军事应用价值始终是其重要推动力之一。量子计算机应用到国防建设时，其强大的运算、搜索、处理能力将为未来武器研发提供计算、模拟平台，缩短研发周期，提高武器研发效率。此外，它还能在未来战场上快速破译密文，为情报和战况分析提供及时、高效的技术支撑，提升作战能力，同时在战场计划、组织决策、后勤保障等方面发挥巨大作用，甚至改变未来战争的形态。因此，掌握其核心技术能够极大地增强国防综合实力。

（五）信息安全

　　量子计算机最受关注的重要应用之一是破译现代密码体系。理论研究表明，目前使用的 RSA 密码体系在量子计算机面前将不堪一击。基于经典保密系统的安全体系在量子计算机面前将变得无密可言。量子计算对信息安全的影响不言而喻。

第七章

量子密码果真绝对安全吗

天地之化，在高与深；圣人之道，在隐与匿。

——《鬼谷子·谋篇》

一、传统密码技术面临的挑战

密码学的主要目的是研究信息的保密与认证。它由来已久，早在古代军事典籍中就已经有关于重要情报加密传递的记载，是密码系统应用的绝佳范例。而在信息化的现代社会，密码学更是成了人们日常生活中不可缺少的一部分，为我们的网络访问、电子商务等活动提供了必要的安全性。

密码学最原始也最基本的应用是在信息的传递过程中将其含义进行隐藏，避免被其他人获取。这个过程中，我们一般将信息的发送人称为爱丽丝（Alice），信息的接收人称为鲍勃（Bob），而将试图窃取信息的窃听者称为伊芙（Eve）。为了实现信息保密的目的，爱丽丝需要将待发送的消息［我们称之为明文（plaintext）］通过一定的手段转换成无法识别的密文（cyphertext）。这个过程的作用并不是掩饰发送消息这个事实，而是要将传递的信息内容进行掩盖，所以被称为加密（encryption）。此时密文已经无法正常阅读，如果伊芙无法得知加密的方法或者加密过程中使用的参数，那么她将这个信息进行还原的难度会非常大，以至于基本上不可能获得这个原始信息。然而，当鲍勃接收到密文后，通过之前与爱丽丝约定好的方法，他将对密文进行反向处理，我们称之为解密（decryption），从而容易地获得明文信息（图7-1）。

爱丽丝   伊芙   鲍勃

明文：ABCDE $\xrightarrow{\text{加密过程}}$ 密文：EMKAU $\xrightarrow{\text{解密过程}}$ 明文：ABCDE

图 7-1 密码系统运行过程

密码学根据科技发展和技术手段，可以分为古典密码学与现代密码学。古典密码学又可以根据使用的加解密方法不同分为移位式密码（transposition cipher）和替换式密码（substitution cipher）。移位式密码比较原始简单，最著名的例子是古希腊的密码柱 Scytale。加密者将一条羊皮纸带子绕在一根圆棍上，并沿着圆棍书写消息。当带子解下来后，由于字母顺序已经被打乱，他人无法直接阅读。解密者使用约定好的相同直径的圆棍，将羊皮纸带子再缠绕上去，就可以获得有正确含义的消息。

替换式密码同样具有悠久的历史。早在公元前的古罗马共和国时期，盖乌斯·尤利乌斯·恺撒（Gaius Julius Caesar）便频繁地使用加密书信与其将军们进行通信。据此，古罗马文法学家和学者马库斯·瓦莱里·普罗布斯（Marcus Aurelius Probus）甚至还写了一本关于恺撒使用密码的专著。其中一种替换式加密方法最简单也最广为人知，现在被称为恺撒密码（Caesar cipher）。它将组成明文的字母使用字母表后特定位数的字母进行替换。

例如，图 7-2 表明的就是移动位数为 3 的恺撒密码。如果恺撒要向他的将军发布"拂晓攻击"（attack at dawn）的命令，则他可以将进行变化后的密文 dwwdfndwgdzq 交给传令官，将军接到传令官给的文件之后，再根据规则进行反向操作，就可以得到正确的攻击命令。这里，attackatdawn是明文，移位规则是这个加密和解密过程中的算法，而移动位数 3 是密钥。敌人只要不知道加密算法和密钥，就无法根据密文 dwwdfndwgdzq 获取其中正确的含义。

明文：a b c d e f g h i j k l m n o p q r s t u v w x y z

字母表移动3位 ↓

密文：d e f g h i j k l m n o p q r s t u v w x y z a b c

图 7-2 移动位数为 3 的恺撒密码

当然，在恺撒密码使用较多次数之后，这种方法可能会被敌人从其他渠道得知。这时敌人可以遍历所有可能的字母移动位数 1～26，只要最多尝试 26 次，就能够破解出命令的真实含义。从原理上而言，恺撒密码可以不局限于仅在通用字母表中进行移位，而使用一个乱序的广义字母表。这样，可能的密钥个数从 26 提升到 $4×10^{26}$ 之多。如果使用暴力尝试的方法进行破解，在 1 秒尝试一种可能的情况下，破解这个消息最多将花费超过 120 亿亿年的时间，这显然是当时的人们无法承受的。

但是有没有其他更加巧妙的方法来进行破解呢？直到公元八九世纪，富强和平的阿拉伯世界在科学技术和文化发展中取得了令人瞩目的成就，其数学、统计及语言学的进步促成阿拉伯学者提出了一种全新的方法，使用该方法就可对这种单字母表替换密码方法的加密密钥进行猜测破解。这种方法就是字母的频率分析法。虽然现在没有人知道是谁第一个发明了这种方法，但是现存文献的第一次描述是来自 9 世纪肯迪（al-Kindi）的著作《加密消息破解手稿》（*A Manuscript on Deciphering Cryptographic Messages*）。其中有一段话是这么表述的[①]：

> 如果我们知道一个语言的特点，那么我们破解加密消息的一种方法就是，找一份用这种语言书写的文件，要求它足够长，然后从头到尾计算每个字母出现的次数。我们把出现次数最多的字母标记为"第一"，把出现次数第二多的字母标记为"第二"，把出现次数第三多的字母标记为"第三"，以此类推，直到计算完整个文件所有的字母。然后我们打开我们想要破译的文件，以同样的方式对这个文件里字母进行分类。找到出现最多的字母并且用"第一"字母进行替换，找到

---

① 参考 The Code Book: The Secret History of Codes And Code-Breaking, Simon Singh / Fourth Estate, 1999。

出现第二多的字母后用"第二"字母进行替换，找到出现第三多的字母后用"第三"字母进行替换，以此类推。这样我们就完成了秘密文件的破解。使用频率分析法，避免了对密钥进行暴力破解而耗费大量的时间和精力，通过对语言文字自身特点的分析，就可以较大概率地对替换方案（加密密钥）进行猜测。

到了近代社会，人们的通信和加密方式都有了很大变化。19世纪末到20世纪初，电报特别是无线电报技术的使用与推广，大大地提升了人们远距离通信的速度，使得处在任意位置的两个人都可以方便地利用无线电信号进行交流。例如，以往海上的两艘相隔较远的船之间基本无法通信，只能在出发之前约定好航行计划。而在无线电报发明之后，船和船即使相隔数百公里也依然可以实时沟通，极大地提高了机动性。在陆地上，无线电报技术的优点也同样突出，它的使用避免了之前利用人力或者架设电缆的复杂要求，使得消息可以迅速、广泛地传播。但是，对于军事等保密性要求严格的领域，人们对无线电技术使用的担忧也日益高涨。这是由于，加载了信息的无线电信号并没有固定的传播方向，而是弥漫在整个空间中，不但自己的军队能够接收到，敌人也同样可以接收到一模一样的消息。这样一来，可靠的加密系统就显得异常关键。对比之前的保密体系，此时需要有足够的自信将密文主动地送到敌军的指挥部。

所以，在发生于20世纪初的第一次世界大战中，各国均尽量避免使用无线电报来传递重要的军情信息。即便如此，关于密码的攻防战依然受到各国高度重视。其中最具代表性的事件就是德军的秘密电报被敌方截获并破解，迫使美国改变立场，直接加入盟军的战斗阵营，瓦解了德国侵略欧洲与美国的企图。

在战争初期，欧洲大陆的战火持续蔓延。当时的美国总统威尔逊始终坚持拒绝派遣美国士兵前往欧洲支援其他协约国作战。一个原因是，他不希望牺牲本国的年轻人来支援欧洲的战争。另一个原因就是，他确信通过调节和协商，完全可以避免事态向负面发展。然而实际上，德国一边任命齐默尔曼为新的外交部部长，向全世界展示和平开明的外交政策，而另一边则正暗地策划一场规模庞大的战争计划。

当时德国计划发动无限制潜艇战，利用潜艇的攻击隐蔽特性，对所有开往英国的船只进行攻击，从而切断英国的补给线，迫使其投降。德国高层认为，他们的潜艇在海下发射鱼雷进行攻击几乎没有安全风险，而且这个优势将是关乎战局发展的一个重要因素，所以对该计划抱有非常大的期望。但是，无限制潜艇战也必将对美国的船只造成伤亡，这可能将会激怒美国而促其参与战斗。为了避免这种情况发生，德国一方面需要进行快速的战斗，在短时间内迫使协约国投降，而使美国无法及时集结部队赶赴欧洲战场。另一方面，齐默尔曼设计了一个阻拦美国进军欧洲的方案：与墨西哥、日本结盟，并说服墨西哥和日本能够在合适的时候进攻美国南部与西部，而德国同时进攻美国东部。这样，美国自身难保，更无暇顾及欧洲大陆的战局，为德国赢得战争胜利让出道路。

英国在战争刚开始的时候就破坏了德国的跨洋海底电缆，切断了德国重要的保密通信线路。因此，齐默尔曼的计划只能在经过加密之后通过无线电报或他国电缆传到墨西哥手中。但是无论何种方式，德国的通信都被英国实时监听了。1917年1月17日，截获的秘密电报被立即送往40号办公室进行破译。事实上，自从19世纪维吉尼亚密码被破解之后，密码的设计并没有本质性突破，所以经过一些尝试和努力，英国的密码破译专家就获知了这份电报的具体内容。这里的一个小插曲是，在英国获取了德国的野心计划之后，并没有马上将它交给美国。英国的重要担心是，如果美国获取这个消息之后公开谴责德国的侵略计划，则会使德国对自己的加密体系产生怀疑和顾虑，从而改进新的加密系统，这样会对今后重要情报的破解造成更大的困难。然而出乎英国意料的是，德国在1917年2月1

日正式发起对英国的海上封锁后，美国威尔逊总统及国会依然决定保持中立立场，主张以对话谈判的方式解决欧洲分歧。由此，英国才将齐默尔曼电报正式交予美国大使，迫使威尔逊总统改变了外交政策，正式与德国宣战。而直到 1923 年，战败的德国才从英国的第一次世界大战回忆录及战争总结文件中真正得知此事的背后故事。

20 世纪开始，社会的机械化和电气化得到一定程度的发展。人们开始尝试使用机电设备来构造密码机，以此代替过往以人工为主的编解码流程，通过增加密码系统的复杂程度来应对当时相对更强大的密码分析方法。其中最负盛名的就是德国的恩尼格玛（Enigma，又称隐谜）密码机。

当时的各国都在第一次世界大战中见识了保密通信以及密码安全的重要性。尤其是在品尝了加密体系薄弱的苦果之后，德国有非常强烈的意愿加大对密码学研究和应用的投入。德国军方在意识到恩尼格玛密码机的威力之后，迅速地将其进行军事化改造，并应用在军队、政府、铁路运输等关键部门。恩尼格玛密码机为德国政府和军队，尤其是在第二次世界大战期间，带来了当时世界上最严密安全的保密通信系统（图 7-3）。

恩尼格玛密码机的结构主要包括插线板、转轮组、反射器、键盘以及字母指示灯。其中键盘负责明文的输入，字母指示灯负责加密后密文的输出，而加解密过程由转轮组、反射器及插线板完成。

插线板是在输入键盘与转轮组之间的一个结构，目的是增加密码机的复杂性。插线板包括 26 个插线孔，一般配有 6 根连线，可以对 26 个字母中的 6 对进行随意替换。在保密通信之前，通信者之间需要对插线板的插线状态进行约定，而对于窃听者而言，随机的 6 对字母插线状态将产生超过 10^{11} 种可能的替换方案。这种替换方案依旧属于单字母表替换密码方法。虽然状态的可能性很多，但是通过频率分析还是可以将其破解。这就要依靠转轮组的作用了。

转轮组是密码机的核心部件。每个转轮都有 26 个输入端口和 26 个输

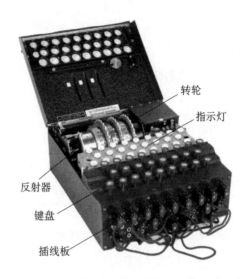

转轮

指示灯

反射器

键盘

插线板

图 7-3　德国军方曾使用过的恩尼格玛密码机

出端口，分别对应 26 个字母。它的内部存在特定的连接线，将输入端口和输出端口相连接，基本工作原理也是字母的替换。所以无论是一个转轮还是转轮顺序排放的组合，都是一种特定的单字母表替换方案。如果仅仅是这样，那么恩尼格玛密码机就和之前的加密方法没有什么本质区别了，只需要用频率分析法就可以进行破解了。这里的关键是，随着每次敲击键盘，特定转轮都会旋转一格，改变这个单字母表的替换方案。这样一来，每次敲击所使用的替换表都将发生变化，而且和双方约定的转轮初始位置有密切的关联。德军使用的恩尼格玛密码机使用 3 个转轮，如果考虑包括所有可能的替换的话，每次的敲击都存在 $26 \times 26 \times 26 = 17\ 576$ 种可能的字母表替换方案。而且，由于转轮可以替换、增加个数，并且可以改变排列的顺序，所以还存在更多字母表的替换可能。加上由插线板上插线端口引入的不确定性，单次加密的密码表可能性达到了 10^{16}，使得单纯依靠人力来破解变得完全不可能。

反射器是转轮组的辅助结构，它的作用主要是将电信号进行反射，使得加密和解密过程完全对称。信息接收方只需要将密文从键盘输入，则明文可以由字母指示灯直接显示，大大增加了恩尼格玛密码机的易用性。

恩尼格玛密码机的使用中还有一个至关重要的安全保障，就是机器的初始设置，如转轮的排列顺序、初始位置、插线板连接状态等。不同的初始设置对应的字母表替换方案千差万别。对于通信者而言，每个月都将收到包含每天初始设置的密码本，每天工作之前都按照约定好的初始设置对恩尼格玛密码机进行配置，确保双方能够正常通信。而对于密码破译人员，其即使获取了恩尼格玛密码机，如果不知道这一天的初始设置，也很难在一天的时间内将秘密破解。

恩尼格玛密码机的这些优点，给当时的德国带来了明显的技术优势，使得德国政府、军队充满信心，认为它是无法被破译的。但是实际上，当密码分析学家逐渐掌握了它自身的结构特点和德军消息的发送习惯之后，依然找到了破解恩尼格玛密码机的方法。例如，德军惯例在早晨 6 点钟时发送加密的天气预报，在特定的位置就会出现"天气"等固定词语。另外，由于反射器的使用，恩尼格玛密码机无法让字母加密后对应为自己本身，也就是说明文 a 加密之后，密文一定是 a 以外的字母。密码分析学家根据这些规律，尽可能地缩小恩尼格玛密码机的可能设置范围，并通过构建特殊的电力机械炸弹，能够快速地对剩下的可能范围进行搜索，并最终成功破译恩尼格玛密码。

在第二次世界大战中，恩尼格玛密码破译机炸弹（bombe），以及后来为破解洛伦兹密码（Lorenz cipher）而构建的更加强大的巨像（Colossus）密码破译机，给人们展示了强大计算能力的广泛应用前景。而巨像密码破译机也被认为是世界上第一台可编程的电子逻辑计算机，为日后计算机的蓬勃发展奠定了基础。随着第二次世界大战后科技水平的不断提高、计算机计算能力的不断增强，先前依靠机械和人力的加解密过程逐步被计算机取代。计算机高速、可编程的特点为当时的密码应用提供了无与伦比的优势。例如，计算机可以快速模拟成百上千个转轮同时加密的密码设备，给其他未掌握计算机技术的国家带来了巨大的破译难度。再者，通过掌握先进的计算能力以及寻找密码协议的漏洞，正如恩尼格玛密码与炸弹破译机的故事一样，可以大大减少密码破译的计算量。正是如此，密码学家希望研究密码协议理论，来减少甚至消除它结构上的缺陷，以保证安全性。

1947 年，当时美国电话电报（American Telephone & Telegraph，AT&T）公司的贝尔实验室发明了半导体晶体管。该产品被认为是现代历史中最伟大的发明之一。它的体积小、重量轻、能耗少，通过半导体技术大规模生产的特性成了推动电子计算机商业化、小型化的巨大动力。到了 20 世纪五六十年代，电子计算机已逐渐发展成熟，成本也趋于低廉，许多商业公司也开始配备电子计算机来处理事务、加密信息。这时，不同公司和单位之间的保密信息互通就成了一个亟待解决的问题。1973 年，作为美国商务部的下属机构，美国国家标准局（National Bureau of Standards，国家标准技术研究所的前身）正式向社会提议建立商用的标准加密系统。

在经过数轮征集之后，IBM 公司提交的加密算法于 1976 年被最终选定，并作为数据加密标准（data encryption standard，DES）进行推广。DES 密码是一种分组密码（block cipher），它将明文消息按照规则转化成二进制比特串之后，按照特定的长度（64 位）对明文进行分组，并对各个分组执行复杂的迭代加密过程。在每次迭代之后，新生成的 64 位比特串又被当作下一次迭代的输入量进行加密操作。在经过 16 次迭代之后，每个分组内的比特串的信息已经被完全打乱，便可以得到一个相同位数的密文。而消息的接收方则通过相反的操作来还原明文信息。这个过程中最重要的部分是各个分组执行的迭代加密算法。它由通信双方预先共享的密钥所决定。正是由于预先共享的密钥有多种可能且对他人保密，才能保证DES 密码的迭代加密算法不被窃听者破解。尽管如此，DES 密码仍然存在一些特殊的密码学特性，使其能够被快速破解。

为了解决 DES 密码的安全性问题，美国国家标准与技术研究所通过广泛甄选，于 2001 年发布了高级加密标准（advanced encryption standard，AES）以替代 DES 加密系统。AES 加密协议的分组长度为 128 比特，而密钥长度可以是 128 比特、192 比特和 256 比特，迭代次数相应为 10 次、12 次和 14 次。到目前为止，针对 AES 加密算法本身的攻击还未出现，仅有一些针对系统应用缺陷的侧信道攻击被学者提出。与 DES 相似，AES 加密方案也需要通信双方预先共享一串相同的密钥，消息的发送方和接收方都要使用这个密钥才能对消息进行正确的加密和解密操作，从而达到保密通信的目的。这种使用相同密钥的密码方案被称为对称密码。

密钥的分配是对称密码体系实用化的最大难题。例如，第二次世界大战时德军使用的恩尼格玛密码机需要每个月分发一次密码本，双方通过密码本上相同的随机字母来设定当日的初始密钥，是一种对称密码。而对于需要加密的商业应用，DES 和 AES 等加密系统同样需要通过可信的第三方渠道来分发密钥。这个过程是加密系统中最薄弱的环节之一，并且它将花费较长的时间，产生高昂的费用。随着经济社会逐步发展，特别是电子计算机网络的兴起，大规模的加密应用需求对传统的对称密码体系提出了全新的挑战。

在这样的大环境下，密钥的分发被视为是保密通信中无法避免的一个难题。而是否存在便捷、安全的密钥分配方案，也得到密码学家的广泛关注与研究。1976 年，惠特菲尔德·迪菲（Whitfield Diffie）和马丁·赫尔曼（Martin Hellman）提出了一个开创性的密码方案，被称为迪菲－赫尔曼密钥交换（D-H key exchange）。它利用离散对数问题的计算难度，通过设计合适的单向数学算法，可以让通信双方在完全没有预先共享秘密信息的情况下完成密钥的分配。

在协议执行过程中，通信双方通过公开的信道，如可能被窃听的电话线，事先约定好一个质数 p 及一个合适的整数 g，然后各自选取一个随机整数作为自己的私钥，如爱丽丝选取 a，鲍勃选取 b。这里私钥的意思就是私有密钥，除了自己以外的任何人都不能获取这个密钥的数值。爱丽丝通过计算 $A=g^a \bmod p$ 来得到自己对应的公钥 A，并通过公开信道发送给鲍勃。而鲍勃通过计算 $B=g^b \bmod p$ 来得到自己的公钥 B，也同样通过公开信道发送给爱丽丝。此时，爱丽丝经过计算 $X_a=B^a \bmod p$，鲍勃经过计算 $X_b=A^b \bmod p$ 最终可以得到相同的密钥值 $X=X_a=X_b$。爱丽丝和鲍勃随后将密钥 a 和 b 抛弃，以避免此次通信秘密泄露。

可以看到，迪菲－赫尔曼密钥交换的关键在于非对称密钥的使用。爱丽丝和鲍勃不需要交换真正的私有密钥，而仅通过公开密钥并进行一定的协商，就可以完成密钥的分发。这里，$g^x \bmod p$ 函数对协议的实现至关重要。首先它是一个单向函数，即对于每个输入 a，$A=g^a \bmod p$ 很容易计算，而从 A 反向计算原始输入 a 则几乎不可能实现。这样一来，窃听者根据公开信道中爱丽丝和鲍勃传递的公钥根本无法在有效时间内得到双方的私钥，协议的安全性得到保障。另外，由于这个单向函数满足交换律，所以无论是爱丽丝对鲍勃的公钥 B 进行操作，还是鲍勃对爱丽丝的公钥 A 进行操作，都可以得到相同的结果，使得密钥最终能够被成功共享。迪菲－赫尔曼密钥交换的提出，使得人们可以在公开信道中仅通过协商就可以保证秘密的安全性。这直接改变了人们对密码学的理解与认识。正是由于迪菲－赫尔曼密钥交换对密码学发展的重要贡献，迪菲和赫尔曼共享了2015 年度的图灵奖。

尽管迪菲－赫尔曼密钥交换成功地解决了通信双方异地密钥分配的问题，但是它离迪菲对非对称密码方案的设想仍然存在差距。受到迪菲－赫尔曼密钥交换的启发，不久之后，美国麻省理工学院的三位教授罗纳德·李维斯特（Ronald L.Rivest）、菲亚特－沙米尔（Fiat-Shamir）和伦纳德·艾得曼（Leonard M.Adleman）找到了另外一种合适的单向函数，并提出了一个全新的非对称密码方案。这就是大名鼎鼎的 RSA 密码体系。

　　让我们举一个直观的例子来介绍 RSA 密码的工作原理。假设爱丽丝是指挥部的将军，而鲍勃是前线的士兵，爱丽丝需要经常向鲍勃传递新的指令，并且不能让敌人得知他们的交谈内容。那爱丽丝和鲍勃该如何安全、私密地传递信息呢？首先，爱丽丝可以将文件放入一个坚固的手提箱，并且锁上一把坚固的锁，再委托受信任的邮递员将手提箱和配好的钥匙带给鲍勃。鲍勃获得了手提箱和钥匙之后，就可以打开手提箱，获取这个秘密的命令。这里，文件对应密码学中的明文，上了锁的手提箱对应密码学中的密文，而钥匙则对应对称密码学中的密钥。此时加密密钥和解密密钥是相同的，只有钥匙不落入敌人手中，才可以保证信息不被泄露。如之前讨论的，这种传递密钥的方案存在安全和效率上的隐患，并不实用。

　　而在非对称密码中，爱丽丝和鲍勃使用了一把特殊的锁。它配有两种钥匙。一种钥匙只有鲍勃自己拥有，对应私钥；另一种钥匙则公开给所有人，使其都可以获取，对应公钥。私钥和公钥之间满足一定的关系，即他人无法从公钥推测出鲍勃的私钥，这对应非对称密码学中的单向函数。而且，使用公钥加密只能用私钥解密。同样地，使用私钥加密也只能使用公钥才能解密。当需要传递命令时，爱丽丝将文件放入坚固的手提箱，并使用公钥将文件加密后，委托邮递员送至鲍勃处。即使手提箱在运输的过程落入敌人手中，由于从公钥推测私钥异常困难，敌人也无法获得机密的文件信息。而当鲍勃拿到上了锁的手提箱之后，他使用自己的私钥就可以将箱子打开，获取到爱丽丝的指令。

　　相比于迪菲－赫尔曼密钥交换，RSA 密码体系可以仅使用一步操作就实现消息的保密传输，而如何找到这样一个合适的单向函数就成为关键的一步。在 RSA 密码体系中，李维斯特等提出使用大数的质因数分解难题来构建这个单向函数。例如，在上述通信过程中，鲍勃先选取两个质数 $p=179$、$q=151$，然后计算 $N=p \times q=27\ 029$。N 作为公钥中的关键部分向大众公布，每个想和鲍勃进行通信的人都可以获取这个值。爱丽丝通过 N 值与一个公开的加密函数对信息进行加密处理后，任何人如果没有拥有 p 和 q，均无法将密文破解。正是单向函数反向求解异常困难，保证了非对称密码系统的安全性。在这个例子中，N=27 029 对应二进制数110100110010101，即这里密钥长度为 15 比特。而 q=151 仅为排序 36 的质数，所以经过尝试并不难破解得到。但是当密钥长度显著增加时，破解它的难度也将大幅提升。在 1999 年，数百台电子计算机合作，花费 5 个月的时间才成功破解 RSA-155（512 比特），而现今一般要求 N 至少为1024 比特或以上，才可以有效保证通信的安全性。

除此之外，利用迪菲等提出的非对称密码特性，RSA 密码体系还完美地实现了保密通信中的数字签名功能，这对现代信息化社会发展及互联网普及产生了深远的影响。数字签名在通信过程中的重要性不容小觑，直接决定了信息来源的可靠性与数据的完整性。如在将军爱丽丝和士兵鲍勃的例子中，任何人都可以使用鲍勃的公开密钥加密信息，而鲍勃也可以通过自己的私钥来对信息进行完美解密。那么鲍勃该如何判断信息的来源是爱丽丝还是敌人呢？在以往的对称密码体系中，这一点通常是通过密钥是否一致、能否成功破解密文实现的。但如同之前的讨论，此时密钥的分配本身就是一个很大的问题。而在非对称密码体系中，任何人都可以获取公钥来对明文进行加密，之前的认证方法也就失去了意义。

在 RSA 密码体系中，爱丽丝需要在保密通信过程中实现数字签名，在信息保密通信的基础上，让鲍勃确信这条命令确实是由她自己亲自书写并且内容没有经过篡改。要达到这个目的，爱丽丝可以将加密过程分为两个步骤。第一步，先用自己的私钥对信息进行加密，得到加密结果。第二步，使用鲍勃的公钥进行二次加密。鲍勃的解密过程也同样分为两步。第一步，使用自己的私钥对密文进行解密，并得到使用爱丽丝私钥加密之后的文档。第二步，只需要利用爱丽丝的公钥对信息进行解密，就可以得到原始的明文信息，并同时判断该命令是否由爱丽丝本人签发。RSA 密码体系的提出使得实现异地通信者之间的实用化保密通信成为可能，极大地推进了网络环境下的信息安全，是现代密码学中最具影响力的密码方案。李维斯特、沙米尔和艾得曼也因此荣获 2002 年度的图灵奖。

随着大家对数学问题研究的深入及计算能力的不断提升，基于计算复杂度的非对称密钥的安全性受到直接挑战。1994 年，美国麻省理工学院应用数学系的肖尔教授提出著名的量子算法（肖尔算法），仅花费多项式时间就可以解决大数的质因数分解难题，大大加快了对 RSA 密码体系的破解速度。虽然通用的量子计算机仍在研制中，离真正使用肖尔算法来破解当前的 RSA 密码体系还有较远的距离，但是肖尔算法给学界带来的震撼是空前的。它为大家展示了基于计算复杂度的加密体系潜在的风险，促进了大家对抵御量子计算密码算法的研究，同时也吸引了大批研究人员关注量子计算系统的构建以及新型量子算法的设计。

那么密码学中有没有一种在理论上绝对安全的加密方法呢？这个答案是肯定的。早在第一次世界大战尾声时，美国军方便引入了一种新的密码方案。在这种密码方案中，双方需要持有一本一模一样的印刷随机字母的密码本，秘密通信者之间不再使用重复或存在规律的字母作为密钥，而是使用密码本中完全随机的字母作为密钥来对信息进行加密。而消息的接收方则根据约定使用相同的随机字母作为密钥来解密信息。当随机密钥使用过后，发送方和接收方均将密码本上的资料进行销毁，不再重复使用，所以这种加密方法被称为"一次一密"方案或"一次性密码本"。

在"一次一密"方案中，所有的密钥随机且只使用一次，以往的破解方法对它均失去了作用，为信息的安全性提供了强有力的保障。实际上，"一次一密"方案的理论安全性已经被香农证明，只要能保证密钥的随机性和不重复使用，那么使用这种方案进行保密通信将在理论上是无条件安全的。因此，人们也将"一次一密"方案称为密码学中的"圣杯"。

虽然"一次一密"方案的安全性在理论上牢不可破，但是在实际使用中却存在非常大的困难，那就是大量随机密钥的产生与分配。首先，由于密钥长度与明文等长，意味着加密过程需要大量的密钥消耗。如何及时、安全地传递密码本到各个通信者手中本身就成了很大的难题。另外，密钥要求高度随机化，任何的重复与特定模式都将对保密信息的安全性造成威胁。另外，密码本需要严格保管，而且使用过后需要对相应的密钥进行及时销毁，避免密钥的重复使用及泄露。

由于"一次一密"方案不实用的特点，因此即使它能保证在理论上无条件的安全，也很难被实际运用。而1984年第一个量子密钥分配方案的提出，量子密码学为这种理想的安全方案注入了新的活力。

二、量子密码的诞生

（一）量子货币的故事

量子密码是受到量子货币的启发才被提出的，所以量子密码的故事要从量子货币谈起。20世纪60年代，量子密码的发明者之一班奈特和斯蒂芬·威斯纳（Stephen Wiesner）都是美国布兰迪斯大学的本科生，而后者正是量子货币的提出者。他们相识于布兰迪斯大学，是很好的朋友，经常在一起交流。后来，威斯纳和班奈特分别成了哥伦比亚大学和哈佛大学的研究生，好在两所大学相距不远，威斯纳经常前往波士顿同班奈特交流。20世纪60年代末到70年代初，威斯纳将他关于量子货币的想法告诉了班奈特。威斯纳的想法是利用量子力学的原理实现不可伪造的银行凭证或钞票，即量子货币。设想银行发行一张量子钞票，每张量子钞票都是由 N

个随机的量子比特组成的，只有银行自己知道这些量子比特的真实状态是什么。当有人拿到这张量子钞票并试图伪造时，他必须去测量这些量子比特到底是什么。但是量子货币是由随机量子比特组成的，根据量子不确定性原理，一旦伪造者对货币进行测量，对应的量子态即受到扰动。不仅伪造者无法测准量子态，而且真钞的量子态也被扰动了。

我们用一个例子来介绍量子钞票。每张量子钞票的每个量子比特都是从四种单光子线偏振态 $|0°\rangle$、$|90°\rangle$、$|45°\rangle$ 和 $|135°\rangle$ 中选取。银行要发行一张量子钞票，首先产生这张钞票的唯一编号，编号是一个 N 位随机数，每位都是从 {1,2,3,4} 这四个数值中随机选取，这个编号由银行保管，其他人不能获知。有了编号，银行再根据这个编号生产出对应的量子钞票，其中编号 1、2、3、4 分别对应量子态 $|0°\rangle$、$|90°\rangle$、$|45°\rangle$ 和 $|135°\rangle$。例如，银行产生 N 位随机数 {3423……1133} 作为发行这张量子钞票的编号，那么这张钞票本身就是由下面的一串量子比特顺次组成的。

$$|45°\rangle |135°\rangle |90°\rangle |45°\rangle ……|0°\rangle |0°\rangle |45°\rangle |45°\rangle$$

这张量子钞票在市面上流动时，如果有人想伪造它，就必须准确地测量出每个量子比特是什么量子态，然后才能造出一模一样的一张量子钞票。可是我们知道 $|0°\rangle$、$|90°\rangle$、$|45°\rangle$ 和 $|135°\rangle$ 这四个量子态是线性相关的，前两个量子态构成了十字基（Z 基），后两个量子态构成对角基（X 基）。根据量子力学，这两组基互相不对易，是共轭基。但是伪造者事先并不知道每比特是用什么基制备的，想获取每个量子态的准确情况，就总有不为 0 的概率发生测量错误，且扰动了这个量子比特。

我们设想一种伪造策略，伪造者随机地采用 Z 基或 X 基去测量量子钞票的每个量子态（窃听者不知道量子态属于 X 基还是 Z 基，因此不妨假设他随机采用这两个基来进行测量），他用自己测量得到的量子态组成一张伪造的量子钞票。对于属于 Z 基的量子态，如果伪造者用了 X 基来测量，那么得到的结果是完全随机的。我们还是来看下面一串量子比特。

$$|45°\rangle\ |135°\rangle\ |90°\rangle\ |45°\rangle\ \cdots\cdots\ |0°\rangle\ |0°\rangle\ |45°\rangle\ |45°\rangle$$

这张钞票的第一位是属于 X 基的量子态。如果伪造者恰好使用 X 基来测量该量子态，那么伪造者能正确地判断它的状态，这个量子态也不会有任何变化，他可以成功伪造这一位而不被发现。如果伪造者用 Z 基去测量第一个 $|45°\rangle$ 偏振态，那么输出 $|0°\rangle$ 和 $|90°\rangle$ 的概率各为 1/2，量子态被改变了！银行鉴别这张钞票的时候，银行自己是知道应该用 X 基去测量第一个量子态的（因为银行自己保留这张钞票的编号，所以银行查看编号就可以知道第一个量子态应该是 $|45°\rangle$，应该用 X 基来测量此量子态以确保其依然处于 $|45°\rangle$）。在银行使用 X 基测量后，发现被篡改的量子比特为 $|45°\rangle$ 和 $|135°\rangle$ 的概率分别是 1/2。从这里可以看出，最终银行发现第一个偏振态变为 $|135°\rangle$ 的概率为 $1/2 \times 1/2 = 1/4$。但是，如果银行知道没有伪造者伪造（即量子态没有变化），银行自己用 X 基去测量，结果一定是 $|45°\rangle$，不可能出现 $|135°\rangle$。所以，如果伪造者伪造了钞票，那么银行对这张钞票每个量子态的测量都有 1/4 的概率能够发现伪造行为，最终对于 N 个量子态，银行能够发现伪造行为的概率为 $1-0.75^N$。只要 N 充分大，银行将以趋近 1 的概率发现这是伪钞，也就是一定可以发现伪造行为。

应该说，这是一个绝妙的想法，在原理上是可行的。虽然以当时甚至现在的技术条件还不能实现这种量子货币，但是量子货币的论文发表过程并不顺利。威斯纳将自己关于量子货币的想法写成学术论文投给 *IEEE Transactions on Information Theory*，却很快被拒稿了，原因或许是论文是由量子力学的语言写成的，太物理化了，研究信息论的专家很难理解。威斯纳毕业后成为一名物理学家，但是可能是受到论文被拒的打击，他后来并没有继续开展这方面的研究。

班奈特毕业后，身为物理学家的他，成了 IBM 公司的一名研究人员，主要从事计算科学和热力学等方面的研究。班奈特在工作之余，仍旧坚持思考并发展了量子货币这个概念，为后来他提出量子密码起了重要作用。

（二）量子密码的诞生——BB84 协议

故事到了 1979 年，身为物理学家的班奈特和密码学家布拉萨德（Brassard）在一次会议上进行了深入交流，开启了量子密码学的大幕。

1979 年 10 月，美国电气和电子工程师协会（Institute of Electrical and Electronics Engineers，IEEE）在波多黎各召开了一次学术会议，班奈特和布拉萨德都去参加了这次会议。一天下午，布拉萨德正在游泳池游泳，班奈特向他径直游来，向他介绍起威斯纳的量子货币的概念。一个物理学系和一个密码学家的思想碰撞出火花，催生了 BB84 协议及量子隐形传态、纠缠提纯、保密放大等量子信息学的奠基性工作。在 1984 年印度加尔各答召开的 IEEE 学术会议上，班奈特和布拉萨德发表了 BB84 协议的学术论文。BB84 协议借鉴了威斯纳量子货币将信息编码在 X 基和 Z 基两组量子态的思想，并将其应用在密钥协商这个密码学应用领域，解决了传统密码学的一个重要问题——如何在不安全的信道上协商安全。

下面我们来看看 BB84 协议到底是怎么执行的。我们假设爱丽丝和鲍勃是异地的两个通信方，他们共享一条信道。这个信道上有一个窃听者伊芙，伊芙随时可能监听信道上传输的信号。在经典通信中，爱丽丝和鲍勃是没办法通过这个信道协商出无条件安全密钥的，但是借助 BB84 协议，这个看似不可能完成的任务终于可以实现了。BB84 协议流程可以归纳为以下五个步骤。

（1）步骤一，制备量子态。爱丽丝产生两组只有她自己知道的 N 比特随机数 $Base_A$ 和 Key_A。以这两组随机数为依据，制备 N 个单光子量子比特。制备规则如表 7-1 所示。

表 7-1　制备规则

随机数	Key$_A$=0	Key$_A$=1
Base$_A$=0	$\lvert 0° \rangle$	$\lvert 90° \rangle$
Base$_A$=1	$\lvert 45° \rangle$	$\lvert 135° \rangle$

对于第 i 个量子态，爱丽丝去查询 Base$_A$ 和 Key$_A$ 的第 i 位，然后按照表 7-1 制备出第 i 个量子态。爱丽丝再将这 N 个量子态通过信道发送给鲍勃。

（2）步骤二，传送量子态。窃听者伊芙在信道上对这 N 个量子态采取任意操作（攻击）后，将 N 个量子态发送给鲍勃。注意，由于伊芙的攻击操作，鲍勃收到的 N 个量子态可能与爱丽丝发送的已经完全不同。

（3）步骤三，测量量子态。鲍勃产生 N 比特随机数 Base$_B$。对于他收到的第 i 个量子比特，如果对应的 Base$_B$ 中的第 i 个随机数是 0，则用 Z 基探测这个量子比特；如果对应的 Base$_B$ 中的第 i 个随机数是 1，则用 X 基探测这个量子比特。测量得到 $\lvert 0° \rangle$ 或 $\lvert 45° \rangle$ 则记录自己的密钥串 Key$_B$ 的第 i 位为 0，测量得到 $\lvert 90° \rangle$ 或 $\lvert 135° \rangle$ 则记录自己的密钥串 Key$_B$ 的第 i 位为 1。

（4）步骤四，对基。经过上面三步，爱丽丝和鲍勃各自拥有 N 比特原始密钥 Key$_A$ 和 Key$_B$。这些密钥也被称为原始密钥（raw key）。爱丽丝和鲍勃在经过认证的信道上广播 Base$_A$ 和 Base$_B$。爱丽丝和鲍勃查看 Base$_A$ 和 Base$_B$ 中的第 i 位是否相等，不相等则删除 Key$_A$ 和 Key$_B$ 中的第 i 位。这一步叫作对基。顾名思义，其实就是仅保留爱丽丝制备量子态和鲍勃测量量子态的基一致（都为 Z 基或 X 基）的情况。这一步后，Key$_A$ 和 Key$_B$ 大致变为原来的 $N/2$ 比特长度。经过对基后的密钥，我们也称为筛后密钥（sifted key）。

（5）步骤五，后处理。爱丽丝和鲍勃随机抽取一部分筛后密钥 Key$_A$ 和 Key$_B$ 并在公开信道上公开，用于估计密钥的误码率。当误码率低于某个门限值时，爱丽丝和鲍勃认为此时还比较安全，执行经典纠错操作和保密放大操作，得到 M 比特安全密钥。当误码率高于某个门限值时，爱丽丝和鲍勃放弃整个协议，无法生成安全密钥。纠错操作的目的则是将爱丽丝和鲍勃的 Key_A 和 Key_B 不一致的比特纠正，变为完全一致的。保密放大则是对密钥的压缩，以保证窃听者对压缩后的密钥一无所知。例如，爱丽丝和鲍勃有两比特密钥 01，如果窃听者由于某种原因知道了其中某个比特的密钥，那么爱丽丝和鲍勃可以将 01 的异或值 1 作为自己的最终安全密钥，显然窃听者对这个异或值是一无所知的。

BB84 协议的整体过程可以由图 7-4 描述。

表 7-2 是一个 BB84 协议的示例。

表 7-2　BB84 协议的示例

爱丽丝产生的 Key_A	0	0	1	1	1	0	1	0	1
爱丽丝产生的 $Base_A$	0	1	0	0	1	1	1	0	1
光子的偏振态	$\lvert 0° \rangle$	$\lvert 45° \rangle$	$\lvert 90° \rangle$	$\lvert 90° \rangle$	$\lvert 135° \rangle$	$\lvert 45° \rangle$	$\lvert 135° \rangle$	$\lvert 0° \rangle$	$\lvert 135° \rangle$
鲍勃产生的 $Base_B$	0	0	1	0	0	1	0	0	1
鲍勃的测量结果	$\lvert 0° \rangle$	$\lvert 0° \rangle$	$\lvert 45° \rangle$	$\lvert 90° \rangle$	$\lvert 90° \rangle$	$\lvert 45° \rangle$	$\lvert 0° \rangle$	$\lvert 0° \rangle$	$\lvert 135° \rangle$
鲍勃产生的 Key_B	0	0	0	1	1	0	0	0	1
对基结果	√			√		√		√	√
生成的筛后密钥序列	0			1		0		0	1

BB84 协议在物理上是完全可行的，爱丽丝和鲍勃的确可以通过这个协议共享一致的随机比特串。然而关键的问题是，为什么窃听者对 BB84 协议产生的密钥一无所知呢？即 BB84 协议为什么是安全的呢？这是量子密码的核心价值所在。

BB84 协议是一个简洁的协议。从物理角度说，爱丽丝只需要制备一些单光子的随机偏振态，鲍勃则对偏振态进行测量。直观上理解，BB84 协议的安全性来自：爱丽丝和鲍勃可以检测到窃听者是否进行了攻击。如果窃听者没有攻击且信道没有任何其他干扰，对基后爱丽丝和鲍勃将发现

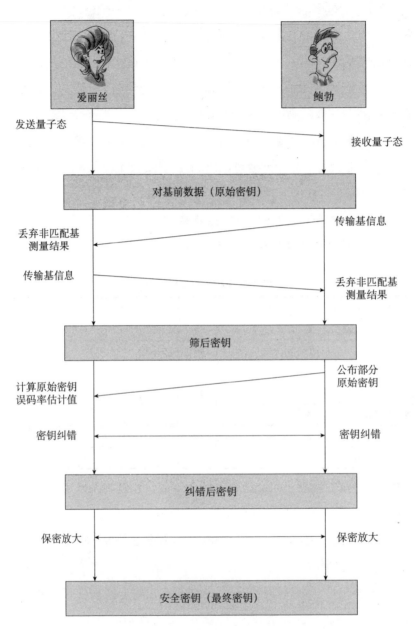

图 7-4 量子密码执行流程的示意图

Key$_A$=Key$_B$，即误码率为 0。

那么当窃听者发动了攻击试图窃取密钥呢？直观上来说，窃听者想要获知爱丽丝的密钥比特串 Key$_A$，必须对爱丽丝发送的量子态进行量子测量，测量后还必须发送光子给鲍勃测量（如果不发送光子给鲍勃，鲍勃测量不到光子，那么爱丽丝和鲍勃也不会产生任何密钥，对窃听者没有任何意义）。但是，根据量子力学，窃听者测量信道中的光子将不可避免地扰动这些光子的量子态。鲍勃对这些被扰动的光子进行测量，得到 Key$_B$。由于量子态已经被扰动，Key$_B$ 将不再等于 Key$_A$，即误码率不为 0。因此，爱丽丝和鲍勃发现误码率不为 0，则意味着存在攻击，密钥不安全；误码率为 0，则意味着窃听者没有攻击，密钥是安全的。

我们用一个更加形象的例子来说明。我们设想一种攻击策略，攻击者不知道爱丽丝的量子态究竟是属于 Z 基还是 X 基，故她随机的采用 Z 基或 X 基去测量每个光子，并将她测量得到的光子发送给鲍勃。这是一种典型的截取重发攻击。不难发现，窃听者采用的基于爱丽丝制备光子态的基有 50% 的概率匹配。在这种情况下，量子态不会被扰动，因此不会引起任何误码。此外，窃听者采用的基于爱丽丝制备光子态的基有 50% 的概率不匹配。在这种情况下，量子态会被扰动，引起 50% 的误码。总体来看，这种攻击会导致 25% 的误码率。因此，爱丽丝和鲍勃通过检查误码率很容易发现这种攻击。

通过上述简单分析可以看出，的确可以通过误码率来检查窃听者是否窃取了密钥。但是这对真正在理论上严格地证明 BB84 的协议安全性还完全不够。首先，窃听者的攻击是任意的，并不一定以上述截取重发攻击的方式来窃取密钥。那么会不会存在其他方式的攻击来攻破 BB84 协议呢？其次，在实际情况中，爱丽丝和鲍勃总是会观察到一定的误码率（典型值为 1%～5%），那么在不同误码率情况下，密钥的安全性到底如何呢？只有严格的安全性分析才可以回答上述问题，而这也是量子密码走向应用的基础。然而，这确实是一个很难的理论问题。自 BB84 协议提出以来，国际上很多学者在相当长一段时间内都在为此努力，但是都没能给出该协议的安全性证明。主要困难在于，在实际信道中，爱丽丝和鲍勃总是会观察到大量的损耗和不为 0 的误码率，而窃听者的攻击又是任意的，非常复杂。尽管理论学家们相信 BB84 协议的安全性，但是难以在一时之间证明，因此严格说来其安全性是一种猜测。到了 2000 年前后，终于出现了转机，加拿大学者罗开广（Lo）和周海峰（Chau）等证明了 BB84 协议在有损、有噪声信道下的安全性。尽管这个工作是一个重大突破，但是在他们的证明中，需要爱丽丝和鲍勃拥有一台量子计算机对 BB84 协议传输的量子态进行处理，这显然是不现实的。因此，这一证明还不能用来保证 BB84 协议应用的安全性。2001 年，美国学者肖尔和普雷斯基尔（Preskill）终于证明了 BB84 协议的安全性。并且在其证明中，爱丽丝和鲍勃只需要执行经典计算机可以运行的 CSS 码来做后处理就可以了。这个证明是第一个特别具有现实意义的安全性证明。在这之后，陆续有其他学者利用不同的方法严格证明了其安全性。安全性证明是一项复杂而又艰深的理论工作，我们在这里不会介绍其细节。但是我们可以从物理上理解其基本思路。我们设想爱丽丝和鲍勃已经拥有了很多对下述最大纠缠态。

$$|\phi\rangle = \frac{1}{\sqrt{2}}(|0\rangle_A |0\rangle_B + |1\rangle_A |1\rangle_B)$$

其中，A 粒子被爱丽丝拥有，B 粒子被鲍勃拥有。然后爱丽丝和鲍勃各自用 Z 基测量其拥有的粒子，并将测量结果保留作为密钥。那么这些密钥是否为安全密钥呢？答案是当然安全！这是由量子力学的公理保证的。首先，根据量子力学，这个最大纠缠态导致的测量结果必为 01 均匀分布。其次，根据量子力学，最大纠缠态和外界任何物理资源都没有关联，外界（窃听者）无法预测测量结果。因此，最大纠缠态完全等价于安全密钥。

这样，如果我们能够把 BB84 协议过程转变为爱丽丝和鲍勃拥有最大纠缠态的过程，安全性就可以证明了。这一思路就是 BB84 协议安全性证明的一种重要方法——纠缠提纯。

总的来说，这些安全性证明都证明了爱丽丝和鲍勃在 BB84 协议中可以通过误码率计算出窃听者对筛后密钥的信息量（无论窃听者采取任何攻击，其获取的信息量都不能超过这个值），之后爱丽丝和鲍勃通过纠错、保密放大这些经典通信与数据处理过程，产生出窃听者一无所知的安全密钥。

事实上，能够计算出窃听者对密钥的信息量正是量子密码安全性的来源。在经典通信过程中，信道中传输的信号是一个经典变量，如电流值、电压值等。一个窃听者总是可以在信道中准确地测量出这个经典变量，然后完好地恢复这个信号给通信方，因此窃听者原则上总是可以获取全部信息。但是在量子密钥分发过程中，信道中传输的是量子态，窃听者尝试测量就会扰动量子态引起通信方可见的误码，通信方可以借此估计出窃听者的测量使其获取了多少信息。

总结一下，以 BB84 协议为代表的量子密钥分发协议已经被严格证明是无条件安全的。它是指：无论窃听者拥有多强的计算能力，利用任何破译算法，都不能破解密钥。实现无条件安全的密码系统是密码学追求的终极目标，而当前的经典密码（指数学密码）尚不具备无条件安全性。例如，RSA 密码体系或 AES 在窃听者拥有强大计算能力的条件下都是可以被破解的。量子密码的无条件安全性除了在经典密码学意义上的无条件安全之外，还允许窃听者可以在信道中对量子态进行一切可能的操作。因此可以看出，量子密码在协议层面可以达到无条件安全性是其区别于经典密码的根本所在，也是人们日益重视量子密码的原因。

最后，我们还要特别指出，读者可能在 BB84 协议的介绍中发现，BB84 协议是需要经过认证的经典信道——其在对基等过程中传送的经典信息必须经过认证，也就是经典通信的认证安全是必需的。那么，人们难免会产生一个疑问：量子密码的安全性是不是依赖于经典通信呢？我们的回答是，这并不影响量子密码的无条件安全性。原因是，经典通信过程本身就存在无条件安全的身份认证算法（依赖少量预共享密钥），但是却没有办法进行无条件安全的密钥分发。因此，量子密码的确需要双方预共享一定密钥以进行无条件安全的经典身份认证。从这个意义上说，量子密钥分发在本质上是一个无条件安全的密钥扩展过程。

三、实用的量子密码

BB84 协议提出是一回事，但在实验上真正实现则是另一回事。世界上第一个 BB84 协议实验也是由班奈特等完成的。这个实验非常简单，他们在几十厘米的自由空间信道上演示了 BB84 协议，如图 7-5 所示。

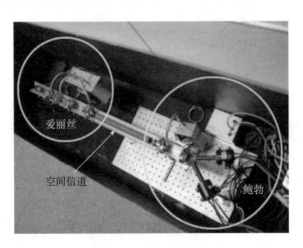

图 7-5　BB84 协议实验

事实上，在 BB84 协议提出的相当长一段时间内，学术界并不怎么关注量子密码，对其实验的兴趣也不大。1994 年，肖尔提出了著名的质因数快速分解量子算法，极大地震动了密码学界。量子密码是无条件安全的，完全可以抵抗量子计算机。在实际需求的牵引下，实验实现量子密码成了重中之重，学术界和产业界也都重视起来。

2000 年前后，瑞士日内瓦大学、英国剑桥大学、日本 BBN 公司、中国科学技术大学等很多机构都实现了不同的 BB84 实验系统。大体上来说，实际的 BB84 系统有两种不同的编码方式——偏振编码和相位编码。偏振编码的编码方式和前面介绍的 BB84 协议完全一样，编码态是单光子的四个偏振态 $|0°\rangle$、$|90°\rangle$、$|45°\rangle$ 和 $|135°\rangle$。这种编码方式比较适合自由空间信道。在光纤信道中，由于光纤的双折射作用，偏振态很容易发生改变，造成偏振编码的 BB84 系统的误码率很高。为此，光纤信道中更常见的编码方式是相位编码。在相位编码中，爱丽丝将一个单光子斩波为一前一后两个时间戳，再利用相位调制器调制这两个时间戳之间的相位，就可以制备出与偏振编码方案等价的四个编码态。

例如，在图 7-6 中，爱丽丝将她的单光子经过干涉环长短臂及相位调制器的作用，可以制备出 $|0\rangle+|1\rangle$、$|0\rangle-|1\rangle$、$|0\rangle+i|1\rangle$ 和 $|0\rangle-i|1\rangle$ 四个量子态，它们和 $|0°\rangle$、$|90°\rangle$、$|45°\rangle$ 和 $|135°\rangle$ 这四个偏振态完全等价。这种相位编码的方式比较适合在光纤信道中使用。

事实上，从量子密码的物理实验实现到形成市场产品，需要解决时间同步、光学稳定性、单光子探测等大量工程实践问题。中国科学技术大学量子信息重点实验室在郭光灿院士的领导下，自 2003 年开始就开展光纤信道相位编码量子密钥分发的实验研究。2005 年，该实验室实现了国际首个抗信道干扰的相位编码系统，在北京 - 天津 125 千米信道上实现了量子密钥分发，引起了国际轰动。图 7-7 是该实验的一个效果图。科研人员用系统产生的安全密钥对图片进行了加密传输。可以看出，加密后的图片变为一片雪花点，读者不经过解密则完全不能获取图片的内容。在另一边，合法接收方则可以利用密钥解密恢复出图片的原貌。

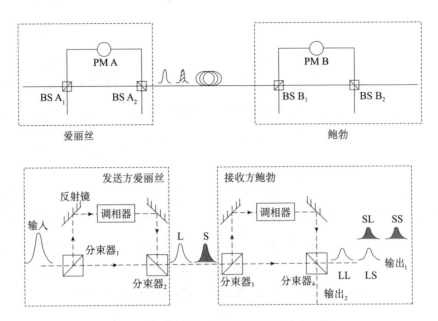

图 7-6　相位编码 BB84 量子密钥分发过程

在大批科学家和工程师的不懈努力下，时至今日，以 BB84 协议为核心的量子密码系统已经产品化、商业化。国内的安徽问天量子科技股份有限公司和科大国盾量子技术股份有限公司都有相关产品出售。图 7-8 是执行 BB84 协议的量子密码产品。

四、量子密码的发展

（一）新型量子密码协议

以 BB84 协议为核心的量子密码产品的安全性在理论上是无条件安全的。但是科学家们发现，实际的 BB84 协议产品的安全性并不能达到理论上的无条件安全。

量子密码的无条件安全是指其安全性可以给出理论上的安全证明，而且这种证明不需要附加理论上的限制条款。这是数学密码目前达不到的

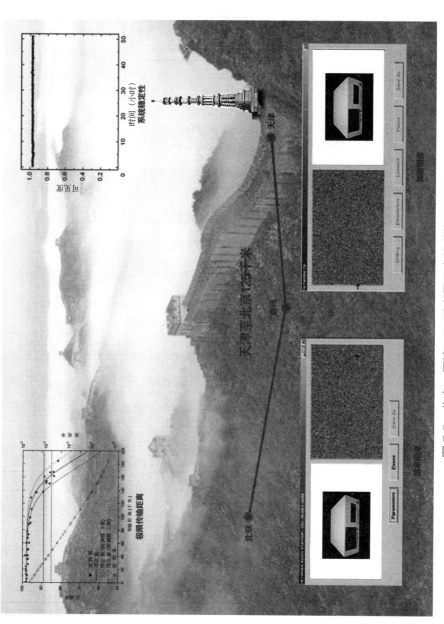

图 7-7 北京–天津 125 千米量子密钥分发示意图

图 7-8　一台量子密码的终端设备

境界。但从哲学的角度看，量子密码的安全性确实不是"绝对"的。深挖下去，BB84 协议的安全性证明有两个前提条件——量子力学的正确性和协议执行的准确性。第一个前提不必多言，它是科学界的广泛共识，通常不必做刻意说明。第二个前提条件本质上是说，执行 BB84 协议的流程必须严格遵循该协议的约定，包括协议使用的随机数是真随机的、量子态制备是准确无误的、测量设备是一个标准的单光子量子态投影、安全区不能被入侵等。第二个前提条件被密码学界广泛接受，通常也是不需要说明的，因为如果不按照协议约定的过程严格执行，任何密码协议都不会有安全性。猜想一下，如果执行 RSA 算法的计算机不按照算法执行，而是被窃听者操作，则协议显然毫无安全性。因此，协议执行的准确性也是包括 BB84 协议在内的任何量子或经典密码协议的根本前提。

然而，理论模型和实验实现之间通常不可避免地存在一些差异，这导致实际的 BB84 系统往往难以按照协议约定的过程严格执行。实际系统不能严格地按照协议约定被执行意味着实际系统的安全性不能达到协议安全性证明所保证的无条件安全。

例如，BB84 协议的安全性证明假设接收端的单光子探测器仅对单光子信号响应，而对强光脉冲没有任何响应。而挪威科技大学联合研究小组利用强光脉冲入侵接收端的单光子探测器，从而攻破了一个商用量子密码系统。这个例子说明了单光子探测器被强光干扰会出现不同于安全性证明假设的特殊行为。这在本质上是单光子探测器的一个缺陷，但这个意想不到的缺陷却造成了严重的安全性隐患。

中国科学技术大学的科学家则发现，偏振编码的 BB84 系统中存在一个严重的安全性漏洞。在很多商用的偏振编码 BB84 协议产品中，接收端往往利用一个分束器来随机地将光子引入 X 基或 Z 基探测。一般来说，分束器对光子的反射和透射的确是完全随机的。然而研究发现，分束器对特定波长的光子可能会确定性的反射或透射。在这种情况下，由于测量基的选取不是随机的，其安全性也就完全不能被保证了。这个例子说明，分束器这个器件的非理想特性也会导致实际 BB84 系统不安全。

如何理解上述攻击？能说 BB84 协议不安全了吗？当然不是。这些攻击事实上是一种侧信道攻击：通过注入强光改变探测器的响应模式，使其不再满足协议的要求。这种攻击只是说明被攻击的这套量子密码系统在实现方式上存在安全隐患，而不能说明所执行的 BB84 协议不安全。事实上，侧信道的问题在经典密码系统的设计和测评中也是不容忽视的重要内容。

因此，BB84 协议的实验系统由于器件不理想等各种实际因素的影响，没有完全准确地按照协议的要求被执行，从而可能会被侧信道攻击所攻破。但是，我们必须明确 BB84 协议的无条件安全性是不容置疑的。

随着量子密码技术的发展，量子密码研究人员对量子密码的安全性有越来越深入的理解，而当前的工作重心之一正是如何使实际系统更接近安全的理论模型，杜绝协议执行层面的漏洞，增强实际系统的安全性。

仔细分析后不难发现，BB84 协议对量子态的制备和测量都有严格的要求——发送的量子态必须是 $|0°\rangle$、$|90°\rangle$、$|45°\rangle$ 和 $|135°\rangle$，执行的测量必须是 X 基和 Z 基测量。实际的 BB84 协议产品往往难以保证满足这些要求。如果能够设计出某种新型协议，该协议对量子态的制备和测量没有要求或仅有较少的要求，那么可以预期执行这种协议的实际量子密钥分发产品会较少受到侧信道攻击的影响。事实上，设备无关量子密钥分发协议就满足这个要求。

设备无关量子密钥分发协议假设信道中有一个光源，光源发射量子态给爱丽丝和鲍勃测量，爱丽丝和鲍勃的测量装置根据爱丽丝和鲍勃的输入 (x, y) 进行测量产生输出 (a, b)。科学家们证明，只要通过概率表 $p(a, b|x, y)$ 观察到贝尔不等式的违反，爱丽丝和鲍勃就可能产生密钥。在这个证明中，不需要对光源和测量装置做出任何额外的假设，即光源发送任意量子态，测量装置的量子测量都是未知的。这个协议可以由图 7-9 进行形象描述——光源和测量都可以是任意形式。

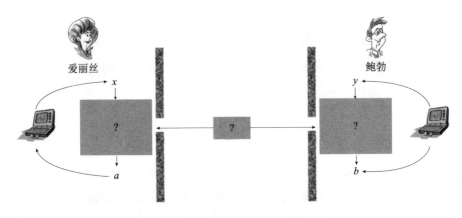

图 7-9　无关量子密钥分发协议

从原理上说，设备无关量子密钥分发协议借助了纠缠态和贝尔不等式的深刻联系。观察到贝尔不等式的违背就证明了存在纠缠，而纠缠则可以带来量子密钥。令人遗憾的是，尽管设备无关协议的安全性非常好，在实际条件中可能是最不容易受到侧信道攻击影响的协议，但是这个协议对系统探测效率的要求非常高，因此目前协议还不具备实验实现的条件。为了解决这个问题，加拿大学者罗开广提出了测量设备无关量子密钥分发协议。测量设备无关协议中，爱丽丝和鲍勃都是 BB84 协议量子态制备方，他们将制备的量子态发送给一个不受信任的第三方进行测量。可以证明，测量方做的任何操作都不影响安全性，故该协议称为测量设备无关协议。由于目前的量子密码中的侧信道攻击主要是针对测量设备的，因此测量设备无关协议消除并抵御了绝大部分可能的安全性隐患和侧信道攻击，是目前可实现的、安全性最好的协议。

总之，为了解决以 BB84 协议为代表的主流量子密码产品的潜在侧信道攻击问题，开展安全性更有保障的新型协议研究是目前量子密码研究领域的重要方向。

（二）抗量子计算的密码体系

肖尔算法提出后，量子计算的发展非常迅速，世界各国都在研究抗量子计算的密码体系，以期能够在未来量子计算时代仍旧保证密码和信息安全。量子密钥分发是在原理上无条件安全的，自然是抗量子计算的一种密码体系。另外，数学家们仍然希望找到一种能够对抗量子计算的数学密码。

在 RSA 密码体系之后，还有一些密码学家受到启发，提出了格基密码（lattice-based cryptography）等新型公钥加密方案。和 RSA 密码体系类似，它们都是利用数学复杂性来构建单向函数，以实现非对称密码系统加密安全与数字签名功能。目前，尚未有人提出能够快速攻破这种密码的量子算法，因此密码学家倾向于相信它们是抗量子计算的算法。然而，这些数学密码方案最大的问题在于，安全性及破解难度并未得到明确的数学证明，即并不确定是否存在一种量子算法甚至高效的经典算法能够攻破这些数学密码，这给利用数学密码来实现抗量子计算的密码体系带来了潜在的风险。

事实上，有不少一度被认为是安全的数学密码被攻破的先例。例如，安全散列算法（secure hash algorithm 1，SHA-1）是一种由美国国家安全局主导设计的密码散列函数（cryptographic hash function），作为美国联邦信息处理标准被广泛推行，用来产生消息对应的摘要。而在 2005 年，山东大学王小云教授等提出了完整版 SHA-1 的攻击方案，将其找到一组碰撞的计算复杂度大幅降低，在国际上引起了轰动。而另一种密码散列函数消息摘要算法（MD5）在发展之初也被认为是安全的，但使用 2013 年中国科学院冯登国和国防科技大学谢涛等研究人员提出的方法，甚至可以在普通的计算机上以一秒钟不到的时间完成碰撞破解。这些事实说明，利用数学算法来构建抗量子计算密码存在一定的安全性风险。

总的来说，量子密码在原理层面上是无条件安全的，也自然是抗量子计算的，是目前安全性最高的密码体系。但是，在实际条件下，由于侧信道攻击的问题，量子密码产品不能达到理论上的无条件安全。而基于数学算法的密码体系则始终存在安全性不能证明的问题。可以预期，未来的密码体系一定是量子密码和数学算法密码合作、竞争、共存的态势，密码攻防战也将继续。

五、量子技术时代的信息安全

量子计算机具有强大的信息处理能力，对现代密码技术构成了严重挑战，量子技术时代的信息安全问题便成为人们关注的焦点之一。

现代保密通信的工作图如图 7-10 所示。

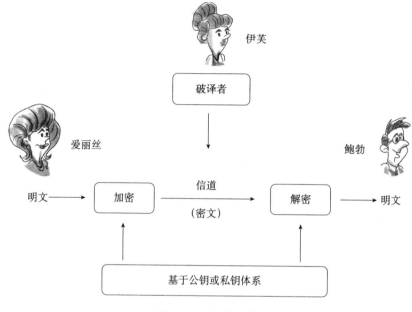

图 7-10　保密通信

　　爱丽丝将要发送的明文（即数码信息）输进加密机，经由某种密钥变换为密文，密文在公开信道中传递给合法用户鲍勃，后者使用特定密钥经由解密机变换为明文。任何窃听者都可从公开信道上获取密文，窃听者伊芙如果拥有与鲍勃相同的密钥，便可轻而易举地破译密文。如果窃听者虽不拥有破译的密钥，但她具有很强的破译能力，也可能获得明文。只有当窃听者肯定无法从密文中获取明文，这种保密通信才是安全的。

　　按照爱丽丝与鲍勃拥有的密钥是否相同，保密过程可分为私钥体系（爱丽丝与鲍勃的密钥相同）和公钥体系（爱丽丝和鲍勃的密钥不同，且爱丽丝的密钥是公开的）。

　　公钥体系是基于复杂算法运行的，安全性取决于计算复杂度的安全；私钥体系一般也是基于复杂算法，安全性同样取决于计算复杂度的安全。只有在"一次一密"的加密方式（即密钥长度等于明文长度，且用过一次就不重复使用）中，这种私钥体系的安全性仅取决于密钥的安全性，与计算复杂度无关。当前密钥分配的安全性取决于人为的可靠性。

量子计算机可以改变某些函数的计算复杂度，将电子计算机上的指数复杂度变成多项式复杂度，从而挑战所有依赖于计算复杂度的密码体系的安全性。唯有"一次一密"的加密方式能经受住量子计算机的攻击，这种方案的安全性仅依赖于密钥的安全性。

因此，量子技术时代确保信息安全必须同时满足两个条件：

（1）"一次一密"的加密方式。这要求密钥生成率足够高；

（2）"密钥"绝对安全。当前使用的密钥分配无法确保绝对安全。

物理学家针对现有密钥分配方式无法确保"一次一密"方案中所使用的密钥的安全性，提出了"量子密码"方案。这种新的密码的安全性不再依赖于计算复杂度和人为可行性，仅仅取决于量子力学原理的正确性。

物理学家提出了若干量子密码协议（如 **BB84**），并从信息论证明这类协议是绝对安全的，激励了越来越多科学家加入"量子密码"研究行列。但人们很快发现，任何真实物理体系都无法达到量子密码协议所需求的理想条件，存在各种各样的物理漏洞，使研制出来的实际量子密码系统无法达到"绝对"安全，只能是"相对"安全。虽然可以经过努力堵住各种各样的物理漏洞，甚至提出安全性更强的新的密码协议（如设备无关量子密码协议等），但终归无法确保真实的量子密码物理系统可以做到"绝对"安全。

那么这种相对安全的"量子密码"能否可获得实际应用呢？答案是肯定的。如果能验证真实的量子密码体系可以抵抗现有所有手段的攻击，就可以认定这类"量子密码"在当下是安全的，可以用于实际。

当前量子密码的研究状况是：

（1）城域（百公里量级）网已接近实际应用，密钥生成率可以满足"一次一密"加密的需求，现有各种攻击手段无法窃取密钥而不被发现。当前必须建立密钥安全性分析系统以检查实际量子密码系统是否安全，并制定相应的"标准"。

（2）城际网的实用仍然相当遥远，关键问题是可实用的量子中继器件尚未研制成功。构建量子中继的核心技术是可实用的量子存储器和高速率的确定性纠缠光源。这两种技术尚未取得突破性进展。

（3）经由航空航天器件实现全球的量子保密通信网络建造这个网络困难重重，除了密钥安全性及高速率的密钥生成器的问题之外，还有如何实现全天候量子密钥高速分配。国家是否需要建设这种网络应当慎重研究。

总之，量子技术时代解决信息安全问题有两个途径：

（1）物理方法（适用于私钥体系）。不断提高实际量子密码系统的安全性，能够抵抗当下各种手段的攻击，确保密钥的安全性，再加上"一次一密"加密，可以使得私钥体制获得实际应用；

（2）数学方法（适用于公钥体系）。寻找能抵抗量子计算攻击的新型公开密钥体系。其原理是，目前无法证明量子计算机可以改变所有复杂函数的计算复杂度，因此可以找到新的不被量子计算机攻破的新型公开密钥体系。当然，量子计算机的攻击能力依赖于量子算法，当前的最强攻击首推肖尔算法。如果有比它更强大的量子算法出现，这种公开密码体系就有可能被攻破，就促使数学家去寻找抵抗能力更强的公钥体系。这将导致从"电子对抗"发展到"量子对抗"。

结论是：量子技术时代没有绝对安全的保密系统，也没有无坚不摧的破译手段，信息安全的攻防将进入"量子对抗"的新阶段。

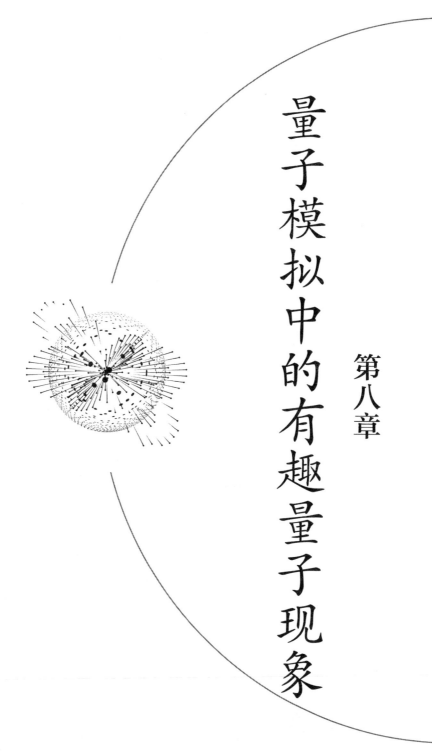

第八章

量子模拟中的有趣量子现象

假如你想模拟自然界，你最好是用量子机器。

——理查德·费曼

一、量子模拟的原理

　　计算机的发明深刻地改变了人类社会的运行方式。大量枯燥、重复性的工作被机器替代，人类的双手获得解放。更重要的是，绝大多数的生活用品和生产工具，小到各类工艺品，大到飞机制造、核弹爆炸等，都可以事先在计算机上进行模拟，从而优化各类参数，节省了大量的人力物力。

　　但是，计算机是不是已经能够模拟自然界的所有规律了呢？答案是否定的。自然界是量子的。首先，从材料的尺寸效应上讲，当芯片小到一定程度，量子效应就不可避免地会体现出来，宏观的经典规律将不再适用。另一方面，利用经典计算机来模拟量子系统也是一件困难的事情。与经典比特 0 和 1 不同，量子系统可以处于叠加态上，如 $\alpha\,|0\rangle + \beta\,|1\rangle$ 的状态，其中 α 和 β 可以为复数。因此存储 1 个自旋双态的量子态就需要 2 个经典存储器。如果是 N 个自旋双态的量子系统，则需要存储 2^N 个经典存储器。整个经典存储的规模随着待模拟系统的大小呈指数增加。

　　美国物理学家费曼早在 1980 年初就注意到这个问题。他提出了一种可能的解决办法——利用量子模拟器。他说，"假如你想模拟自然界，那么你最好是用量子机器"。量子模拟是用一个可控的量子系统来模拟另一个量子系统的性质和演化。从规模上讲，为了模拟 N 个自旋双态的量子系统，量子模拟器只需要有 N 个量子比特即可实现。然而为了得到有用的结果，量子模拟器与待模拟系统之间从初态制备，到时间演化，再到末态测量，都要一一对应。

目前量子模拟的研究取得了很大的进展。根据映射方式不同，将量子模拟分成数字式量子模拟和仿真式量子模拟。数字式量子模拟主要是指模拟器的演化过程与经典计算机的演化相类似，通过一系列的量子逻辑门操作来实现。仿真式量子模拟要求量子模拟器与待模拟系统之间有较高的相似性。通过相似哈密顿量的演化过程，最终得到有用的输出结果。另外还有一类量子模拟是在经典计算机上进行量子算法辅助的模拟。

对于量子模拟器，人们主要关注模拟器的规模和可控性。当模拟器的可控性达到一定规模，如待模拟系统的量子比特在 50～100 时，通常认为即使是超级计算机也无法实现有效的模拟，这时量子模拟的优势将得到淋漓尽致的体现。然而，由于量子系统对噪声的敏感性，大规模量子模拟器的研制仍然有很多困难。小规模的量子模拟能够进行原理技术性的验证，为大规模量子模拟做准备。另一方面，量子模拟还可用来研究新颖量子系统的性质和演化。这些系统也许由于当下相应量子材料的制备还不够完善而难以搭建，量子模拟可以提供对这些系统量子性质进行深入研究的平台。

实现量子模拟的体系有很多，包括超冷原子系统、囚禁离子系统、固态电子系统、线性光学系统、超导系统等。凡是能够实现初态制备，可提供幺正演化，最后实施末态测量的量子系统都能用来进行量子模拟。

自从量子力学诞生之时，光子就是基础研究极其重要的载体。它在量子度量、量子成像、量子传感、量子计算、量子模拟等方面都有重要的应用。光学系统可以实现多自由度的编码方式、高精度的操作和测量，并可以有效地屏蔽环境对系统的影响，是量子信息研究领域的重要体系。在本章中，我们将介绍中国科学院量子信息重点实验室最新报道的若干基于线性光学系统实现的有趣的量子模拟例子。

二、量子麦克斯韦妖

但是如果我们设想有一种存在，他的能力是如此突出以至于可以用他的方式追踪每个分子，这样的一种存在，即使他的属性仍然与我们一样在本质上是受限的，却可以做到我们所不能做到的事。

——詹姆斯·克拉克·麦克斯韦

冷却是一个非常有用的技术手段，人们常用它来丰富生活。例如，人们利用冰箱来进行保鲜，利用空调来调节室内温度。在更加专业的技术领域，人们则可以利用液氮、液氦的低温特性来降温。冷却现象受热力学第二定律的约束。这个定律有多种不同的等价描述，其中克劳修斯（Clausius）在 1850 年提出的描述为：不可能把热量从低温物体传向高温物体而不产生其他影响。要实现冰箱、空调等的制冷作用都需要外界做功。

当然热力学定律是对宏观大量物体的统计性定律，如果能引入额外自由度对单个粒子进行精确的操作，那么热力学定律是否有可能被违背？在热力学定律刚刚发展起来的时候，物理学家麦克斯韦在 1867 年写给友人的信件中就提出了一个著名的思想实验，随后在他 1871 年的著作《热理论》中对其进行了进一步描述。这个思想实验中，在一个充满气体的热平衡容器的中间，一个小隔板被一只妖怪控制着。当从左边向右边传播的气体分子的速度比从右边往左边传播的气体分子的速度快时，妖怪快速地打开隔板；反之，则不打开隔板。这样下去，容器右边的气体分子的速度就比容器左边的气体分子的速度要快，见图 8-1。由于运动速度越快的气体分子能量越高，妖怪的行为使得容器一端的温度比另一端高。然而，外界没对妖怪做功，妖怪也没对系统做功，看起来由于妖怪的存在使得这个过程违背了热力学第二定律。

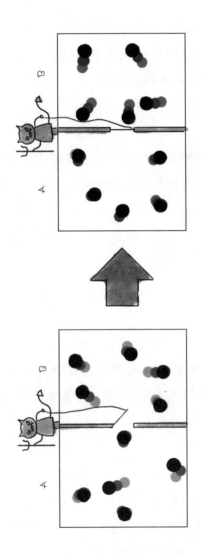

图 8-1 麦克斯韦妖工作原理

这个思想实验引起了开尔文、希拉德（Szilárd）等众多物理学家的关注和讨论。开尔文将这只妖怪命名为麦克斯韦妖。1961 年，美国 IBM 公司的物理学家兰道尔（Landauer）仔细地研究了数据处理与器件功耗的问题，意识到信息的擦除会有热量的耗散，并在这一年提出了兰道尔原理：任何对信息逻辑上不可逆的操作，如擦除一个比特或合并两条计算路径，总是在信息处理器件中的非信息载体自由度或环境上伴随着一个相应的熵增。根据兰道尔原理，存储单元中信息的擦除就是一个逻辑上不可逆的事件，将导致系统的熵增。1982 年，同样是 IBM 公司的物理学家班奈特敏锐地指出，在考虑麦克斯韦妖参与的热力学循环过程中，需要把妖怪也考虑在其中。在麦克斯韦妖操控分子做功的过程中，妖怪对分子运动状态的记忆需要作为热力学循环的一部分。每次循环结束后，需要对麦克斯韦妖的存储单元进行信息擦除。这是一个逻辑不可逆的过程，从而使整个系统出现熵增。这样即使存在麦克斯韦妖这种能力超强的精灵，热力学第二定律也不会被违背。人们已经在很多不同的物理系统中实现了多种形式的麦克斯韦妖。

随着量子信息的发展，量子力学与麦克斯韦妖逐渐走到一起。早在1984 年，美国物理学家祖瑞克就指出：虽然对量子系统和经典系统的测量不同，但把信息擦除考虑进来后，量子麦克斯韦妖不会违背热力学第二定律。随后，理论物理学家罗伊德在核磁共振系统中详细研究了量子麦克斯韦妖的操控和测量过程，证明其满足热力学第二定律。目前已经有很多实验开展对量子麦克斯韦妖的研究。当麦克斯韦妖进入量子世界，系统可以处于相干叠加态，而妖怪也可以处于相干叠加态，对系统运动状态（能级）的记忆，使得妖怪和系统会处于纠缠的状态。那么通过对妖怪状态的探测就可以知道系统的能级情况。应用量子信息处理的思路，我们设计了一个麦克斯韦妖式的算法冷却方案。这个方案可以用来冷却任何可以用量子计算机模拟的哈密顿量。通过反复的循环冷却，可以得到系统的基态，从而可以研究量子系统的低温性质。

为了理解量子信息处理怎样用来冷却一个物理系统，我们首先回顾一下算法冷却的过程。算法冷却利用遵循一些物理规则的算法以达到等效的冷却的效果。与算法冷却相关的早期工作有基于数据压缩的冷却方法。通过压缩足够大的 n 比特序列，使得所有随机的部分被转移到 $n-m$ 个比特上，而剩下的 m 个比特则有很大概率处于一个确定的态上。然而为了纯化很少的比特就需要非常大量的比特数目进行压缩。另一种实现自旋冷却的方法是热库算法冷却。其主要思想是通过将熵传递给其中的一个比特，这个比特可以通过热力学过程将多余的能量传递给热库，以降低其他量子比特的熵。这种方法已经在 NMR 系统中实验演示了。然而，热库算法冷却并不是一个冷却多体系统的普适方法。它的主要用途是为量子计算制备自旋偏振初态。

还有一种量子算法冷却方法是通过开放系统的耗散演化来使得量子态到达待模拟系统的基态。开放系统的耗散方法是基于对林德布拉德（Lindblad）主方程的模拟。这种方法还具有抵抗系统的噪声的优势，相应的原理性实验演示已经在离子阱系统中实现。然而，这种方法的应用范围受到一些限制。特别地，这种方法主要应用于无阻挫的哈密顿量。这种哈密顿量的基态可以通过最小化哈密顿量的所有局域项来实现。如果系统是有阻挫的，那么这个模拟的冷却过程就有很高的概率来找到一个低温的亚稳态而不是基态。虽然可以进一步利用量子算法估计的方法来到达基态，但是量子算法估计要求在量子计算机上实现非平庸的计算。

我们的方案则是通过引入一个辅助量子比特实现与待冷却系统的控制耦合。通过对辅助量子比特的测量，实现待冷却系统高能量部分和低能量部分的区分。将高能量部分剔除后就可以实现系统的量子冷却，就像一只量子的麦克斯韦妖可以轻而易举地除去量子态中能量高的部分，因此这种方法被称为麦克斯韦妖式量子算法冷却。冷却模块

的原理图如图 8-2 所示。一开始，辅助比特处于 $|0\rangle$ 态，通过阿达玛（Hadamard）门和相位门操作后，系统实现受控耦合。辅助比特最后再经过阿达玛门的作用并进行测量，根据测量的结果区分系统加热部分和冷却部分。为了展现算法冷却的优势，我们还设计了两种不同的冷却策略——蒸发冷却和循环冷却。蒸发冷却时，如果前一次测量得到的量子态是加热的，则扔掉这次的结果，重新开始冷却；循环冷却时，如果前一次测量得到的量子态是加热的，则将量子态制备成初始态，继续演化。

我们通过一个精巧的量子光学实验演示了麦克斯韦妖式算法冷却。通过利用偏振依赖的干涉装置搭建成冷却模块，其中入射光子的路径信息作为辅助量子比特，而光子的偏振信息模拟待冷却系统，最后通过对路径信息的探测后选择即可降低光子偏振态的对应的平均能量。我们还利用光纤将不同的冷却模块连接起来而形成了一个光学冷却网络，通过多次调用冷却模块来实现量子系统的逐步冷却，并在实验上实现并比较了蒸发冷却和循环冷却两种不同的量子冷却策略。实验结果和理论预言吻合得非常好，保真度达到 97.8% 以上。

量子形式的麦克斯韦妖不会违背热力学第二定律，但却以一种新颖的方式来冷却系统，并可用来研究新的奇妙的量子系统的性质。算法冷却的技术还可以用来辅助实现和研究长期预言的现象，如马约拉纳零模（一种长寿命的拓扑激发子）。其局域噪声的抗干扰性，使得马约拉纳零模成为构建量子计算的有力平台。

三、马约拉纳零模

埃托雷·马约拉纳所提出的"马约拉纳费米子"的概念——粒子的反粒子为其自身——在现代物理学中有着更为广泛的意义。

——弗朗克·维尔切克

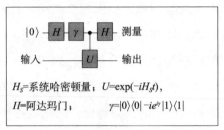

H_S=系统哈密顿量；$U=\exp(-iH_S t)$，

H=阿达玛门；$\quad \gamma=|0\rangle\langle 0|-ie^{i\gamma}|1\rangle\langle 1|$

(a) 冷却模块原理示意图

(b) 麦克斯韦妖式算法冷却原理抽象示意图

图 8-2 麦克斯韦妖式算法冷却示意图

埃托雷·马约拉纳（Ettore Majorana）是意大利传奇的物理学家。他1906 年出生于意大利的卡塔尼亚，有极高的数学天赋并对物理学有十分深刻的洞察力。他在很小的时候就加入费米在罗马的研究组。但他在1938 年乘船从巴勒莫到那不勒斯的一次旅行中突然失踪了，这为他的生平增添了许多神秘的色彩。在马约拉纳的科学生涯中，他只公开发表了 9篇论文，这些工作在很大程度上推动了量子物理学的发展。最近人们还专门整理出马约拉纳尚未发表的科研笔记，他在这些科研笔记里对物理学的很多问题进行了深入研究。如果当年将这些研究发表出来的话，无疑将促进物理学很多前沿方向得到更加快速的发展。一个广为流传的说法是，费米曾经称赞马约拉纳："世界上有几类科学家：二流和三流的科学家虽然竭尽所能，但却没能走得太远；而一流的科学家则可以对科学进步做出至关重要的贡献。然而还有天才式的科学家，如伽利略和牛顿，而马约拉纳也是其中之一。"

　　在马约拉纳 1937 年发表的最后一篇论文中，他仔细地研究了狄拉克方程，得到了满足反粒子为其自身的方程，现在称为马约拉纳方程，对应的粒子称为马约拉纳费米子。自身就是其反粒子的特性决定了马约拉纳费米子是电中性的。尽管在马约拉纳发表论文的年代，中微子的存在还只是理论上的猜测，但在他的文章中，马约拉纳就猜测中微子有可能满足马约拉纳方程，是马约拉纳费米子。然而，中微子的探测十分困难，直到目前还没有相关的实验证据。事实上，寻找和研究马约拉纳费米子已经成为一个非常重要的研究课题。马约拉纳费米子可能在基础物理理论中扮演至关重要的角色。如果中微子是有质量的马约拉纳费米子的话，我们就可以推导出一个更加经济和漂亮的统一场论方程，能够更简洁地描述自然界。现代的理论也给出了更多基本粒子是马约拉纳费米子的可能的结论，但是到目前为止还没有相关的实验证据。

　　虽然马约拉纳费米子理论和实验在粒子物理中进展缓慢，但马约拉纳最初的想法却在凝聚态物理领域得到越来越多的关注。最近的研究表明，凝聚态体系中的准粒子激发模有可能满足马约拉纳算符的描述，即反粒子为其自身。当固体系统中的马约拉纳算符与相应体系的哈密顿量对易时，这种激发模处于零能量状态，就称为马约拉纳零能模或马约拉纳零模。马约拉纳零模可以被看成是半个费米子。由于费米子宇称对称性，它们都是成对出现的，并且其基态空间是严格简并的，这对应于一个自旋 1/2 的量子态，因此可以用来编码量子信息。

理想中，马约拉纳零模与系统哈密顿量没有相互作用，不会受到噪声的干扰。然而在实际系统中，它们之间还是会有一个与位置有关的作用量。当两个零模相隔足够远时，局域所受到的扰动不会影响整体状态。因此，编码在马约拉纳零模上的量子信息是受拓扑保护的。

另外，利用马约拉纳零模特殊的统计特性还能以拓扑保护的方式来操作量子信息。我们知道，在基础物理学中，按照全同粒子波函数的交换对称性，可以将粒子分为费米子和玻色子。对于费米子，全同粒子波函数交换是反对称的，交换前后的波函数相差了一个整体的 π 位相。它们遵从费米–狄拉克统计，受到泡利不相容原理的约束；而对于玻色子，全同粒子波函数是交换对称的，即交换前后的波函数保持不变。它们满足玻色–爱因斯坦统计分布，能够观察到奇特的玻色–爱因斯坦凝聚现象。然而，对于二维系统的集体激发模（也称准粒子），则有可能出现更一般的情况，即交换后，整体波函数产生一个任意角度的相对位相，这种准粒子被称为阿贝尔任意子。还有另外一种任意子，它们交换后，整体波函数会经历一个幺正操作，这就是非阿贝尔任意子。马约拉纳零模有可能是一种最简单的非阿贝尔任意子。通过绝热地交换两个马约拉纳零模的位置，等效于在它们的基态空间上施加一个幺正操作。如果两个零模在交换过程中始终保持足够远的距离，这种操作将是拓扑保护的。因此，利用马约拉纳零模实现拓扑量子计算的潜在应用价值引起了人们的广泛兴趣。

目前已经有大量的理论分析了马约拉纳零模可能存在的物理体系，如有大自旋轨道耦合的非常规超导体及拓扑绝缘体等。理论研究的重要进展显著降低了实验观测马约拉纳零模的技术要求，因此实验进展也非常迅速。在荷兰代尔夫特理工大学研究小组于 2012 年首次实验报道马约拉纳零模存在的迹象后，许多实验迹象被进一步地报道。然而，要实现马约拉纳零模最本质的独特性质则要求对其进行束缚和移动，以实现它们的交换。这种层面的操作能力仍然超出我们目前在凝聚态系统中所能达到的极限。

量子模拟的方法就可以用来克服这个困难：虽然待模拟的系统无法用现有的技术实验来实现，但量子模拟器及其测量结果却可以获取待模拟系统的信息。为了研究马约拉纳零模的统计性质，我们首先介绍能产生孤立马约拉纳零模的简单模型——一维基塔耶夫链。这是俄裔美国物理学家基塔耶夫（Kitaev）于 2000 年提出的模型。如图 8-3 所示，A 和 B 是由三个费米子组成的一维基塔耶夫链上两个孤立的马约拉纳零模。通过一系列精心设计的哈密顿量之间的绝热演化［图 8-3(b)～(d)］可以实现马约拉纳零模 A 和 B 的交换。由于这两个马约拉纳零模属于同一条有固定熔接信道的链，其交换操作的密度矩阵将是对角的，对应的元素将以在两个基底（费米子的奇宇称和偶宇称）上的几何位相形式给出。为了探测交换操作过程中所产生的几何位相，可以通过将系统投影到对应哈密顿量的基态空间来实现。

正如前面所介绍的，光学系统具有可编码的维度多及操作的可控性高等特点，因此可以利用光子模拟器来研究马约拉纳零模交换性质。原理上，可以将支持马约拉纳零模的费米空间直接对应到光子模拟器的空间上。为了使这种方法能更方便地应用到其他系统，如束缚离子或者超导约瑟夫森结体系，我们将这种对应分成两个连续的步骤。首先，通过约当－魏格纳（Jordan-Wigner）变换将马约拉纳系统对应到自旋系统。接下来，

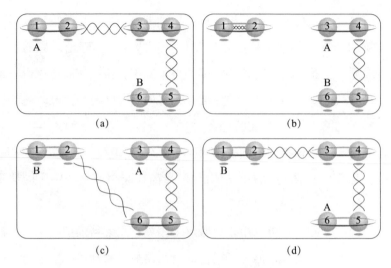

图 8-3　马约拉纳零模交换示意

资料来源: Xu, et al. 2016

将自旋系统对应到光子的空间模式。约当－魏格纳变换是一种非局域变换，它将费米空间基塔耶夫链的态和演化与自旋－1/2伊辛（Ising）链的态和演化对应起来，而对应的自旋系统可以被光子模拟器所模拟。虽然变换前后两个系统也有所不同，但它们的能谱是一样的，对应的量子演化也是等价的。因此交换演化后得到的几何位相也将保持不变。

实验上，我们将信息编码为光子的空间模式，并利用不同长度的光束分离器来制备初态。为了得到相应哈密顿量的基态，光子的偏振进一步地编码为环境自由度。空间模式与偏振之间的耦合通过相应路径上的半波片实现。我们通过耗散演化来实现基态空间的投影。在对应哈密顿量的本征基底上，实验得到的末态是初态绕着 X 轴旋转 $\pi/2$ 的角度得到的，相应探测到的几何位相为 $\pi/2$。利用量子层析的方法，实验重构的交换过程密度矩阵的保真度大于 94%。

利用这种光子模拟器还可以研究编码在基塔耶夫链上基态空间的局域噪声免疫性。我们考虑两种独立的局域噪声——反转噪声和相位噪声。实验得到的反转保护和相位误差保护操作的保真度都大于 96%。这反映了交换操作在局域反转噪声和相位噪声中的抗干扰性。

为了实现非阿贝尔几何相位的探测及在基态空间实现不同的幺正操作，需要交换不同基塔耶夫链上的马约拉纳零模。最简单的能够实现局域噪声拓扑保护的两条相互连接的基塔耶夫链至少包含 6 个费米子，如图 8-4 所示。A、B、C 和 D 对应于四个不同位置的孤立马约拉纳零模。同样地，通过一系列精心设计的哈密顿量的绝热演化交换不同位置的马约拉纳零模，可以在基态空间实现阿达玛门和 $-\frac{\pi}{4}$ 相位门 [图 8-5(a) 和图 8-5(b)]。为了实现任意的单比特幺正变换，还需要一个非克利福德（Clifford）门，如 $\frac{\pi}{8}$ 相位门。这可以通过将两个马约拉纳零模移动到同一位置并施加可控的相互作用来实现，如图 8-4(c) 所示。然而，在这种情况下，局域噪声就会同时作用在两个马约拉纳零模上，因此系统不再是拓扑保护的。有理论证明，这个额外的门操作的容错阈值可以高达 14%，而且利用特殊的态蒸馏方法也可以很好地实现非拓扑保护门操作的错误修正。

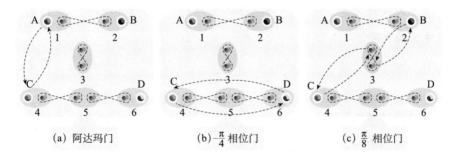

(a) 阿达玛门　　　　(b) $-\frac{\pi}{4}$ 相位门　　　　(c) $\frac{\pi}{8}$ 相位门

图 8-4　交换不同链上的马约拉纳零模可以实现相应的量子门操作

资料来源：Xu et al. 2018

与单链的模拟过程类似，通过约当－魏格纳变换将两条基塔耶夫链对应的费米系统变换到自旋系统，并利用光子模拟器进行模拟。实验实现的阿达玛门和 $-\frac{\pi}{4}$ 相位门操作的保真度大于 93%。基于这些实现的高保真度量子门操作，可以拓扑地实现很多量子算法。在实验中，我们利用马约拉纳零模的编码方法演示了拓扑保护的多依奇－乔萨算法。

我们进一步引入合适的实时演化实现了 $\frac{\pi}{8}$ 相位门，对应操作的保真度大于92%，并重点研究了 $\frac{\pi}{8}$ 相位门的抗噪声情况。当相位噪声和反转噪声作用在单个马约拉纳零模的位置时，系统不会受到噪声的影响；而当两个马约拉纳零模移动到同一位置并作用局域噪声时，交换后的操作就会受到影响。实验结果很好地验证了这一点。

光子模拟器使得我们可以研究马约拉纳零模交换过程中的非阿贝尔统计性质，并模拟基于马约拉纳零模量子计算的抗噪声特性。实验中所使用的方法还可以应用到其他可扩展性更好的系统，如离子阱、超导体系等。

四、拓扑物相

令人惊讶的是，在1980年左右所发现的奇异的拓扑物相已经得到如此丰富的发展。

——邓肯·霍尔丹

物质世界是如此丰富多彩，其多样性不仅源于构成物质的元素种类繁多，更是源于同一种单质或化合物会因所处条件的不同而呈现截然不同的物理形貌。这就涉及物理学中的一个重要概念——物态（相）和相变。例如，尽管冰、水和蒸汽都是由水分子构成的，但呈现的却是固、液和气三种风格迥异的物理状态。并且，当温度和气压发生改变时，三种状态之间可以相互转变。从唯象角度讲，同一种单质或化合物在不同物理条件下呈现的物理状态称为物态（相），不同物理状态之间的转变就是相变。

尽管物态变化在我们的生活中司空见惯，基于经验也可以精确地给出相图，但是相变的形成机理却无法从唯象角度获得答案。为了更好地理解相变，我们需要深入物质内部，分析其构成元素和基本结构，即需要进入微观领域。这方面的奠基性工作由苏联物理学家朗道（Landau）完成。他早在 1937 年就开始关注相变机理，经过长期系统性研究，提出了基于对称性破缺解释相变的理论，也被称为朗道相变理论。

　　朗道相变理论在解释相变形成机制上取得了空前的成功，是凝聚态物理的奠基性成果之一，影响了几代物理学家。然而，量子霍尔效应的发现突破了这一理论。1980 年，德国物理学家克利青（Klitzing）等在实验上以极高的精度实现了整数量子霍尔效应。克利青很快在 1985 年获得了诺贝尔物理学奖。同一年，施托默（Störmer）和崔琦（Daniel Tsui）实验实现了分数量子霍尔效应。他们在 1998 年获得了诺贝尔物理学奖。在朗道关于相变的理论中，物质内部粒子的空间排布特征决定了物态，具体来讲就是粒子排布的对称性决定了序参数，也就决定了物质的宏观物态。例如，在液态物质中，粒子的位置分布比较随意，具有连续平移对称性，即将其平移任意距离不会改变其状态。然而，当发生相变成为固态后，粒子的位置相对固定，只有平移格点间距的整数倍时状态才能保持不变，因此固态具有离散平移对称性。而具有台阶状霍尔电阻的二维电子气则不是这样，其参数改变会驱动电子气到达不同台阶，但其对称性并不发生改变。这就使得基于对称性破缺的朗道相变理论已经不足以解释这种并不发生对称性改变的相变，而需要借助于全新的数学工具——拓扑，以建立全新的物理图像。

　　拓扑学本身是数学的一个重要分支，主要是研究几何图形或空间结构在连续变换后还能保持不变的性质。为了了解什么是拓扑，可以以橡皮泥来举例：一团橡皮泥可以被捏成一个球或者一个碗，却不能捏出一个带把的茶杯，而只有被预先打穿的橡皮泥才能捏出一个带把的茶杯。因为在拓扑学上，球和碗是一回事，都没有孔，但是和带把的茶杯不一样，因为后者有一个孔，如图 8-5 所示。正因为习惯性拿捏橡皮泥举例，拓扑学也被称为建立在橡皮泥上的数学。

拓扑概念后来被物理学家们应用于物理研究。其中的先驱和佼佼者有迈克尔·科斯特利茨（Michael Kosterlitz）和戴维·索利斯（David Thouless）。他们二人基于拓扑学创建了 KT 相变理论，提出了与朗道不一样的相变范式，以及邓肯·霍尔丹（Duncan Haldane）发现可以利用拓扑概念来解释一些材料中存在的小磁铁链的特性等。这三位科学家被授予 2016 年的诺贝尔物理学奖，获奖理由是"理论发现拓扑相变和拓扑相物质"。量子霍尔效应的发现使人们开始重新审视传统的物态分类，而拓扑的成功引入则"打开了一扇通往奇异状态物质这一未知世界的大门"[①]。近些年来，在凝聚态领域不断有新拓扑材料和拓扑性质被发现。

在朗道相变理论中，可以基于对称性给出序参数区别不同的物态。那么如何区分和定义拓扑物态呢？从唯象的角度看，前面所讲的没有孔、一个孔等就是一种非常好的分类方法。孔的数目在连续变换中始终保持不变，其数目从整体上定义了这些几何体的结构。这里其实包含两层非常重要的含义：一方面，用来区别不同拓扑相的参量是一个全局参数，依赖于几何体整体构型；另一方面，参量的取值在局部连续扰动下应该是稳定的。当然，数学家并不会满意这种唯象表述，他们通过系统地归纳总结，提出用拓扑不变量去分类这些几何体，如平面中的卷绕数（winding number）[②] 等。

正如数学中的拓扑不变量是对几何形状的一种整体度量，物理学中的

---

① 诺贝尔奖委员会 2016 年的颁奖词。

② 平面上的闭合曲线关于某个点的绕转总圈数，顺时针方向绕转的值为负，而逆时针方向绕转的值为正。

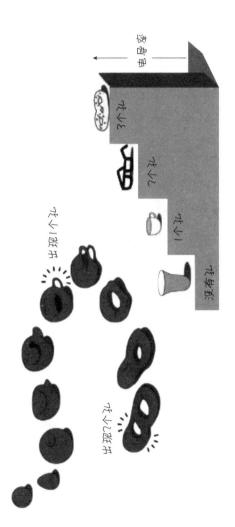

图 8-5　拓扑等价示意

拓扑不变量则是基于系统基态波函数的整体非局域度量。尽管理论朝这个方向有了一些重大进展，对具有某些对称性（如手征对称、时间反演对称、粒子－空穴对称）的无相互作用系统已经从理论上给出了完整的拓扑相周期表。然而，实验上要获得这个不变量，仍然具有非常大的挑战性。因为要获得这个拓扑不变量，我们需要知道这个系统基态波函数的完整信息。目前，很多实验工作都是借助一些相对容易的间接办法，如用不连续变化的台阶状霍尔电阻去间接反映系统的拓扑性质，或者通过体－边界对应原理、通过观察不同拓扑相的界面接触处的边界态，去界定两个不同的拓扑相。

利用光子模拟器，可以实现凝聚态或者量子多体物理中的某些复杂的哈密顿量，研究其拓扑性质，并探索新的有效的拓扑分类方法。20 世纪 90 年代初，由亚基尔·阿哈罗诺夫（Yakir Aharonov）等提出的量子行走就是这样一个可以在光学系统中很好地实现并用来研究拓扑性质的物理模型。最简单的一维离散时间量子行走，类似于经典随机行走。在离散时间量子行走中，行走者每一步的行动方向由其所掷硬币的状态决定，如果是自旋向上（硬币正面），则向正方向走一步；如果是自旋向下（硬币反面），则向负方向走一步。这样经过多次行走所形成的一维无限长格子可以看成是一个准周期系统。由于在量子行走中依赖于硬币状态的位置移动算符本质上是一种自旋轨道耦合，在动量表象中的每一步的时间演化对应的有效哈密顿量，相应地支持一定的对称性（如手征对称性），其基态波函数具有拓扑性质。实际上，这种哈密顿量是一种弗洛凯（Floquet）型的哈密顿量，类似量子多体系统中著名的苏－施里弗－黑格（SSH）模型，符合弗洛凯拓扑理论描述。然而，早期的量子行走模型只能呈现一个拓扑相，即卷绕数为 1 的拓扑相，实验上找不到可观测的效应。2010 年，北川（Kitagawa）等提出了分步量子行走的方案，首次让人们看到可以实现卷绕数不等于 1 的量子行走。随后，国际上有很多课题组都在实验上研究量子行走中的拓扑现象，如边界态的观测、量子相变的展示以及通过间接手段分类拓扑相等。

随着技术的提升，实验物理学家们不再满足仅通过位置空间的概率分布研究量子行走，开始关注包含有系统所有性质的整体波函数。通过对系统波函数的完整重构，可以获得系统的所有信息，从而可以更直接地研究量子行走中的拓扑物理。最近，我们在实验上改进了传统的时间复用量子行走方案，提出用共线切割的双折射晶体实现自旋轨道耦合。这种共线的干涉仪结构，可以保证量子行走在规模比较大的时候仍然能保持很好的量子相干性。我们的方案是基于时间复用的结构，不需要进行模式匹配，并且避免了循环结构引入的额外损耗，从而可以实现大规模的量子行走并利用真正的单光子作为行走载体。

实验中，我们以大于 94% 的保真度实现了多达 50 步分立时间域单光子量子行走。为了重构出系统的末态波函数，我们通过时间域的扫描，在实空间域的每一格点实现自旋维度的量子态层析并实现相邻格点间的相干测量。最后，通过最大似然估计的方法，数值拟合出完成量子行走后行走者的整体波函数。

我们进一步通过傅里叶变换获得系统在动量空间的完整波函数。然而，仅仅得到动量空间的波函数还不足以研究系统的拓扑性质。因为一般来讲，系统的拓扑相或者拓扑结构是系统的基态波函数才具有的，相应的拓扑不变量是定义在系统基态波函数上的。为了得到系统基态波函数，我们通过截取不同时间演化节点处的动量空间波函数，进一步重构出系统的基态波函数。有了系统基态波函数的完整信息，就可以直接从基态波函数的几何学结构中读出系统的体拓扑不变量（如卷绕数），从而实现对拓扑相的分类。实验结果清晰地展现了卷绕数为 ±1 的非平庸拓扑相，以及为 0 的平庸拓扑相。这是目前为止国际上首次直接通过系统波函数研究量子行走的工作，极大地弥补了位置空间概率分布只能提供有限信息的不足，为进一步的研究打下了很好的基础。同时，这也是第一个直接通过系统基态波函数得到体拓扑不变量的工作。利用动量空间波函数直接分类拓扑相的方法还可以用到更加复杂的量子系统中，我们所搭建的光学量子行走实验平台对进一步研究拓扑物态具有重要的应用价值。

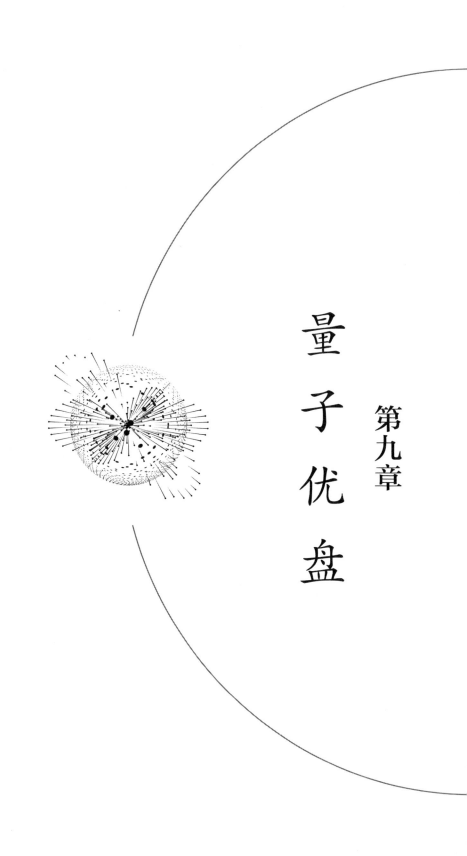

第九章

量子优盘

不要去记忆那些你可以查到的东西。

——阿尔伯特·爱因斯坦

一、量子存储器：概念及应用

（一）人类历史中的存储器及量子存储器概念

存储器的功能就是把信息存储起来，直到需要用的时候再读出。信息的存储是人类文明传递的重要手段，也是现代信息技术的一个核心环节。伴随着人类历史的发展，信息存储的介质也在不断变化。语言是人类最初的交流方式，大脑是信息存储的最早介质。它们使得人类能够持续生存与进化。从语言到文字是人类文明进步的一个转折点，从此信息可以脱离人本身以文字等形式保存起来并传递下去。在人类发展历史上，人们先后使用过石头雕刻、绳子打结、书本、磁盘、光盘等各种形式的存储器。

电子计算机采用二进制（即两个数码 0 和 1）表示数据。相应地，经典的存储单元具有 0 和 1 两种稳定状态。在生活中，存储器随处可见，如内存、硬盘、便携式优盘等。计算机中处理的各种字符，如英文字母、运算符号等，都需要转换成二进制代码才能存储和操作。在电子计算机中，位（bit）是最小的数据单位，每一位的状态只能是 0 或 1。8 个二进制位构成 1 个字节（1byte），是存储空间的基本计量单位。1 个字节可以储存 1 个英文字母或者半个汉字，即 1 个汉字需要占据 2 个字节的存储空间。1024 个字节称为 1 千字节（1KB），1024 千字节称为 1 兆字节（1MB），

1024 兆字节称为 1 吉字节（1GB），1024 吉字节称为 1 太字节（TB）。这些都是存储容量大小常用的单位。

世界上第一台具有存储程序功能的计算机 EDVAC 由冯·诺依曼在 1950 年设计出来，使用的存储器是汞延迟线。20 世纪 50 年代，磁鼓作为内存储器应用于 IBM 650，后来的产品容量能到 10 千字节。1969 年，IBM 公司发明了软盘，后来容量可达 250 兆字节，但由于兼容性、可靠性、成本等原因，并未被广泛使用，如今已难寻踪迹。世界第一台硬盘存储器是由 IBM 公司在 1956 年发明的。这套系统的总容量只有 5 兆字节，共使用了 50 个直径为 24 英寸的磁盘。目前，硬盘的面密度已经超过每平方英寸 100 吉字节，是容量、性价比最高的一种存储设备。其他常见的存储设备还有如光盘、闪存等。随着半导体工艺的发展，存储的成本也越来越低，图 9-1 是 1975～2015 年 100 美元能买到的存储容量的变化曲线。

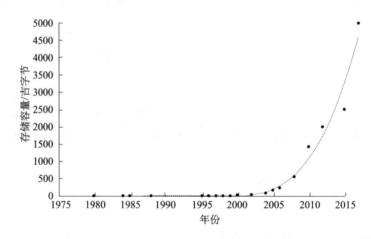

图 9-1　100 美元能买到的存储容量

我们可以用各式各样的物理资源来携带信息。对应着经典信息里面的比特，量子信息的基本单元就是量子比特。经典比特只有两个稳定的态，要么是 0，要么是 1。对于量子比特，我们不得不用狄拉克符号来描述。两种基本的量子态表示为 $|0\rangle$ 和 $|1\rangle$。我们称这两个态为量子基础态，它

们是相互正交的量子态。经典比特和量子比特之间的区别在于，量子比特不仅可以处在 $|0\rangle$ 或者 $|1\rangle$，还可以处在它们的叠加态上。

$$|\psi\rangle=\alpha|0\rangle+\beta|1\rangle \qquad (9\text{-}1)$$

式中的 α 和 β 是两个复数，并且满足 $|\alpha\rangle^2+|\beta\rangle^2=1$。经典比特和量子比特的简单示意如图 9-2 所示。常见的量子比特有光子的水平和竖直偏振、电子的自旋向上和自旋向下等。量子存储器就是用于存储量子比特的装置。

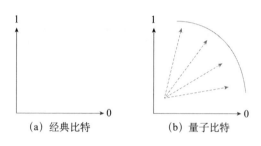

图 9-2　经典比特和量子比特示意

（二）长程量子通信的难题

光纤是光导纤维的简写，是一种由玻璃或塑料制成的纤维，基于光的全反射实现光的传导。1964 年，高锟提出，在电话网络中以激光代替传统的电流，以光纤代替导线。1970 年，美国康宁公司拉制出世界第一根低损耗石英光纤（<20 分贝/千米），让人们看到光纤通信的希望。相比电缆，光纤具有诸多优点，包括传输容量大、损耗低、传输距离远、抗干扰能力强等。如今，光纤通信已成为现代通信网的主要传输手段，几乎完全代替传统电缆。光纤通信是现代信息技术的基础，高锟因此获得 2009 年的诺贝尔物理学奖。

图 9-3 的上半部分展示了基于光纤的经典通信方案，其长距离通信中有很重要的中继放大器。它在光纤通信系统中负责补偿光缆线路光信号的

损耗和消除信号畸变及噪声的影响，从而延长通信距离。它主要由光接收机、判决电路和光发送机三部分组成。光中继器将从光纤中接收到弱光信号然后将其转换成电信号，再生或放大后，再次激励光源，转换成较强的光信号，送入光纤继续传输。光信号在光纤中不断地损耗，然后又不断地再生放大，所以能保证信号稳定地传输。光中继器是经典通信中长距离传输最重要的一步。那么，对于量子信息，这又有些什么类型的区别和相似之处呢？

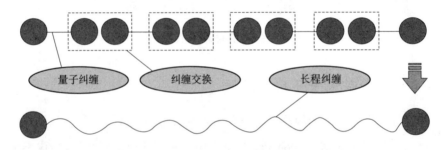

图 9-3　经典光纤通信和量子中继通信方案示意

对于量子通信而言，如果直接光纤传输，考虑 0.2 分贝/千米的通信光纤信道衰减，1 千米的传输效率为 95%，但是对于几百千米的直接传输几乎是不可能的。比如，一个高重复率的光源（10 吉赫）在 500 千米后的速率将为 1 赫兹，600 千米后的速率将为 0.01 赫兹，1000 千米后的速率将为 10^{-10} 赫兹。也就是说，传输 1000 千米获得一个光子大概需要 300 年。如上所述，经典通信通过中继放大克服了这个困难。不幸的是，对量子通信来说，这是无法实现的。原因是，1982 年美国科学家伍特斯（Wooters）

和祖瑞克（Zurek）发表在《自然》上的篇幅仅为一页纸的论文《量子态的不可克隆定理》。对任意未知量子态，我们不可能将它直接放大或克隆。为了实现长距离的量子通信，1998 年，奥地利科学家提出了著名的量子中继方案，可以通过纠缠的量子存储器和纠缠交换来克服信道损耗，实现量子中继通信。

（三）长程量子通信的方案：量子中继及量子优盘

纠缠是量子物理里最违反直觉的概念之一。纠缠的一个重要特征是可以交换，如两个系统 A 和 B 纠缠，C 和 D 纠缠。通过 B 和 C 之间进行一组纠缠态的联合测量，然后通过经典通信，即可建立 A 和 D 之间的纠缠。

量子中继的基本思路如下：考虑一个很长的信道距离 L，如果把一对纠缠光子直接分配到信道两端，则成功率会很低。如果我们有两对纠缠态，那么可以每对纠缠只传输 $L/2$ 的距离，两对纠缠之间再用纠缠交换联系起来。如果我们有 N 对纠缠态，则每对纠缠需要传输的距离降为 L/N。尽管这样做会引入纠缠交换的成功率等其他损耗问题，但对于长距离传输而言，可以严格证明这种方案是远远优于直接传输的。为了实现纠缠交换，每个中继节点都需要量子存储器来存储纠缠状态直到其他节点纠缠的成功建立，再执行下一步交换操作。

2001 年，段路明等提出段路明－卢金－齐瑞科－宙勒（DLCZ）中继方案，基于原子系综和线性光学元件及光子计数就可以实现量子中继所需的全部操作。DLCZ 方案使用了原子系综，一个写入脉冲使得原子系综在发射一个光子的同时产生了一个原子系综的集体激发。如果有两个原子系综分处两地就能产生一对光子，而这对光子可以用来纠缠两个系综。因为系综中大量原子的集体干涉，两处的原子激发分别可以高效地转换为一个光子。这对光子也是纠缠的，可以执行下一步的纠缠交换。

另外还有一种更容易理解的远程量子通信方案。我们知道，经典信息领域有优盘、移动硬盘可以用于传递信息，在量子信息领域，也可以考虑研制量子优盘，即通过可以随意移动的载体来传输量子信息。这种方案需要量子存储器具有超长寿命。大多数量子系统的相干寿命都很短，无法满足这个需求。幸运的是，2015年，澳大利亚科学家发现掺铕硅酸钇晶体的核自旋跃迁具有长达6小时的相干寿命。该工作开启了量子优盘研究的热潮。

如果能够把量子比特存储在量子优盘中，那么通过经典的交通方式（卡车、高铁、飞机等）去运输量子优盘，到达目的地后再读出里面的量子信息，就能实现远程量子通信。如果量子优盘的存储容量足够大，则这种方案的通信速率可以与量子中继方案相当。量子优盘的特点是可以适应各种特殊的地理环境，是对现有光纤量子信道的一种有效补充。

（四）实现量子存储的物理系统

量子存储器有很多用途，如用于量子计算机操作同步的量子存储器（类似于经典计算机里面的内存）、用于量子信息的长时间保存（类似于经典信息领域的优盘等）、用于量子通信的量子中继等。那么，目前都有哪些可以实现量子存储功能的物理系统呢？

冷原子系综是较早实现量子存储功能的物理系统。激光冷却原子的技术是华人科学家朱棣文[①]等发明的。这些被冷却的原子具有很好的全同性，故与光子的相互作用很强。冷原子系综既可以实现发射光子、建立自旋与系综自旋的纠缠，也可以高效地捕获外部光子，实现存储功能。激光冷却的原子系综目前已经实现了量子中继节点的功能演示。

冷原子系综是气体状的系统，原子仍有可能丢失或移动位置。如果能有固态系统实现量子存储，则该固态系统不会有这些问题。近年来，稀土

---

① 1997年诺贝尔物理学奖得主。

离子掺杂晶体成为备受关注的固态量子存储物理系统。由于外部 5s 和 5p 等电子层的保护，稀土离子 4f-4f 电子跃迁在液氦温度下有很长的相干寿命，自旋跃迁甚至能到 6 小时的相干寿命。在稀土离子掺杂的晶体中，光跃迁的非均匀展宽远大于均匀展宽，这提供了宽带宽和多模式的量子存储，具有很多有趣的应用。后文将重点介绍这种类型的量子存储器。

此外，还有一些量子存储器是基于单个的量子体系，代表性的有金刚石中的各种色心缺陷。这些缺陷具有很窄的荧光谱线，甚至在常温条件下就具有较长的自旋相干寿命。金刚石色心可以通过发射光子实现光子和自旋的纠缠，从而实现量子中继功能，但由于对光子的吸收能力弱，目前还不能高效率地捕获外部光子来实现光量子存储。

除以上典型系统外，还有热原子系综、单原子、囚禁离子和量子点等各种物理体系可以实现量子存储。目前各种系统各有优势，也各有缺陷，目前还没有哪个系统在这场竞跑中取得彻底的领先，并走出实验室实现商业化。量子存储是量子通信网络中不可或缺的一个基本单元，所以各国科学家都在努力推进这个方向的研究。量子存储器离最终走出实验室、进入人们的生活中，还有一段不平凡的道路要走。

二、固态量子存储器

（一）稀土离子掺杂晶体光学性质介绍

稀土元素的发现最早可以追溯到 1794 年。1794 年，芬兰化学家加多林（Gadolin）发现了一种黑色金属矿物"钇土"（Yttria），该矿物是一种多元素混合体。20 世纪初，人们发现稀土元素化合物相对于原子或分子具有极窄的谱线，意味着稀土离子与环境的耦合极弱。将少量的稀土离子添加到透明晶体、陶瓷或玻璃的方法就是稀土掺杂。因为具有丰富的谱线和优异的光学性质，稀土离子掺杂晶体在现代光学领域获得了广泛的应用，包括固态激光器、掺铒光纤放大器等。例如，引力波探测装置中使用到的激光增益介质就是稀土钕离子（Nd^{3+}）掺杂的钇铝石榴石（YAG）晶体。

稀土掺杂晶体的光学特性主要来自稀土离子外层未满的 4f 电子。外层 5s 和 5p 电子对其的屏蔽作用使得 4f 电子与周围环境的耦合弱，因此 4f-4f 之间的跃迁寿命长而谱线窄。光学激发寿命长使得其作为增益介质具有很高的量子效率，长寿命也让稀土离子掺杂晶体成为热门的经典信息和量子信息的处理器。相比于原子气体体系，稀土离子掺杂晶体是一种固态介质，没有原子扩散的问题，结构稳定，并且可以制备成波导等易于集成的结构。

在稀土离子掺杂晶体内，固体晶格的声子激发是影响相干时间的最大来源。幸运的是，将晶体降温至液氦温度下时可以完全抑制声子激发。在液氦温度下，稀土离子的光学相干寿命和自旋相干寿命都很长，适合实现量子存储器功能。稀土离子的种类十分丰富，掺杂不同粒子可以让晶体的工作波长覆盖很宽的波段，目前研究较多的有铕（约 580 纳米）、镨（约 606 纳米）、钕（约 880 纳米）、铒（约 1500 纳米）、镱（约 980 纳米）等。

稀土掺杂晶体作为量子信息存储器，一个重要的优势在于它具有很宽的存储带宽，这是由其跃迁的非均匀展宽决定的。稀土离子处于宿主晶体内的不同局域环境中，其跃迁频率会有细微的差别，大量离子就呈现非均匀展宽的现象。固然，宽的存储带宽能增加存储信息的容量。但是，强的非均匀展宽也导致光子在被存储到离子能级后会发生很快的退相位（dephasing）。不同离子的跃迁频率不一致，吸收光子后的演化速度也不同，一段时间后，离子间的相位就会不同。相位的这种弥散会导致量子信息丢失。因此，绝大多数基于稀土离子掺杂晶体的量子存储方案的核心就是解决离子系综的退相位问题。

（二）基于稀土掺杂晶体的量子存储方案

目前最常用的存储方案包括原子频率梳（AFC）、受控非均匀展宽（CRIB）、AFC-DLCZ 方案等。下面简单介绍 AFC 和 CRIB 存储方案是如何解决退相位问题的。

AFC 的具体实现依赖于高精度的光谱烧孔技术。将非均匀展宽吸收线看成一块木板，超窄线宽激光就相当于一把刻刀，刻出一个个齿状结构就构成了频率域的梳子。梳子各个齿之间的时间演化不再是混乱的，它变得井然有序。AFC 可以看成在频率域工作的光栅。空间光栅对入射光场的衍射导致光束在特定角度上会发生相干相长而呈现亮纹。而 AFC 对光子的衍射会导致在特定时间上所有离子间的演化相位呈现相干相长，发射出光子。

CRIB 方案则利用外部电场或磁场调控实现对非均匀展宽的控制。在这种方案中，先用光谱烧孔孤立出一个极细的吸收线，该吸收线包含若干离子。以施加外电场为例子。由于斯塔克效应，对稀土离子掺杂晶体施加某个方向的电场后，离子系综的跃迁频率会被展宽。这些离子经过一段时间的演化，所积累的相位不同。此时将电场方向反转，时间演化的方向也变反。经过相同的时间后，各个离子两个时间段的相位演化相互抵消，相位恢复一致而发射出光子。

以上介绍的两种存储方案中，光子激发是存储在光学的上能级当中，由于上能级寿命普遍较短，限制了光子的存储寿命。为了延长存储寿命，还需要进一步把光子激发转移到下能级的精细结构中，实现量子存储。这相当于将稀土离子光学能级的退相干过程进行了冻结，必要时再解冻释放出来。这种存储过程称为自旋波 AFC 存储及自旋波 CRIB 存储。自旋波量子存储支持按需式的读取，即在任意时刻（自旋相干时间内）读出光子。这种按需求读出的功能可以让量子存储器在很多需要进行同步操作的量子信息任务中扮演重要角色。

（三）量子存储器的衡量指标

一个实用的量子存储器应该同时满足很多技术指标，包括高的存储效率、大的存储容量（或称为多模式存储，即一次性存取大量光子的能力）、长的存储时间及高的保真度等。若考虑到具体应用，可能还需要满足其他条件。例如，在量子中继应用中，存储器应兼容通信波段工作波长；在量子计算应用中，最好还能支持光波－微波转化，实现与微波段量子计算机的界面；在量子优盘应用中，存储器对外界电磁场、振动等条件的抗干扰能力也很重要。

在具体的量子信息处理任务中，则需要系统性考虑存储器的指标。还是以量子中继为例，大多数量子中继方案都要求存储器具有较长的存储时间和按需求读取功能，利用存储器同步多个节点的纠缠建立。但这不是绝对必需的，如果存储器的存储模式足够多，较短存储寿命的非按需式量子存储器一样可以实现长距离的纠缠建立。这是因为在纠缠建立的过程中，足够多的模式保证了在短时间内就能找到一对光子而建立纠缠。也就是说，多模式的复用可以有效减少存储时间的要求。再以量子计算为例，量子计算对误差的容忍度非常低，因为误差的积累会导致计算结果的偏差很大。在这里，存储器的存储时间等指标就需要让步于保真度了。

考虑综合性的技术指标，尚无任何一个系统可以实现真正意义上实用化可推广的量子存储器。对于固态量子存储器来说，其在各个单项指标上都达到很高的水平，特别是在存储寿命、存储容量和存储带宽指标上。但将这些指标结合起来还具有相当的难度。接下来，我们将回顾近年来固态量子存储器的发展历程。

（四）固态量子存储器的发展

说到基于稀土离子掺杂晶体的固态量子存储器的发展，不得不提一位科学家——瑞士的吉辛教授。吉辛教授是量子信息领域的开拓者和奠基人之一。无论是在量子光学的实验领域，还是在量子物理的基础理论研究，吉辛教授和他的团队都做出了杰出的贡献。著名的吉辛定理就是由他提出的，这个工作加深了人们对量子非局域性的理解。此外，由他联合其学生创办的 IDQ 公司是现在全球量子信息产业化的一个重要力量。

早年间，吉辛教授是一名电信工程师，他在光通信行业提出的一种测量光纤中偏振模色散的技术直到现在还被广泛应用于经典通信领域。他于1994 年加入日内瓦大学应用物理小组，从事量子光学和量子信息的研究。研究初期，吉辛教授的工作主要瞄准量子通信和密码方向。他的工作开启了长距离量子通信的时代。1995 年，他的研究组用商用光纤实现了 23 公里的量子密码传输（在日内瓦湖底）。1997 年，他的团队又首次实现了 10 公里量级的贝尔不等式的违背。这是量子非局域性首次在非实验室环境下的实验验证，较之之前工作提升距离三个量级。21 世纪初，他们首次利用时间戳（time-bin）的纠缠实现了长距离的量子隐形传态。吉辛教授的系列工作几乎将光纤量子通信的距离推到极限，因为更远的量子通信不可避免地遇到光纤对信号的衰减问题。对量子中继的需求推动了吉辛研究量子存储的脚步。不同于此前广泛使用的气态原子系综，他选择稀土离子掺杂晶体作为存储光子的媒介。近年来，固态量子存储器研究的迅速发展得益于他的系列开创性工作。

2008 年，吉辛教授研究组提出了 AFC 方案，首次在实验上用稀土离子掺杂晶体实现了单光子级别的量子存储，并迅速引发了固态量子存储的研究热情。两年后，他们研究小组又在掺铒离子的晶体里用 CRIB 方案实现了通信波段光子的存储，为将来量子通信的实用化迈出了重要一步。高效率的固态量子存储器研制进展也很快取得突破。2010年，澳大利亚的塞拉斯（Sellars）教授研究组报道基于掺铒离子的晶体实现69%效率的量子存储。该工作采用梯度变化的电场，控制离子吸收线展宽，实现CRIB存储，从而避免了读出信号时发射的光子再被晶体重复吸收的问题，高效率正得益于此。

大存储容量是固态量子存储器的重要优势，多模式的量子信息存储可以极大地提升量子中继的数据速率，并降低对存储寿命的要求。量子信息可以被编码到光子的任意自由度上，所以在多种自由度上开展量子信息存储研究是扩大存储容量的关键。

在时间域的多模式存储是最早完成实验验证的。稀土离子掺杂晶体中，时间多模存储能力和存储器带宽密切相关，越宽的带宽在理论上可以支持越多时间模式的存储。2010年，吉辛教授组报道了带宽100兆赫的AFC，并实现了64个单光子脉冲的存储，证明了固态体系的时间多模存储能力。频率域多模式存储的突破性进展来自加拿大卡尔加里大学的体特（Tittle）教授研究组。他们利用铌酸锂波导成功存储了26个频率模式，将存储器的带宽拓展到8吉赫，使26个频率模式可以从容地分布在这个带宽以内而不显得拥挤和难以区分。体特和后文要提到的莱德曼（de Riedmatten）都曾经是吉辛教授的博士研究生，吉辛教授在培育青年科学家方面也是非常成功的。

另一个值得关注的自由度是光子的偏振自由度，它对环境噪声很不敏感。一个典型的例子是，宇宙大爆炸至今，微波背景辐射仍然携带当初的偏振信息。因此，科学家们很早就意识到存储偏振自由度量子信息的重要性。2012年，有三个研究组几乎同时实现了光子偏振量子比特的固态量子存储，三篇论文发表在同一期的《物理评论快报》期刊上。这三个研究组分别是吉辛教授组、西班牙光子学研究所的莱德曼教授组和中国科学技术大学的李传锋教授研究组。李传锋教授研究组采用了两块掺钕钒酸钇

（Nd:YVO$_4$）晶体中间夹着一块半波片的"三明治"结构。因为掺钕钒酸钇晶体只吸收一种偏振的光，故中间的波片起着将正交偏振转变为晶体吸收偏振的作用。紧凑而稳定的结构设计使得该方案对偏振信息的存储保真度达到 99.9%，为当前最高水平。这一"三明治"结构的巧妙设计随后在吉辛教授研究组的后续研究工作中得到沿用推广。

2015 年，中国科学技术大学的李传锋教授研究组还首次实现光子的空间信息的固态量子存储。光子的空间模式除了最常见的高斯零阶模式以外，其空间分布还存在其他高阶模式，拉盖尔高斯光就是其中一类光学模式。非零阶的拉盖尔高斯光束都携带着光子的轨道角动量信息。光子轨道角动量模式具有无穷的维度，因而信息携带能力也就更强。研究团队采用非线性晶体的自发参量下转换过程制备了空间纠缠维度为三维的光子对，并将它存储在稀土离子掺杂晶体中。他们发现，飞行光子和固态存储之间的纠缠可以违背三维的贝尔不等式。不仅如此，为探索存储器存储空间模式的容量，研究团队进一步将弱相干光制备到更高维的叠加态存入固态体系中。结果证明，该体系至少可以支持 51 维的轨道角动量信息的高效存储。把每个空间维度作为一个模式用于复用，即可实现 51 个空间模式的复用量子存储。

以上提到的工作都是在某个自由度上提升存储容量。为了进一步提升量子存储器的复用能力，可以考虑采用多自由度并行复用的存储方案。例如，在第一个自由度有 M 个存储模式，第二个自由度有 N 个模式，第三个自由度有 P 个模式，则量子存储器的总复用模式数为各个自由度模式数的乘积，即 $M \times N \times P$。这样，存储器的容量将以倍数的关系增加。2018年，中国科学技术大学的李传锋、周宗权研究组研制出多自由度并行复用的固态量子存储器，在国际上首次实现跨越三个自由度的复用量子存储，并展示了时间和频率自由度的任意光子脉冲操作功能。研究团队选择光子的时间、空间和频率自由度进行并行复用，在国际上率先实现了跨越这三个自由度的复用量子存储（图9-4）。实验中采用了2个时间模式、2个频率模式、3个空间模式，总模式数达到2×2×3=12个，实验结果展示了多自由度并行复用量子存储的可行性。这种提升量子存储模式数的新方法将在量子网络和量子优盘的研究中产生重要应用。研究组还进一步证明，他们的存储器可以在时间和频率自由度实现任意脉冲操作，代表性的操作包括脉冲排序、分束、分频、异频光子合束和窄带滤波等。实验结果表明，在所有这些操作过程中，光子携带的三维空间量子态都保持了约89%的保真度。该存储装置可以实现线性光学量子计算所需的所有操作，所以该成果还有望在线性光学量子计算等领域取得更多的应用。

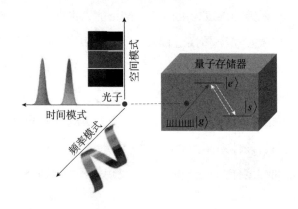

图9-4　多自由度多模式量子存储示意

长存储寿命是许多实际应用的必需条件。固态量子存储延长存储寿命的基本思路是采用自旋波存储并且在自旋跃迁中采用动态解耦合及辅助磁场的方法延长相干寿命。在二能级AFC方案（或CRIB方案）基础上引入控制脉冲，强制地将光学激发转移到自旋激发即可实现自旋波存储。但是，强的控制光场不可避免地会引入很大的噪声，所以滤除噪声成为自旋波存储的关键。

吉辛教授研究组于2015年报道了单光子级别的自旋波量子存储。他们采用掺铕离子晶体作为存储介质，基于自旋波AFC存储和动态解耦合技术，实现了毫秒量级的弱相干光存储，实验中采用了频谱滤波、空间滤波和时间滤波的多重滤波方式抑制噪声。2017 年，莱德曼教授研究组第一次将真正的单光子存储到自旋能级上，得到超过 5 的信噪比。他们利用腔增强的参量下转化制备了频谱极窄的光子对，其中一个处于掺错离子晶体的吸收带，另一个作为预报光子，波长在通信波段窗口。通信波段预报单光子的自旋波存储为量子中继研究迈出了重要的一步。

另一种利用自旋能级存储量子信息的是 AFC-DLCZ 方案。DLCZ 中继方案的优点在于无须进行外界光源与存储器的对接，带宽上自然匹配。在固态体系中，DLCZ 方案最大的考验也来自非均匀展宽导致的退相位。因此，科学家们提出了 AFC-DLCZ 的修改方案，先 AFC 再进行斯托克斯光子的激发。这种方案早在 2011 年就被提出，但直到 2017 年，吉辛教授研究组和莱德曼教授研究组才完成该实验。结果表明，这种内建的存储保持了斯托克斯和反斯托克斯光子的非经典关联性，适合用于量子中继的研制。

自旋能级和光学能级一样存在非均匀展宽，量子信息存储在自旋能级上也会遭遇退相干问题。自旋能级的相干保护是实现更长存储寿命的关键技术。我们将在后文详细讨论这些抑制自旋退相干的方法。

针对大尺度量子通信网络的终极应用目标，目前量子存储器的综合指标还不尽如人意，但是基于存储器已经可以构建一些简单的量子网络。由于各种量子系统各有优势，所以一个量子网络的多种功能通常会由多种量子系统分别完成。如何实现各个量子系统之间的对接是构建量子网络的关键所在。

单个光子的存储是构建量子网络的基础。量子光源分为两类——确定性量子光源和概率性量子光源。以单光子为例，确定性单光子是指一个脉冲内有且仅有一个光子，这个光子源避免了多光子噪声和低效率光源的问题。针对确定性光源的量子存储是实现实用化量子中继的基本路线。前面提到的量子存储实验都是建立存储器和概率性光源的相互作用界面，仍不能满足高效率量子中继的需求。2015年，中国科学技术大学李传锋教授研究组第一次将确定性的量子光源存储到稀土掺杂晶体中，实现了两个固态体系之间的量子界面。该实验所用的量子光源来自单个半导体量子点发光，而存储器则基于稀土离子掺杂晶体。研究人员精细地调控量子点的发光波长及带宽，精确匹配掺钕钒酸钇晶体的吸收谱线。基于原子频率梳实现了偏振量子比特的量子存储，存储保真度达91%。为了进一步展示该系统的应用潜力，研究人员利用时间域的复用技术实现了高达100个模式的单光子复用量子存储，达到单光子固态量子存储复用容量的最高水平。如果与经典存储器比较容量的话，我们可以考虑该量子存储器原则上支持100个光子纠缠态的存储，其中包含了 2^{100} 个经典系数，这已经超出了人类目前所有经典存储器的容量之和。

2017年，莱德曼教授研究组报道了冷原子系统与稀土掺杂晶体对接的实验成果。他们首先利用铷原子气体的拉曼过程产生预报式单光子，波长为780纳米。量子界面通过波长转换过程完成。第一个变频波导的差频过程把780纳米的光转换到1552纳米，第二个变频波导的和频过程把1552纳米的光子转换到606纳米。最后一步则把单光子存储进掺铕硅酸钇晶体中。实验测得时间戳量子比特的存储保真度为85%。

以上两个工作是构建基于固态量子存储的量子网络的先驱工作。我们相信，接下来会有更多不同的物理系统实现和固态量子存储器的对接，尤其是确定性量子光源与固态量子存储器的高效率对接。这一研究方向很可能是实现基于固态量子存储的量子中继的必经之路。

三、实现量子优盘

在这部分，我们将介绍一种基于稀土掺杂晶体的量子信息技术——量子优盘。顾名思义，类比用于存储经典信息的普通优盘，这是一种为量子信息的存储和传输提供全新解决方案的工具。其基本工作过程是在某一地获取量子信息，将其存储在介质中，然后利用经典的交通工具（汽车、飞机等）运输到另一地，再读取出其中的量子信息。与一般量子存储器明显不同的是，它应该可搬运且需要很长的存储寿命。

（一）量子优盘的研究动机

凭借高度的可靠性和可扩展性，光纤成为当代网络数据传输的最重要工具。如今，光纤宽带网络已经走入千家万户，使得每个人都得以享受高速的百兆甚至千兆网络。然而，伴随着人们对更大数据量的需求，光纤的传输速率在一些特殊场合下仍然不够快。

为了给大客户提供可靠的数据迁移和备份服务，美国亚马逊（Amazon）公司提出一种意外的方案——利用卡车来运输硬盘。他们分别计算了艾字节（EB）[①]级别的数据使用最快的光纤和用卡车运输所需的时间，结果是惊人的 26 年和 6 个月的区别。这辆数据卡车的实际作用其实完全类似于一个巨大的优盘。他们先让卡车开到客户方所在地，将需要迁移的数据存储到卡车中的硬盘中，再将卡车开回亚马逊公司的数据中心进行传输和备份。

他们还给提供这项服务的 18 轮集装箱卡车起了一个好听的名字——Snowmobile（白雪卡车）。为确保客户数据的安全，车上配备了先进的恒温恒湿及减震装置，并且安排武装警卫和全球定位系统（GPS）进行 24 小时监控（图 9-5）。

如果想利用卡车来运输量子信息，所要求的条件一点也不比亚马逊公司的 Snowmobile 宽松，这是因为非常微弱的干扰（电磁场、震动、温度变化等）就足以使得量子比特被破坏。相比较而言，普通优盘中数据的存

---

① 1 艾字节（EB）=1 000 000 太字节。

图 9-5　亚马逊公司的 Snowmobile

储，除非遭到严重的破坏（如进水、摔打或极端温度），寿命可长达 10 年甚至更久，而量子比特则显得十分娇贵。

另外，即使最大限度地克服了外界的干扰，量子比特本身的寿命（物理学家们称为相干时间）依然非常短暂。利用各种技术手段来延长量子系统的相干时间是量子信息和量子物理的一个研究热点。例如，铷原子气体和钠钾分子最长可达秒的量级，单个钡离子最长可达 10 分钟的水平。但这仍然远远不够。

若要进行长距离的运输，该物理体系需要具有数小时甚至更长的寿命。幸运的是，物理学家目前找到这样一种合适的候选者——掺铕的硅酸钇晶体(Eu^{3+}:Y_2SiO_5)。2015 年，澳大利亚的物理学家塞勒斯教授等观测到铕离子在该晶体中长达 6 小时的相干时间，使得量子比特的长距离运输成为可能。

（二）量子优盘的工作原理

我们不禁会问，为什么掺铕的硅酸钇晶体能够在诸多物理体系中脱颖而出呢？

在回答这个问题之前，我们先来看一看究竟什么是相干时间。我们已经知道，一个最简单的量子叠加态需要 0 和 1 两个状态来共同组成，写成数学形式便是 $|\varphi\rangle = |0\rangle + e^{i\theta}|1\rangle$，其中指数上的 θ 称为相位差。量子态受到外界扰动的过程被称为退相干。量子态的退相干有两种机制。第一种机制是指量子叠加态受到扰动后从 $|0\rangle + e^{i\theta}|1\rangle$ 变成 $|0\rangle$ 或 $|1\rangle$。这种现象又被称为量子态的塌缩，刻画量子态维持原样不会塌缩的时间记作 T_1。第二种机制是指量子态受到扰动后分量 $|0\rangle$ 和 $|1\rangle$ 之间的相位差 θ 产生紊乱的现象。类似地，刻画量子态的相位 θ 维持稳定演化的时间记作 T_2，即上文中提到的"相干时间"。通常来说，同一种物理体系的量子态的 T_1 比 T_2 要长，且 T_1 约为 T_2 的理论极限。因此，限制量子态寿命的主要因素是第

二种破坏机制。要延长量子态的寿命，首先需要想办法延长相干时间 T_2。

我们在前文中已经提到，利用现有的技术手段，铷原子气体和钠钾分子的相干时间最长可达秒的量级，非常短暂。实际上，如果不使用技术手段，量子态天然的相干时间会更加短暂，仅有皮秒至几十毫秒不等。

硅酸钇晶体中的铕离子的天然相干时间也远远没有小时量级。根据科学家的实验结果，他们在 3 开的低温下观测到 19 毫秒的相干时间。相比于金刚石中 NV 色心的 1 毫秒和铷原子气体的 30 微秒，19 毫秒的天然相干时间对量子系统来说已经非常长寿了，是相当理想的量子态存储介质。但要使其能延长到前文提到的 6 小时的水平，还需要两种重要的技术手段——零一阶塞曼响应磁场（ZEFOZ）和动态解耦合技术。

在介绍这两种技术之前，我们首先站在科学家的视角上思考一下解决问题的思路。要延长晶体中掺杂铕离子的相干时间，我们要先对该体系的退相干机制有所了解，即到底是什么因素限制了铕离子的相干时间？

在实验中，物理学家们使用的并不是晶体中的某个铕离子，而是一群铕离子（称为系综）。在上文中，我们讨论了量子态的退相干过程，这对单个的离子来说是清晰的。因为单个的粒子可以处在低能态（又称基态，定义为 $|0\rangle$ 态）或高能态（又称激发态，定义为 $|1\rangle$ 态）。但是对于一大群铕离子来说，每个离子所处的晶体环境各不相同，所感受到的外界扰动也各不相同，各自的高低能态也有细微差别。因此，一群微观粒子的量子态实际上是大量离子的量子态的集合：当大部分离子处于激发态时，我们可以认为该离子系综处在 $|1\rangle$ 态，反之则认为处在 $|0\rangle$ 态；当大部分离子被制备到叠加态 $|0\rangle + e^{i\theta}|1\rangle$ 时，我们认为该离子系综处在该叠加态。在外界磁场中，量子态的相位差 θ 会线性地增长，称为量子态的演化。增长的快慢（即演化的快慢）取决于激发态与基态的能量差距——差距越大，演化越快。

相比于单离子的量子态，系综的量子态退相干机制显然更加复杂。正如前文所述，离子们所处的晶体环境各不相同，高低能态也各不相同，因此相位差 θ 在外界磁场中的增长快慢也各不相同。当大部分离子的量子态演化的步调明显不一致时，我们认为该系综已经发生了退相干，即量子态已经被破坏了。

物理学家们经过研究后认为，铕离子退相干的主要来源是晶体中钇离子的核自旋翻转带来了磁场扰动。一个巧妙的想法是，通过调节晶体所处的环境，使得晶体中的离子系综处于一种对磁场不敏感的状态。如果真的能找到这样一种手段，那么晶体中的钇离子的翻转所带来的磁场扰动对铕离子产生的影响就会被大大降低了。

幸运的是，物理学家们找到了这样一种手段——ZEFOZ技术。这种技术的思想是，通过对晶体施加一个特定方向、特定大小的静磁场，使铕离子的某个跃迁频率（即高能态与低能态的能量差）对磁场的变化极不敏感。这样一来，系综中每个铕离子的演化步调就会变得更加一致（即量子态的相位差 θ 的增长速度更加一致），相干时间也就随之得到大幅提升。施加了这样一个合适的静磁场后，铕离子系综的相干时间从不加磁场的19毫秒提升到施加后的47秒。这是三个量级的提升，效果极显著。这样一个磁场的作用非常神奇，有些物理学家称其为魔幻磁场。

这里我们可以打一个形象的比方。一个系综中离子的演化就好比一群人在走路，身体强壮的人（能量高的离子）走得快，身体虚弱的人（能量低的离子）走得慢。随着时间的推移，队伍会越来越散乱（退相干）。如果天气炎热或者寒冷（外界磁场不合适），体力上的差距对人的影响更大，队伍散乱得就更快（退相干更快）。如果存在一个合适的气温（外界磁场）能够让大家的步调保持一致，那么整个队伍的行进就能更好的保持一致。

现在请读者类比上面人群走路的例子思考一下：如果你是这群人的指挥者，还有没有别的巧妙办法能够让队伍保持一致？请注意，这里我们并不关心人们的目的地。

其实答案非常简单而直观：只需每隔一段时间命令人们调头再继续行进即可。走得快的人返回的距离会较长，走得慢的人返回的距离会较短，因而人群必定会在最初的起点处重新汇合。无论人们行走速度的差异有多大、外界的环境如何恶劣，这个办法总能用来有效地汇合人群。

动态解耦合技术的核心思想正是如此。在我们所关心的铕离子系综中，行走的人其实是每个铕离子的原子核，所涉及的两个高低能态其实就是原子核的两个自旋状态。由于原子在静磁场中的演化方向是固定的，没有办法使其突然反向，物理学家们在实验中是通过核磁共振磁场去翻转原子自旋的演化相位，让离子们接下来的演化弥补了先前的演化，重新汇合。这就好比将人群直接从行进的正方向上一下子转移到反方向上的与起点等距的位置上，和原地掉头的效果相同。当然我们不可能让人群瞬间移动，而只能让他们原地调转方向，但其中的道理是相似的。

有了这项技术，铕离子系综的相干时间又得到进一步提升，从 47 秒延长到惊人的 370 分钟（约 6 个小时）。我们需要了解的是，6 个小时并不是硅酸钇中铕离子的相干寿命的上限。我们在前文中已经指出，T_1 是 T_2 的理论极限，而铕离子系综的 T_1 达到更加惊人的 23 天。铕离子的原子核共有 6 种自旋状态，两两之间都存在跃迁，因此在更稳定的磁场中有很大概率存在更合适的一对能态，能够使铕离子系综实现更长的相干时间。

（三）量子优盘的技术挑战、研究进展

以上工作为量子优盘（图 9-6）的实现创造了可能性，但是距离物理上实现量子优盘还有很长的路要走。铕离子很长的相干时间有赖于自身的电子层结构及硅酸钇晶体提供的保护。而这种介质的一个显著缺点是，它与光子的相互作用很弱，存储效率不高。尤其是在强磁场下，跃迁的劈裂使得存储效率进一步减弱。科学家们可能需要通过优化样品本身及施加辅助光学腔等手段来提高存储效率。

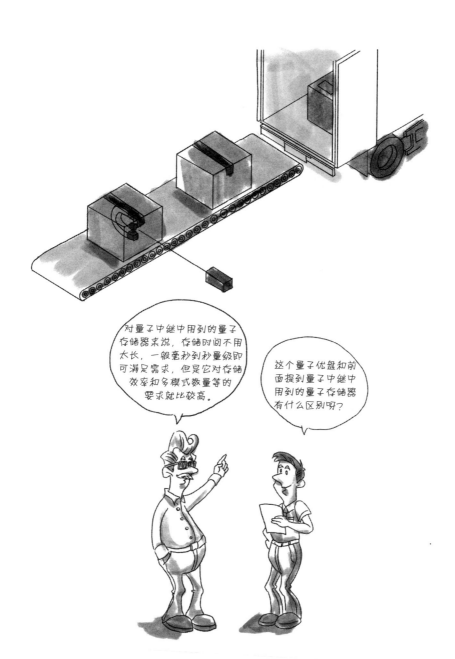

图 9-6　量子优盘未来可能应用

另一些需要完成的工作是对掺铕的硅酸钇晶体光谱性质的进一步研究。对于一个利用光子比特进行量子态的写入读出的存储器，铕离子需要有合适的光学激发态能级，以方便我们利用激光来对铕离子系综的状态进行合适的初始化，即将其制备到一对自旋状态的其中一个上面。这种技术称为光学泵浦技术。要进行光学泵浦，首先要对离子的能级结构有充分的了解。

零磁场下的铕离子基态和激发态的自旋能态（图 9-7）已经被物理学家们所熟知，分别有三个自旋能态。但磁场的存在会使这些自旋能态一分为二，而且会随着磁场大小和方向的不同而高低移动。如上所述，长寿命的铕离子工作在魔幻磁场中，基态和激发态分别具有 6 个自旋能态。要想知道铕离子在某个任意磁场中的能级结构，我们也需要相应的技术手段去研究。这种技术被称为拉曼外差探测。

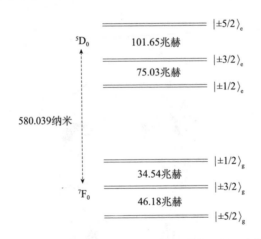

图 9-7　零磁场下硅酸钇中铕离子的基态和激发态能级

这种技术手段的原理是同时使用微波和激光作用于晶体，分别在核磁共振的频段和光学的频段上激发离子，使得入射激光发生核磁共振频率移动的散射光。只要微波的频率能够与离子的能级差距匹配，便会产生相应频移的散射光，我们只需利用光电探测器读出光场的频移即可读出离子的能级结构。

2018年，中国科学技术大学的李传锋、周宗权研究组和日内瓦大学的吉辛教授研究组分别发表了两篇论文，给出了掺铕硅酸钇晶体的上能级哈密顿量参数。基于这个结果，人们可以计算任意磁场下该离子的上下能级的精细能级结构。图 9-8 展示了在实现 6 小时相干寿命的魔幻磁场下铕离子激发态和基态的能级结构。有了这套能级结构，原则上物理学家可以利用其设计一套合适的光学泵浦方案来初始化铕离子系综，以及进行存储器的写入和读出操作。目前，世界各国的科学家们正在朝这个目标努力推进。2020年，中国科学技术大学的李传锋、周宗权研究组基于掺铕硅酸钇晶体成功地把光信号停留 1 小时，该成果大幅刷新了光存储时间的世界纪录，为量子优盘的实现打下关键基础。

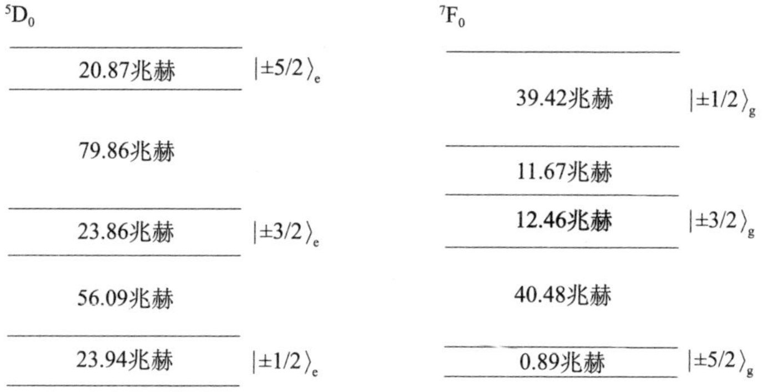

$^5D_0$

| 20.87兆赫 | $|\pm 5/2\rangle_e$ |

79.86兆赫

| 23.86兆赫 | $|\pm 3/2\rangle_e$ |

56.09兆赫

| 23.94兆赫 | $|\pm 1/2\rangle_e$ |

$^7F_0$

| 39.42兆赫 | $|\pm 1/2\rangle_g$ |

11.67兆赫

| 12.46兆赫 | $|\pm 3/2\rangle_g$ |

40.48兆赫

| 0.89兆赫 | $|\pm 5/2\rangle_g$ |

图 9-8　魔幻磁场下硅酸钇中铕离子的基态和激发态能级

四、总结与展望

前文主要围绕远程量子通信的难题介绍了基于稀土离子系综的量子存储器。固体中的稀土离子还有许多其他的用途，如频率标准、荧光成像、传感、清洁能源等。接下来，我们仍然围绕量子信息科学的主题，简单介绍两个代表性的研究方向，即微波光子的存储及操纵和固体中的单个稀土离子。

（一）微波光子的存储及操纵

前文讨论的工作都是涉及光波段（约 100 太赫）光子的存储，这是因为光适合在光纤中长程传播，天然地是远程量子信息传输的载体。在量子信息科学中，微波（吉赫）频段光子的存储及操纵实际上也十分重要。这是由于目前比较领先的量子计算系统（如超导系统）就工作在微波频段。

稀土掺杂晶体具有十分丰富的能级结构，国际上有不少科学家致力于研究固态量子存储和微波段量子计算的界面问题。2015 年，法国国立巴黎高等化学学院的研究团队发表了微波光场的固态存储成果。在掺钕硅酸钇这种既有电子自旋又有核自旋的固态体系中，他们通过一系列的射频和微波脉冲操作成功地把微波存储在长寿命的核自旋态中，为将来构造量子计算的存储单元打下了基础。

微波段光子操纵的另一个重要目标是实现微波段量子计算机和光波段量子通信的界面，这样我们就原则上可以把世界各地的量子计算机联系起来，实现分布式的大规模量子计算。超导量子比特的频率处在 2 吉～10 吉赫，而通信波段的光子波长在 1550 纳米附近。为了弥补这个频段差距，应当发展出一套办法实现不同频率之间光子的相互转换。这种转换应该满足几个条件。

（1）双向性。信号要从计算机流入信道，也要从信道流向下一台计算机，即从微波到光波的转换应该是双向的。

（2）相干性。两个同频微波波列在上转换之前和下转换回来以后的相位差应保持不变，对光波也一样。这个要求是为了保持光子所传递的量子状态。

（3）高效率。量子计算机输出的微波信号处在单光子水平。这些单光子无法复制，使用户难以承受转换效率过低的代价。因此，实用化的频率转换器件应实现接近于 1 的转换效率。

（4）低噪声。如果做不到低噪声，量子态的保真度将会受到影响。用来实现微波－光波频率转换的技术方案较多，其所基于的物理体系有纳米机械振子、非线性光学晶体、铁磁绝缘体、里德堡原子气体和稀土离子掺杂晶体等。

新西兰奥塔哥大学的兰德尔（Longdell）教授研究组 2014 年发表了一篇理论文章，证明当稀土离子掺杂晶体放置在光学腔和微波谐振腔中时，原则上可以实现 100% 效率的光频光子和微波光子的转换。2017 年年底，该团队发布的初步实验结果显示已经实现微波光子向光波光子转换，但效率很低（10^{-5} 量级）。进一步降低样品温度有望继续提高其转换效率。

（二）固体中的单个稀土离子

存储微波或光波的固态量子存储器都是基于稀土离子系综实现的，也就是其存储过程涉及大量的稀土离子。基于系综的量子存储器具有大带宽、多模式、高光吸收效率等优点。但能否使用单个稀土离子来与光相互作用呢？单个稀土离子也有一些独特的优点，如支持确定性单光子发射、支持量子逻辑门，且更易于实现高保真度的态操控。

对于物理学家来说，对单个量子系统进行观测、操纵一直是一个富有挑战又具有吸引力的工作。它能够使我们在微观领域以一种更加本质的角度来探索光与物质的相互作用。1977 年，加州理工学院的金贝儿（Kimble）教授研究组在稀释钠原子时观察到光子的反聚束效应。作为现代量子光学的一项奠基性工作，它表明人类已经具备单光子水平的探测能力。1978 年，德国海德堡大学的托斯切克（Toschek）教授研究组第一次在离子阱中囚禁单个钡离子。他们用交变电场将离子俘获并囚禁在一定范围内。这项技术使得在不破坏量子特性的情况下，囚禁、探测及相干操纵单量子系统成为可能。然而，离子阱及用来囚禁中性原子的磁光阱的结构和操作都比较复杂，所以能否在固体中找到稳定的单量子系统开始成为很多物理学家探索的方向。

如前文所述，由于稀土离子中 4f 电子被外层电子屏蔽，因此其 4f 光学跃迁一般具有很长的寿命。长寿命也意味着单个稀土离子的发光效率很低，因此在晶体中寻找单个离子非常具有挑战性。直到 2012 年，德国斯图加特大学的莱普（Wrachtrup）教授研究组才首次在钇铝石榴石晶体中利用共聚焦显微技术探测到单个镨离子（Pr^{3+}）。2013 年，该小组又在钇铝石榴石中首次探测到单个铈离子（Ce^{3+}）。同年，新南威尔士大学的罗格（Rogge）教授研究组在硅中利用单电子晶体管技术首次探测到单个铒离子（Er^{3+}）。2018 年，加州理工学院的法拉翁（Faraon）教授研究组在钒酸钇晶体中结合纳米光子腔技术探测到钕离子（Nd^{3+}）。同年，普林斯顿大学的汤姆森（Thompson）教授研究组利用类似的微腔技术实现了单个铒离子的 1.5 微米单光子发射。找到单稀土离子只是开展该领域单量子体系研究的第一步，接下来人们基于单稀土离子可以实现量子光源、量子传感、量子计算等各种重要的任务。

本章主要介绍了基于稀土离子掺杂晶体的固态量子存储器的基本概念及应用，并重点讲解了我国科研人员在这个领域做出的贡献。近年来，固态量子存储器的发展突飞猛进，还有很多有趣的工作没有涵盖在本文之中。希望深入了解的读者可以跟踪相关文献来进一步学习。

综合来看，由于量子信息不可复制且不可放大，量子存储器在量子信息中的地位比经典存储器在经典信息中的地位更加重要。该领域是各国量子信息科学研究的重点领域，目前国际上有 20 多个研究组在从事固态量子存储器的相关科学研究。伴随着以上研究的逐步推进，量子存储器和量子优盘有望在可预期的未来走出实验室，并推动大尺度量子网络的建设。

主要参考文献

冯·诺依曼 .2020. 量子力学的数学基础 . 凌复华，译 . 北京：科学出版社 .

库马尔 M.2012. 量子理论：爱因斯坦与玻尔关于世界本质的伟大论战 . 重庆：重庆出版社 .

李承祖 .2000. 量子通信与量子计算 . 北京：国防科技大学出版社 .

孙昌璞，全海涛 .2013. 麦克斯韦妖与信息处理的物理极限 . 物理，42（11）：756-768.

雅默 M.2014. 量子力学的哲学 . 秦克诚，译 . 北京：商务印书馆 .

Bell J S.1987. Speakable and Unspeakable in Quantum Mechanics. Cambridge：Cambridge University Press.

Bell M，Gao S.2016.Quantum Nonlocality and Reality. Cambridge：Cambridge University Press.

Brief History of Quantum Cryptography: A Personal Perspective. arXiv:quant-ph/0604072，2006.

DiVincenzo D P. 2000.The physical implementation of quantum computation. Fortschritte der Physik：Progress of Physics，48（9-11）：771-783.

Feynman R. 1982.Simulating physics with computers. International Journal of Theoretical Physics，21: 467-488.

Haldane D M. 201 2017.Nobel Lecture: Topological quantum matter. Reviews of Modern Physics, 89: 040502 .

Nielsen M A, Chuang I L. Quantum Computation and Quantum Information. Cambridge: Cambridge University Press.

Schlosshauer M.2007. Decoherence: and the Quantum-To-Classical. Berlin Heidelberg: Springer-Verlag.

Wilczek F. 2009.Majorana returens. Nature Physics, 5: 614-618.

Xu J S, Sun K, Han Y J, et al. 2016.Simulating the exchange of Majorana zero modes with a photonic system. Nature Communications, 7: 13194.

Xu J S, Sun K, Pachos J K, et al. 2018.Photonic implementation of Majorana-based Berry phases. Science Advances, 4: 1-7.

Xu J S, Yung M H, Xu X Y, et al. 2014.Demon-like algorithmic quantum cooling and its realization with quantum optics. Nature Photonics, 8: 113-118.

Xu X Y, Wang Q Q, Pan W W, et al. 2018.Measuring the winding number in a large-scale chiral quantum walk. Physical Review Letters, 120: 260501.

Yang T S, Zhou Z Q, Hua Y L, et al. 2018.Multiplexed storage and real-time manipulation based on a multiple degree-of-freedom quantum memory. Nature Communications, 9: 3407.

Zhong M, Hedges M P, Ahlefeldt R L, et al. 2015.Optically addressable nuclear spins in a solid with a six-hour coherence time. Nature, 517: 177-180.